教育部高等学校轻工与食品学科
教材指导委员会推荐教材

动植物检验检疫学

（第二版）

主编 余以刚 陈永红

中国轻工业出版社

图书在版编目（CIP）数据

动植物检验检疫学/余以刚，陈永红主编．—2版．—北京：中国轻工业出版社，2023.2
ISBN 978-7-5184-1384-3

Ⅰ.①动… Ⅱ.①余… ②陈… Ⅲ.①动物检疫 ②植物检疫 Ⅳ.①S851.34 ②S41

中国版本图书馆CIP数据核字（2017）第094031号

责任编辑：张　靓
策划编辑：张　靓　　责任终审：张乃柬　　封面设计：锋尚设计
版式设计：锋尚设计　　责任校对：吴大朋　　责任监印：张　可

出版发行：中国轻工业出版社（北京东长安街6号，邮编：100740）
印　　刷：三河市万龙印装有限公司
经　　销：各地新华书店
版　　次：2023年2月第2版第5次印刷
开　　本：787×1092　1/16　印张：12.5
字　　数：280千字
书　　号：ISBN 978-7-5184-1384-3　　定价：30.00元
邮购电话：010-65241695
发行电话：010-85119835　　传真：85113293
网　　址：http://www.chlip.com.cn
Email：club@chlip.com.cn
如发现图书残缺请与我社邮购联系调换
230111J1C205ZBQ

本书编写人员

主　　编　余以刚（华南理工大学）
　　　　　　陈永红（广东出入境检验检疫局）

副 主 编　吴　晖（华南理工大学）
　　　　　　黄法余（广东出入境检验检疫局）
　　　　　　鱼海琼（广东出入境检验检疫局）
　　　　　　郗　鑫（珠海出入境检验检疫局）
　　　　　　陈　辉（河北科技大学）

参　　编　张志平（广东出入境检验检疫局）
　　　　　　彭玉芬（珠海出入境检验检疫局）
　　　　　　林　莉（广东出入境检验检疫局）
　　　　　　王东涛（珠海出入境检验检疫局）
　　　　　　梁　帆（广东出入境检验检疫局）
　　　　　　孙文静（珠海出入境检验检疫局）
　　　　　　蔡先全（中山出入境检验检疫局）

前言 Preface

对出入境动植物及其产品，包括其运输工具、包装材料实施检验检疫和监督管理，可有效防止危害动植物甚至人类健康的病毒、细菌、害虫、杂草种子及其他有害生物由国外传入我国或由国内传至国外，有效的动植物检疫工作可保护农、林、渔、牧业生产和生态环境，保护人类健康，促进对外经济贸易的发展。

本书从教学、科研和检验检疫的实际出发，修订了第一版中已经变更的内容，比如进出境动物疫病名录等；加入了近年来新增加的检验检疫业务相关内容介绍，如转基因植物产品的检疫，旅邮检对象的检测、检疫处理、风险管理等内容；根据实际工作情况调整了第一版的主要内容设置层次，动物检疫和植物检疫将不采取统一的分节方式，根据实际工作对各自侧重点进行介绍。本书第二版概述了动植物检验检疫的起源与发展、国内外动植物检疫概况、动植物检验检疫的工作程序，介绍了我国及国际现有进出口动植物检验检疫的法律、法规及有关规定。

本书由余以刚和陈永红担任主编，吴晖、黄法余、鱼海琼、郗鑫和陈辉担任副主编。全书共分十六章，编写分工如下：第一章由吴晖和陈辉编写。第二章由余以刚编写。第三章由鱼海琼编写。第四章由彭玉芬和鱼海琼编写。第五章由张志平和陈永红编写。第六章由彭玉芬和余以刚编写。第七章由郗鑫编写。第八章由郗鑫和孙文静编写。第九章由王东涛和余以刚编写。第十章由黄法余编写。第十一章由黄法余和余以刚编写。第十二章由陈永红编写。第十三章由黄法余和蔡先全编写。第十四章由林莉和陈永红编写。第十五章由林莉和吴晖编写。第十六章由梁帆和陈辉编写。

在本书编写过程中，得到广东出入境检验检疫局、珠海出入境检验检疫局和东莞出入境检验检疫局等多位同志的热心帮助与指导，在此深表谢意。

本书可作为轻工、农林、水产及综合院校动物科学、植物科学、食品质量与安全、食品科学与工程等专业本科生的教材或参考用书，也可供检验检疫行业从业人员参考使用。由于编写人员业务水平有限，书中内容难免有不妥之处，敬请读者批评指正。

编 者
2017 年 6 月

目录 | Contents

- 第一章 动植物检疫的起源与发展 ········· 1
  - 第一节 动植物检疫的基本概念 ········· 1
  - 第二节 动植物检疫的起源与发展 ········· 2
  - 第三节 动植物检疫的现状 ········· 4
  - 第四节 动植物检疫的发展前景 ········· 12

- 第二章 我国动植物检疫的机构与功能 ········· 15
  - 第一节 动植物内部检疫的机构与功能 ········· 15
  - 第二节 口岸动植物检疫的机构与功能 ········· 16

- 第三章 国际及国外主要国家动植物检疫机构及规则 ········· 18
  - 第一节 国际动植物检疫机构及规则 ········· 18
  - 第二节 主要贸易国家动植物检疫机构与体系 ········· 24
  - 第三节 双边动植物检疫卫生要求的制定和执行 ········· 29

- 第四章 进出境动物检疫对象 ········· 32
  - 第一节 检疫对象概述 ········· 32
  - 第二节 中华人民共和国进境动物检疫疫病名录 ········· 33

- 第五章 进出境动物检疫的范围 ········· 34
  - 第一节 检疫范围概述 ········· 34
  - 第二节 对动物、动物产品和其他检疫物实施检疫 ········· 35
  - 第三节 对装载容器、包装物和运输工具实施检疫 ········· 36

- 第六章 进出境动物检疫风险分析和风险预警 ········· 38
  - 第一节 进出境动物检疫风险预警和快速反应 ········· 38
  - 第二节 进境动物检疫风险分析 ········· 40

第七章 进境动物检疫 … 43
第一节 概述 … 43
第二节 检疫准入制度 … 43
第三节 检疫审批制度 … 45
第四节 境外预检制度 … 50
第五节 口岸查验制度 … 53
第六节 隔离检疫制度 … 55
第七节 检疫处理制度 … 56

第八章 出境动物检验检疫管理制度 … 60
第一节 概述 … 60
第二节 注册登记制度 … 60
第三节 分类管理制度 … 62
第四节 出口查验制度 … 64
第五节 溯源管理制度 … 65
第六节 供港澳食用活动物检疫 … 66

第九章 进出境旅客携带物检疫监管制度 … 69
第一节 进出境旅客携带物检疫 … 69
第二节 进出境邮寄物检疫监管制度 … 73
第三节 检疫犬使用和管理制度 … 76
第四节 进出境旅邮检宣传制度 … 80
第五节 进出境旅邮检人才培养制度 … 81
第六节 进出境旅邮检协作制度 … 83

第十章 进境植物检疫审批 … 86
第一节 概述 … 86
第二节 检疫审批的依据 … 86
第三节 检疫审批机关和检疫审批的范围 … 87
第四节 检疫审批的办理条件和原则 … 88
第五节 检疫审批的办理程序 … 89

第十一章 进境植物检疫 … 92
第一节 概述 … 92
第二节 检疫范围 … 93
第三节 检疫依据及入境条件 … 95
第四节 进境植物检疫基本制度 … 95
第五节 进境植物检验检疫一般工作程序 … 98

第十二章 出境植物检疫 ... 101
第一节 概述 ... 101
第二节 出境检疫物的范围和种类 ... 103
第三节 出境检疫物的检疫依据 ... 103
第四节 出境植物检疫基本制度 ... 103
第五节 出境植物检验检疫一般工作程序 ... 105

第十三章 过境植物检疫 ... 108
第一节 概念 ... 108
第二节 过境植物检疫的意义和作用 ... 108
第三节 过境植物检疫程序 ... 109

第十四章 植物、植物产品检疫鉴定 ... 111
第一节 概述 ... 111
第二节 昆虫检验 ... 111
第三节 螨类检验 ... 112
第四节 杂草籽检验 ... 113
第五节 植物病原真菌的检验 ... 113
第六节 植物病原细菌的检验 ... 116
第七节 植物病原病毒的检验 ... 118
第八节 植物寄生线虫的检验 ... 120

第十五章 转基因植物产品检验检疫 ... 122
第一节 概述 ... 122
第二节 进境检验检疫 ... 123
第三节 过境检验检疫 ... 123
第四节 出境检验检疫 ... 124

第十六章 植物检验检疫处理 ... 125
第一节 检疫处理概述 ... 125
第二节 植物检疫处理原则和要求 ... 125
第三节 检疫除害处理的技术和方法——化学处理方法 ... 128
第四节 检疫除害处理的技术和方法——物理学处理方法 ... 138

附录一 中华人民共和国进境植物检疫禁止进境物名录 ... 141
附录二 中华人民共和国进境植物检疫性有害生物名录 ... 144
附录三 中华人民共和国禁止携带、邮寄进境的动植物及其产品名录 ... 157
附录四 中华人民共和国植物检疫条例 ... 159

附录五 全国农业植物检疫对象名单 ·· 162

附录六 全国林业检疫性有害生物名单 ·· 165

附录七 中华人民共和国进出境动植物检疫法 ······································ 168

附录八 中华人民共和国进出境动植物检疫法实施条例 ··························· 173

附录九 中华人民共和国进境动物检疫疫病名录 ··································· 181

参考文献 ·· 188

第一章

动植物检疫的起源与发展

CHAPTER 1

第一节 动植物检疫的基本概念

动植物检疫是通过国家立法，利用法制、行政和技术手段，防止动物传染病、寄生虫病和植物危险性病、虫、杂草以及其他有害生物由国外传入和在国内蔓延，保障农、林、牧、渔业生产安全和人类身体健康的综合管理体系。它是人类同自然长期斗争的产物，也是当今世界各国普遍实行的一项制度。口岸动植物检疫包含动物检疫和植物检疫两部分。

一、动物检疫

动物检疫（Animal Quarantine）是按照国家法规对各种动物及其产品进行的疫病检查。通过动物检疫，对可疑或已证实的疫病对象实行强制隔离，或做出适当处理，是为了防止动物传染病在国内蔓延和在国际传播所采取的一项技术行政措施。

动物检疫可分为进出境检疫和国内检疫两大类。进出境检疫指进口或出口的动物及其产品在到达国境口岸时所受到的检疫，它的任务就是在国家法律和有关规定的约束和指导下，对进出境的动物进行疫病检查，确定病性，并采取相应措施，防止动物疫病传入国内，保护国内畜牧业的正常发展，保障人民身体健康，防止动物疫病传出国外，维护国家在国际市场上的贸易信誉。进出境动物检疫的对象一般为国内尚未发生、而国外已经流行的疫病，危害较大而又难以防治的烈性传染病和重要的人畜共患疾病等。国内检疫指在国内各省、市、县或乡镇地区实行的检疫，又可分为产地检疫和运输检疫。国内检疫的对象，除国家统一规定者外，各地区兽医部门还可从防疫实际出发补充规定某些传染病作为本地区的检疫对象。

我国的动物检疫起步较晚，最早的动物检疫是1903年在中东铁路管理局建立的铁路兽医检疫处，对来自沙俄的肉类食品进行检疫。按照我国《进出境动植物检疫法》及其实施条例的规定，进出境动物检疫的范围是：进出境、过境的动物、动物产品和其他检疫物；有关法律、行政法规、国际条约规定或贸易合同约定应当实施进出境动物检疫的其他货物、物品；装载动物、动物产品和其他检疫物的装载容器、包装物；以及来自动物疫区的运输工具。进出境动物检疫的依据是两国政府或两国动物检疫主管机关签订的动物检疫条款或协议。进出境动物产品的检疫依据是国家（或地区）间的双边协定、协议，或双方签订的贸易合同中的检疫条款。

二、植物检疫

植物检疫是通过法律、行政和技术手段，防止危险性植物病、虫、杂草和其他有害生物的人为传播，保障农林业生产的安全，促进贸易发展的措施。植物检疫既是一项专业性很强的技术工作，也是一项内容非常复杂的行政管理工作。

狭义的植物检疫可解释为：为防止危险性植物和有害生物的人为传播而进行的隔离检查与处理；广义的解释为：为防止危险性有害生物随植物及植物产品的人为调运传播，由政府部门采取的综合措施。所以植物检疫又称为法规防治。它是植物保护工作的一个方面，其特点是从宏观整体上预防一切（尤其是本区域范围内没有的）有害生物的传入、定植与扩展。由于它具有法律强制性，在国际文献上常把"法规防治""行政措施防治"作为它的同义词。

我国的植物检疫始于20世纪30年代。检疫法规以某些病原物、害虫和杂草等的生物学特性和生态学特点为理论依据，根据它们的分布地域性、扩大分布为害地区的可能性、传播的主要途径、对寄主植物的选择性和对环境的适应性，以及原产地天敌的控制作用和能否随同传播等情况制订，其内容一般包括检疫对象、检疫程序、技术操作规程、检疫检验和处理的具体措施等，具有法律约束力。

法规对进口植物材料的大小、年龄和类型，检疫对象的已知寄主植物、转主寄主、第二寄主或贮主，包装材料以及可以或禁止从哪些国家或地区进口，只能经由哪些指定的口岸入境和进口时间等，也有相应的规定。此外，国际间签订的协定、贸易合同中的有关规定，也同样具有法律约束力。凡属国内未曾发生或曾仅局部发生，一旦传入对本国的主要寄主作物造成较大危害而又难于防治者；在自然条件下一般不可能传入而只能随同植物及其产品，特别是随同种子、苗木等植物繁殖材料的调运而传播的病、虫、杂草等均定为检疫对象。

确定的方法一般先通过对本国农、林业有重大经济意义的有害生物的危害性进行多方面的科学评价，然后由政府确定正式公布。有的列出总的统一名目，在分项的法规中针对某种（或某类）作物加以指定；也有的是在国际双边协定、贸易合同中具体规定。

第二节　动植物检疫的起源与发展

检疫"Quarantine"一词源自于拉丁文Quarantum，原义为"40"，最初是国际港口执行卫生检查的一种措施。14世纪，欧洲流行黑死病（肺鼠疫）、霍乱、黄热病、疟疾等疫病。当时的威尼斯共和国为防止这些可怕的疫病传染给本国人民，规定外来船只到达港口前必须在海上停泊40d后船员方可登陆，以便观察船员是否带有传染病。这项措施对当时在人群中流行的危险性疫病的控制起到了重要作用。所以Quarantine就成为隔离40d的专有名词，并演绎为今天的"检疫"。

随着科学技术的发展，人类从预防医学的上述做法得到启发，拓展用于对动物传染病、寄生虫病和植物危险性有害生物的检疫。

植物检疫的最早事例首推法国鲁昂地区为防止小麦秆锈病而提出铲除小檗并禁止输入的法令。当时认为只要铲除小麦秆锈病的中间寄主小檗，小麦秆锈病就不会发生。

动植物检疫法规的发展大致经历了以下四个阶段：①产生于人类与病虫害的长期斗争中；②由单项禁令向综合性法规发展；③由个别国家（地区）的法规发展到双边的协议、协定或国际公约；④随着形势的发展进一步补充和完善。

19世纪中期，人们发现许多重要的植物病虫害猖獗流行是随着种子种苗的调运而传播。例如1860年法国由于进口美国葡萄种苗而导致葡萄根瘤蚜传入，以后25年中被毁灭的葡萄园达101.17亿平方米，占当时法国葡萄栽培总面积的1/3，致使法国酿酒业几近停产；我国在1982年从法国引进葡萄种苗时也将该虫引入我国山东烟台。1870年，美国科罗拉多州马铃薯将马铃薯甲虫带入欧洲，造成欧洲马铃薯严重减产。植物病虫害国际的传播蔓延促使一些受害国家有针对性地制定出禁止从疫区进口某种植物的法令。如法国1873年明令禁止从美国进口马铃薯。1873年英国也颁布了禁止毁灭性的昆虫入境的法令。此后，俄国（1873年）、澳大利亚（1909年）、美国（1912年）、日本（1914年）、中国（1928年）等国也相继颁布法令禁止某些农产品调运入境。动物检疫方面，1871年日本开始采取，防御当时西伯利亚牛瘟传入日本。1879年，意大利因发现旋毛虫而禁止美国肉类进口。1882年英国鉴于美国东部数州发生牛传染性胸膜肺炎疫情，下令禁止输入美国活牛。

随着植物保护和动物预防科学的发展，人们认识到禁止疫区动植物及其产品来防止一种疫病、虫害远远不能满足贸易发展的需要，逐渐从笼统的禁运发展到对疫病、虫害的直接检疫，一些国家开始制定既有针对性，又有较大灵活性的检疫法规。如日本1886年颁布"兽医传染病预防规划"，在此基础上，1896年制定了"兽医预防法"；英国1907年颁布"危险性病虫法案"；1912年美国国会通过"植物检疫法"，1935年正式颁布"动植物检疫法令"。

动植物检疫收效的一个必要的条件是着眼于保护一个生物地理区域，而不仅仅是保护某个国家。人们的实践说明：只有在一个生物地理区域范围内免受某种疫病、害虫的危害，该区域中的国家或地区才能得到保护；在这区域内的任何一个国家或地区的疫情都紧密相关。检疫法规的双边、多边合作成为发展的必然趋势。1881年有关国家签订《葡萄根瘤蚜公约》，是世界上第一个以防止危险性病虫害传播为目的的国际公约。1929年在罗马签署了《国际植物保护公约》（International Plant Protection Convention，IPPC），1951年联合国粮食及农业组织（The Food and Agriculture Organization of the United Nations，FAO）第6次大会正式通过此公约，截至2010年，已有签约国177个。随着动植物检疫的发展，陆续成立了许多以生物地理区域为基础的区域性检疫协定、协议及国际组织，如1924年成立的世界动物卫生组织（Office International Des Epizooties，OIE），是政府间动物卫生技术组织，主要职能是通报各成员国动物疫情，协调各成员动物疫病防控活动，制定动物及动物产品国际贸易中的动物卫生标准、规则并被世界贸易组织所采用，目前有178个成员国。

中国的进出境动植物检验检疫起步较晚，清末民初，随着进出口贸易的发展，才开始出现动植物检疫萌芽。中国最早的动物检疫是1903年在中东铁路管理局建立的铁路兽医检疫处。1928年国民政府制定了《农产物检查所检查农产物规则》，成立了"农产物检查所"，这是中国官方最早的动植物检疫机构和相关的动植物检疫法规。之后，国民政府陆续出台了《商品检验法》《植物病虫害检验施行细则》《蜜蜂检验施行细则》和《蚕种检验施行细则》等一系列的检疫法规，从很大程度上提高了本国农畜产品在国际市场的信誉，使中国动植物检疫行业趋于成熟、规范。抗日战争爆发后，我国动植物检疫工作基本上处于停滞状态，造成国外很多疫病传入中国。新中国成立后，动植物检疫恢复了正常的工作秩序。1982年，国务院正式批准成立国家动植物检疫总所,将进出口动植物检疫改为由中央和地方双重领导,以中央领导为主的垂直领导体制。1991年颁布《中华人民共和国进出境动植物检疫法》,这是中国颁布的第一部动植物检疫法律,是中国动植物检疫史上的一个重要的里程碑,它以法律的形式明确了动植物检疫的宗旨、性质、任务,为口岸动植物检疫工作提供了法律依据和保证。它的颁布实施,扩大了中国动植物检疫在国际上的影响,标志着中国动植物检疫事业进入一个新的发展时期。在《中华人民共和国进出境动植物检疫法》及其《中华人民共和国进出境动植物检疫法实施条例》颁布施行后,国家出入境检验检疫机构先后制定了一系列配套规章及规范性文件,进一步完善了我国的动植检法规体系,对于实现进出境动植物检疫"把关、服务、促进"的宗旨发挥了重要作用。

我国植物检疫的正式记载是1928年的"农产物检查条例",至今仅有80余年的历史。1928年,浙江建设厅张祖纯向中国政府农矿部报送了《呈请农矿部创设植物检查所详细计划书》,同时起草了《农矿部植物检查所经费预算》《植物病虫害检查规则》《植物病虫害检查规则施行细则》等规范性文件。他还编制了"植物进口检查请求书""植物病虫害检查证书""植物出口检查请求书""病菌害虫标本进口许可请求书""邮寄植物输入检查请求书""病菌害虫进口检查请求书""免检标签"及"检查标签"等数种格式,这是我国最早的植物检疫证书。1928年12月,中国政府农矿部正式公布了"农产物检查条例",并先后在上海、广州设立了农产物检查所,开展进出口农产品的品质检查和病虫害检验。1929年,为改变我国商品检验长期为国外所把持的局面,政府工商部在上海、天津、青岛、汉口、广州等地设立商品检验局。1929年农矿部颁布了《农产物检查条例实施细则》及《农产物检查所检查农产物处罚细则》。1930年4月,农矿部又公布了《农产物检查所检查病虫害暂行办法》。次年农矿部和工商部合并成实业部。这样全国的商品检验工作由实业部主管,并将农产品检验所归入商品检验局。1935年4月在上海商品检验局内设立了病虫害检验处,开始对种子、苗木、粮谷、豆类、水果、蔬菜和中药材等实施检验。从此,我国的植物检疫工作初现端倪。

第三节　动植物检疫的现状

随着世界经济全球化进程深入发展,国际贸易往来日益频繁,中国在世界经济舞台上发挥着越来越重要的作用。与此同时,进出境动植物疫情日趋复杂,外来有害生物传入的风险及对我国农业生产、生态环境安全和人民身体健康的威胁将不断加大,全国口岸每年在进境的动植物、动植物产品和其他检疫物中都发现和截获大量危险性病虫害,动植物检疫工作面临着国际挑战。动植物检疫在世界经济贸易活动中一直占据十分重要的地位,它不仅仅是国际贸易中的国门卫士,而且也是重要的技术保障。一方面动植物检疫最大限度可阻止和延缓有害生物的传播蔓延,保护农畜产品的生产安全,从而促进农畜产品贸易的正常进行;另一方面作为《实施卫生与植物卫生措施协议》(Agreement on the Application of Sanitary and Phytosanitary Measure,SPS协议)基础上唯一可以合理使用的非关税技术措施,动植物检疫广泛被各个世界贸易组织(World Trade Organization,WTO)成员国应用,设置贸易技术壁垒,保护本国经济利益。为了保护本国的农产品市场,各国政府充分利用检疫来限制其他国家的农产品进口,同时打破国外的技术性贸易壁垒，促进植物检疫工作与世界接轨，将对我国的外贸出口以及国家形象产生深远的影响。

当前，我国处在经济、社会发展的关键时期，进出境动植物检疫工作具有重要意义。我国是农业大国，农产品的安全问题一直备受关注，尤其是随着物质生活的不断提高，人们对于农产品的安全问题越来越关注，而动植物检疫作为农产品安全的重要保护性措施也必然越来越重要。且由于我国的农产品生产的自然条件、生产规模、农业技术等方面存在劣势，在国际市场上缺乏竞争力，动植物检疫体系的完善，显得更为重要和紧迫。但由于外来有害生物具有未知性和不确定性，目前依靠口岸现有技术和设施，根据现有的检疫性有害生物名录和疫病目录进行针对性检疫和除害处理已经不足以防范。为实现科学发展，必须提高动植物检疫管理的有效性。因此，必须建立和完善符合国际标准和发展趋势的国内法规和管理体系，加强风险评估工作，强化进出境口岸检测和处理能力，并最终建立和完善全面科学的检疫体系和工作机制。

一、动物及动物产品检疫现状

（一）我国现行动物检疫法律制度构成

我国进出境动植物检疫的法律体系可分为法律、行政法规和部门规章三个层次，包括国家颁布的进出境动植物检疫的专门法律，与动植物检疫有关的其他法律，以及国务院、国务院农业行政主管部门和其他部委、省、市、自治区发布的动植物检疫行政法规、部门规章、地方法规。还包括我国加入的国际公约，我国与其他国家或地区签订的动植物检疫协定、协议等。

1. 法律

（1）《中华人民共和国进出境动植物检疫法》 进出境动物、动物产品的检疫，适用《中华人民共和国进出境动植物检疫法》。这是中国政府对进出境动植物实施检疫的法律基础。1991年10月30日第七届全国人民代表大会常务委员会第二十二次会议通过，1992年4月1日起施行，共8章50条。它明确了动植物检疫的宗旨、性质、任务，规定了检疫检查程序、检疫处理原则和法律责任。

（2）其他相关法律 包括《中华人民共和国农业法》《中华人民共和国渔业法》《中华人民共和国农产品质量安全法》《中华人民共和国畜牧法》《中华人民共和国农产品质量安全法》《中华人民共和国进出口商品检验法》《中华人民共和国食品安全法》和《中华人民共和国动物防疫法》等。

2. 行政法规

包括《中华人民共和国进出境动植物检疫法实施条例》《国务院关于加强食品等产品安全监督管理的特别规定》《中华人民共和国进出口商品检验法实施条例》《中华人民共和国食品安全法实施条例》《重大动物疫情应急条例》《实验动物管理条例》《中华人民共和国濒危野生动植物进出口管理条例》等。

3. 部门规章

与动物检疫相关的规章很多，其中国家质量监督检验检疫总局（以下简称国家质检总局）近年出台的出入境动物检疫规章包括：就供港澳食用动物检验检疫制定和发布的《供港澳活羊检验检疫管理办法》《供港澳活牛检验检疫管理办法》《出口食用动物饲用饲料检验检疫管理办法》《供港澳活禽检疫管理办法》《供港澳活猪检疫管理办法》等，《进境动植物检疫审批管理办法》《出入境快件检验检疫管理办法》《进境动物和动物产品风险分析管理规定》《进境水生动物检验检疫管理办法》《进境动物遗传物质检疫管理办法》《进出境重大动物疫情应急处置预案》和《进出口农产品和食品质量安全突发事件应急处置预案》等。另外，国家质检总局还下发了一系列有关动物及动物产品检验检疫的通知、规定、要求及警示通报等现行有效的部门规章，为进出境动物及动物产品检验检疫监管提供了可靠的法律依据。

各直属检验检疫机构以国家质检总局规章为基础，结合本地实际情况，制定了注册饲养场注册登记、年审考核、动物检验检疫作业指导书等一系列操作规范，这些规范性文件作为有关规章的补充和完善，在具体工作中起到了很好的作用，形成了完备的进出境动物及动物产品检验检疫配套制度。

（二）进境动物及其产品管理制度

为保障进境动物及动物产品检验检疫工作的有效运转，国家质检总局制定了一系列的管理制度，作为进境动物及动物产品检验检疫工作的章程和准则。

涉及进境动物及动物产品管理制度主要有以下6项：

1. 风险分析和市场准入制度

风险分析和市场准入制度包括以下5个步骤：

（1）首先由出口国官方向中国政府提出出口意向；

（2）国家质检总局代表中国政府对出口国发出相关调查问卷；

（3）在收到出口国官方答复的调查问卷答卷之后，对意向入境的动物或动物产品实施风险分析；在有必要的情况下，国家质检总局可以协商出口国官方派员进行实地考察；

（4）在风险分析和实地考察的基础上，双方官方主管机构对进行贸易的动物或动物产品的提出议定书草案，并对议定书草案进行协商；

（5）在对议定书草案进行协商的基础上，签署贸易议定书，确定检疫条款。

2. 检疫审批制度

检疫审批制度是指为了保护中国农、林、牧、渔业的生产安全，降低外来有害生物随进境的动植物、动植物产品和其他检疫物传入的风险。检验检疫机构依照《中华人民共和国进出境动植物检疫法》及其实施条例、《植物检疫条例》的有关规定，按照有害生物风险分析的原则，对准备输入境内的有关动植物、动植物产品进行审查，最终决定是否批准其进境的过程。

输入规定的检疫物或过境运输检疫物，货主必须事先向国家质检总局提出申请，获得《中华人民共和国进境动植物检疫许可证》，方可入境。

3. 境外产地预检制度

为有效控制及降低动物检疫议定书所列疾病随进境动物传入国内的风险，国家质检总局根据入境动物和动物产品的检疫需要，并商输出国动物和动物产品的国家或地区政府有关机关的同意，派检疫人员赴输出国进行预检、监装或者产地疫情调查。

4. 进境口岸现场检疫及隔离检疫制度

进出境的动物及其产品到达口岸时，进出境检验检疫人员依法登车、登船、登机对检疫物实施检疫，包括查验证单、临床检查、防疫消毒等并根据需要，采取检疫样品进行实验室检疫。

对进境种用、伴侣、观赏动物实施隔离检疫。动物必须在国家质检总局指定的隔离检疫场接受隔离检疫。种用大中动物的隔离检疫期通常为45d，其他动物为30d。

5. 检疫处理制度

检疫处理是对经检验检疫不合格的货物采取的措施，包括退回、销毁、扑杀或除害（如消毒、熏蒸）处理。

（1）对进境动物的检疫处理

检出一类病的动物，连同其同群动物全群退回或者全群扑杀并销毁尸体；

检出二类病的动物，退回或者扑杀，同群其他动物在隔离场或其他指定地点隔离观察。

（2）对携带、出境和过境动物的检疫处理

携带动物，经检疫不合格又无有效方法做除害处理的，退回或者销毁；

输出或过境运输的动物，经检疫不合格的，不准出境或过境。

（3）对进境动物产品和其他检疫物的检疫处理　输入动物产品和其他检疫物，经检疫不合格的，做除害处理；无法做除害处理的应退回或者销毁处理。

（4）对出境、过境动物产品检疫处理　输出或者过境运输的动物产品和其他检疫物，经检疫不合格的，做除害处理，无法做除害处理的，做退回或者销毁处理。

（5）对运输工具的检疫处理　来自动物疫区的船舶、飞机、火车抵达口岸时，发现有检疫对象的，做不准带离运输工具、除害、封存或者销毁处理。

6. 风险预警及快速反应管理

"预警"是指为使国家和消费者免受出入境动物、动物产品中可能存在的风险或潜在危害而采取的一种预防性安全保障措施。

国家质检总局根据出入境动物、动物产品的特点建立固定的信息收集网络，组织收集整理与出入境动物、动物产品检验检疫风险有关的信息。风险信息的收集渠道主要包括通过检验检疫、监测、国际组织和国外机构发布的信息等。

预警办公室负责组织对收集的信息进行筛选、确认和反馈。根据有关规定，并参照国际通行做法，国家质检总局组织对筛选和确认后的信息进行风险评估，确定风险的类型和程度。

对风险已经明确，或经风险评估后确认有风险的出入境动物、动物产品，国家质检总局将会向有关单位发出风险预警，提醒有关出入境检验检疫工作人员，并采取快速反应措施。快速反应措施包括：检验检疫措施、紧急控制措施和警示解除。

（三）我国出境动物及其产品管理制度

对出境动物及其产品实施了注册登记、日常监管、防疫免疫、疫情监测、残留监控、检验检疫、追溯管理、隔离检疫、运输监管、离境查验等制度，建立了从养殖源头到离境口岸全过程监管工作体系。

1. 注册登记

出口动物及动物产品的养殖和加工企业须向所在地直属检验检疫机构申请检验检疫注册。未经注册登记，相关产品不得出口。同时，检验检疫机构参照世界发达国家的管理经验，对辖区内注册登记企业实行全面质量管理。对注册登记企业实行日常监督检查与年审相结合的办法进行监督管理。

2. 养殖过程监管

检验检疫机构对出口登记注册企业实施检验检疫监督，严格按照总局相关管理办法和有关文件的要求，对企业的投苗、投料、用药、生产管理、免疫防疫等环节工作实施全过程的监管。

3. 出口前隔离和检测

出口企业或其代理人应在动物出场或产品出口前 10d 向启运地检验检疫机构申报出口计划和供货来源。启运地检验检疫机构根据申报情况，按规定和要求对出口动物实施隔离检疫，根据风险程度高低，确定出口前重点检测项目。核对动物数量、针印、耳牌或封识等检验检疫标志，实施临床检查，必要时采集样品送实验室进行疾病和药残检测。结合疫病监测和残留监控结果，经隔离检疫合格方可出口。

4. 运输监管

运输出口动物的车辆需经检验检疫机构备案。装运前，运输工具和装载器具须经消毒处理，确保符合动物卫生要求。运输途中，不得与其他动物接触，不得卸离运输工具，不得在疫区、城镇和集市停留、饮水和饲喂，须使用来自本场的饲料饲草，如果发现重大疫情立即向检验检疫机构报告，并采取必要的防疫措施。

5. 离境口岸查验

出口动物运抵出境口岸时，出口企业或其代理人须向出境口岸检验检疫机构申报，经其审核单证和检验检疫标志并实施临床检查合格后，方可出境。途中所带物品和用具须在检验检疫机构监督下进行有效消毒处理。

（四）我国动物检疫存在的问题

1. 法律体系基本建立，但守法意识、执法手段有待加强和完善

虽然我国进出境动植物检疫法律体系基本建立，但与国外一些先进国家相比，我国公民的守法意识仍较差，检验检疫部门的执法手段有待加强。不少群众对动植物检验检疫知之甚少，实际工作中不支持、不配合的现象不断发生。此外，检验检疫的执法手段比较简单，法律宣传不到位，执法成本高，执法的效果不尽如人意。

2. 机构和人员队伍日益齐备，但职能设置有待完善

我国进出境检疫经历了多次变革，机构和人员队伍日益强大，对外动植物检疫工作的职能设置与实际运转相对复杂。一是检验检疫部门承担双重任务，既管检疫，又管检验；二是检验检疫履行双重职能，既注重进口，又注重出口；三是内外检业务分开，农业部和国家林业局分管国内检疫，农林产品种子、苗木的进口审批分设在农林两个部门，并根据进口量的大小由地方和中央分别管理，其他进口植物及其产品由检验检疫部门审批。这种职权设置不论是在产品覆盖面还是程序完整性方面都给检疫监管及疫情防控带来了极大的不便。

3. 对外贸易发展迅速，国外技术壁垒频出且日趋严格，农产品贸易敏感性加强

我国农产品国际贸易高居全球前列。由于农产品贸易涉及农业发展、农村稳定和农民增收，因而备受社会、公众和政府的关注。随着经济全球化的发展，在国际贸易中，技术性贸易壁垒无处不在，它对企业的影响最大，直接关系到企业的出口前景和利润。非关税技术壁垒种类层出不穷、标准逐渐提高、范围不断扩大，各贸易国家或地区普遍重视通过技术壁垒等非关税壁垒和障碍来抬高进口商品准入门槛，且进一步加强的趋势日益明显，我国大量产品出口难度不断增大。出口动物及产品对外注册要求日趋严格，国外来华检查频率加大，检查范围从原来检查企业向检查公共卫生、防疫等体系延伸，动植检工作面临新的挑战。

4. 疫病疫情频繁发生，防范外来疫病和有害生物入侵的任务进一步加重

近年来，国际国内动植物疫情疫病频繁发生，如高致病性禽流感、口蹄疫、红火蚁等动植物疫情疫病不断发生，有害生物传播的途径多元化。随着港口码头、机场对外开放程度的扩

大,有害生物可能从海、陆、空多方位侵入;对外贸易的迅速发展带来了物流、人流的迅速增长,运输工具(船舶、集装箱、汽车、飞机)、旅客携带物、邮寄物等成为外来有害生物传入的重要途径,非动植物产品(如废纸、废钢等废旧物品)传带有害生物的风险也不容忽视;贸易快进快出对快速通关提出新的要求,虚拟口岸、直通式检疫监管模式、电讯检疫以及视频监管等模式在一定程度上弱化了传统动植物检疫现场查验的功能。与此同时,疫情的频发使检疫防控任务逐年加重,疫情防控与检测同时成为检疫工作的重要内容。

5. 农业生产组织经营程度较差、农产品生产加工管理水平较低

我国实施农村土地承包经营制度,以家庭为单位的农户分散种植仍是当前农业生产的主要形式,生产发展方式较为粗放。一是规模化连片种植程度不高,一定区域内呈现小田块、多品种的现象;二是农资(种子、化肥、农兽药等)经营渠道多元化,农户购买途径多;三是以农户为主体进行田间管理,标准化程度不高,追求产量、忽视质量,随意使用农业投入品(特别是农兽药等)的现象具有普遍性;四是农产品种植管理、动植物疫病防控等公共服务体系,特别是基层组织机构、技术服务体系较为薄弱,从而使我国农产品的生产质量呈现波动状态,不时因质量问题在出口时受阻。

6. 部分进出口企业诚信缺失,检验检疫监管难度增大

这方面表现为:一是违法违规进口动物及其产品,扰乱了正常的外贸秩序;二是行业恶性竞争痼疾难除,出口数量及报价无序,少数企业未经正规报检通过非法渠道出口,被国外检出不合格并通报的事件时有发生;三是少数企业与国外销售商共同勾结掺杂制假。

面对我国动物检疫工作所面临的新问题、新情况,必须从法规制度机制建设、管理体制创新、理念更新、科技投入加大、效率与服务意识提升等几方面进一步加以改进和提高。

二、植物及植物产品检疫现状

(一)植物检疫的重要性

植物检疫一方面可以防止外来危险性生物传入我国,进而对我国的农业生产造成威胁。我国农业生产主要存在生产规模小,生产技术相对落后,产量相对低下等问题,为解决以上问题就需要引进优良的品种,但在引种过程中难免发生由于对引进生物的生长状况不了解,而造成有害物种的入侵,从而对我国的农业生产造成极大的危害。例如,20世纪60年代,我国将水葫芦作为度荒的青饲料引入,后泛滥成灾,致使我国的许多水域鱼类由于缺氧窒息而死亡,渔业生产受到威胁。另一方面,植物检疫可以保障我国的对外贸易信用,避免我国的有害生物传播到国外,对国外的农业生产造成困扰。

植物检疫可以保障农业生产安全,当作物未受外来物种的竞争时,本国的农业作物就会按照正常生长轨道生长。除此之外,农业生产过程中,检疫性有害生物的发生不仅会造成农作物产量的减少,致使农民的收成下降,此外,植物检疫的防治还可能增加农民的生产支出,使农民农业生产的实际收入减少。植物检疫能够在一定程度上降低农民的这些不必要的损失,从而增加农民的收入。

(二)植物检疫的现状

1. 我国现行的植物检疫法规

在总结检疫工作经验的基础上,我国对发达国家植物检疫作了广泛调研,吸取了国外先进制度和做法。我国陆续制定和公布了一系列有关植物检疫的法规。1982年6月4日国务院发布

了《中华人民共和国进出口动植物检疫条例》（外检条例，包括动物检疫和植物检疫）。1983年1月3日，国务院发布了《植物检疫条例》（植物内检条例）。1991年10月30日，中华人民共和国主席令第53号公布了《中华人民共和国进出境动植物检疫法》，共8章50条，于1992年4月1日施行。1992年5月13日国务院修订发布了新的《植物检疫条例》共24条。为了更好地贯彻检疫法规，农业部、国家质检总局会同有关部门分别制定了实施细则和一系列配套规定，如《中华人民共和国进境植物检疫危险性病、虫、杂草名录》《中华人民共和国进境植物检疫禁止进境物名单》《对外植物检疫操作规程进出境植物检疫手册》和《中华人民共和国进出境动植物检疫法行政处罚实施办法》。农业部颁布了《植物检疫实施细则（农业部分）》共8章30条，同时公布了《全国植物检疫对象和应施检疫的植物、植物产品名单》《国外引种检疫审批管理办法》。另外，农业部还制订公布了一系列单项检疫规定，如《进出境装载容器、包装物动植物检疫管理办法》《关于加强进口粮食检疫有关问题的通知》等部门规章。

2007年5月28日农业部发布了由国家质检总局、农业部共同制定的《中华人民共和国进境植物检疫性有害生物名录》。新名录具有以下特点：一是按照国际植物检疫措施标准，将名单更名为《进境植物检疫有害生物名录》；二是检疫性有害生物种类大幅增加，由原来的84种扩大到435种，其中昆虫152种、真菌125种、原核生物58种、线虫20种、病毒及类病毒39种、杂草41种；三是重点突出，保护面明显扩大，既考虑到粮油、水果等重点作物，又兼顾并增加了花卉、牧草、原木、木质包装、棉麻等作物上有害生物的种类；四是增加了有害生物的防范力度，提高了进境植物检疫门槛，有利于防控植物检疫性有害生物跨境传播。

2006年3月2日第617号农业部令发布了新的《全国农业植物检疫性有害生物名单》和《应施检疫的植物及植物产品名单》，共包括44种有害生物。2004年国家林业局发布了《全国林业检疫性有害生物名单》，共19种有害生物；2005年8月29日"农业部国家林业局国家质量监督检验检疫总局公告第538号"补充了刺桐姬小蜂为林业检疫性有害生物；2008年2月18日，国家林业局发布2008年第3号公告，将枣实蝇增列为全国林业检疫性有害生物。2009年2月3日，"农业部国家质量监督检验检疫总局公告第1147号"补充了扶桑绵粉蚧为进境植物检疫性有害生物。目前，中国林业检疫性有害生物共21种，进境植物检疫性有害生物436种。

这些检疫法规是目前我国植物检疫工作的基本法规，也是广大植物检疫人员执法的主要依据。这些检疫法规的发布，使植物检疫工作更有保障，更有利于检疫工作的进一步开展。

2. 国际植物检疫的新规则

我国积极研究相关的国际组织的规定，采取措施与其相适应。WTO关于《SPS协议》中规定："缔约方在确定适当的卫生和植物检疫所保护的水平时，必须考虑将对贸易的不利影响降低到最低限度"，SPS协议提出了植物检疫的透明度原则、非歧视、等效性等原则，并要求各国植物检疫标准要符合国际标准，植物检疫措施要以有害生物风险分析为基础，要实施适当保护水平等要求。FAO出台了一系列新规定和标准，到目前为止FAO大会已通过植物检疫国际标准29项。如：与国际贸易有关的植检原则，外来生物防治物的输入和释放行为守则，有害生物风险分析准则，建立有害生物非疫区的要求，植物检疫术语，监测指南，出口证书系统，有害生物根除程序指南等，还有些国际标准尚在制订过程中。

3. 关于检疫概念的变化

近年来国际上关于植物检疫的相关概念发生了较大变化，如WTO关于SPS协议对"非疫区"定义为"经主管当局确认未发生特定虫害或病害的区域"，这就增强了行政管理部门的主观性。WTO 新提出了"病虫害低度流行区"的概念，并将非疫区细化为非疫区、非疫产地、非疫生产点。另外，对有害生物分为检疫性有害生物、限定的检疫性有害生物、非限定有害生物等。美国还对检疫性有害生物发生地区划分为保护区、监测区、缓冲区等。这些检疫概念的变化有利于农产品贸易，但增大了植物检疫工作难度。

为了与国际植物检疫保持一致，根据我国的实际情况，我国检验检疫部门也采取了较为灵活和多样化的措施。如在对国外地中海实蝇疫区的认定问题上，过去把发生地中海实蝇的整个国家作为疫区来对待，一律禁止该国水果进入我国。近年，FAO 发表了《国际植物检疫措施标准》，对非疫区的概念作了规定："非疫区为经科学证据证明，不存在特定有害生物和在适当的地方这状况得到官方保持的地区。"根据地中海实蝇的特点，并参考了 FAO 关于非疫区概念，我国检疫专家提出了关于疫区范围的几项条件：①地中海实蝇的生物学特性，地中海实蝇成虫飞翔可能达到的距离是一个基础范围，这里也要考虑到成虫的取食、存活及其生物学因素。②地理环境条件是影响地中海实蝇传播蔓延的重要因素，发生地区的地形、地貌（高山、沙漠、海洋等）都直接影响成虫的扩散能力。③农业生态条件和寄主分布情况是影响传播蔓延的重要因素。还要考虑地中海实蝇发生地区气候条件、移民和外来人口（特别是来自地中海疫区）居住情况、交通运输和贸易往来等。另外，对定殖区域和新侵入区等问题，根据实际情况，确定有所区别的检疫政策。

根据上述新的检疫政策，经过检疫专家考察和论证，我国与某些国家就进口水果检疫问题分别达成了一些协议。如中美两国检疫部门签署了进口美国苹果、樱桃、葡萄的检疫议定书，中智两国检疫部门签署了进口智利部分地区的猕猴桃、苹果、葡萄的检疫议定书，还达成了进口澳大利亚亚塔斯马尼省苹果、进口新西兰苹果、猕猴桃的检疫协议等。这些检疫上新的措施不仅有效地保护了我国水果生产的安全，同时也有效地促进了水果贸易。

（三）植物检疫存在的问题

植物检疫工作是为了保护农业生产与生态环境安全，保障我国的第一产业正常运转，为人们的生产生活奠定基础。我国自新中国成立以来，植物检疫也陆续颁布了一些相关的法律法规，主要以 1982 年的《中华人民共和国进出境动植物检疫法》、1983 年的《植物检疫条例》及实施细则以及其他相关法律法规为支撑，但随着我国加入世界贸易组织及世界经济的一体化，检疫的法规标准也发生了变化，对我国的检疫工作造成巨大的挑战。现行的检疫工作存在着思想陈旧、技术落后等问题。

1. 重视程度的不够

植物检疫的重要性，对整个社会来说认知度不够，这对出入境进行检查造成诸多不便。且长期自给自足的农业生产经济，使长时间的农业有害生物的入侵被忽略，将对农业生产构成潜在的重大威胁。

2. 管理体制不够健全、基层检疫机构混乱、检疫队伍水平不足

我国的检疫管理体制不够健全体现在基层检疫机构植保站、植物检疫站、植保植检站、执法大队等检疫部门名称不统一，农业检疫工作的投入力度不够，缺乏领导骨干，专职人员经常变动，致使检疫工作很难落到实处。专业的检疫人员未能自觉地执行中央的检疫规章制度，没有形成良好的工作态度，也是我国目前检疫工作存在的问题。

3. 基础检疫工作缺失、检疫工作缺乏主动性

植物检疫最重要的就是基础工作，但是基础性的调查工作在很多地方往往处于滞后状态，

疫情防治缺乏主动性。植物病虫害发生和分布的详细情况不明，只有当疫情开始蔓延时才采取措施，这时已错过了防治疫情的最佳时机。

4. 经费不足、检疫设备陈旧

植物检疫中普查、防控、培训等工作费用开支较大，但是植物检疫一直没有固定的经费，这对植物检疫工作的进行造成了很大的阻碍；许多基层检疫部门的检疫设备落后，有些甚至根本不具备植物检疫的工作条件。

第四节 动植物检疫的发展前景

随着经济全球化的进程，越来越多的生物也在环球"旅行"，时空和距离不再是生物入侵的屏障，生物可以通过多种途径迅速传播到世界各地，外来生物入侵对我国农林业生产安全、生物多样性和生态环境构成了严重威胁。我国口岸从进境植物及其植物产品中截获有害生物呈大幅增长趋势。

（一）扩大检疫覆盖面，开展多方位的检疫

当前，国际经济合作和科技交流日益频繁，贸易和运输方式呈多样化的趋势，这使得病虫害传播的渠道也越来越复杂。所以，除了需要对植物及其产品实施检疫外，对其他传播媒介也应该给予充分关注。检验检疫部门根据《中华人民共和国进出境动植物检疫法》的规定，扩展了几项新的检疫内容。

对来自疫区的交通运输工具，包括火车、船舶、飞机等，实施植物检疫。这主要对食品舱及交通员工携带的应检物品实施检疫，并进行必要的消毒处理。

对集装箱和木质包装材料实施检疫。这两类都属装运容器性质，本身又具木质材料部分。在实施检疫中发现的疫情是相当可观的，各有关口岸多次从集装箱中检出美国白蛾、双钩异翅长蠹、皮蠹类及非洲大蜗牛等危险性害虫。

对装载农产品的船舶进行装运前的检疫。据有的口岸调查出境船舶害虫检出率达 18.5%，所以，装运前船舶检疫可避免出口农产品受到污染。

增强对生物毒素的检测。植物病菌如黄曲霉、镰刀菌、链格孢、交链孢、赤霉菌等可产生对人、畜健康有害的生物毒素，如黄曲霉素、T2 毒素、雪腐镰刀菌烯醇、玉米赤霉烯酮、串珠镰刀菌素、伏马菌素等。但生物毒素的检测还是较薄弱的环节，有关专家正对小麦、玉米、大豆等农产品的生物毒素检测技术和标准等开展研究。

转基因生物和物种资源查验开创了新的领域。国务院赋予国家质检总局对转基因生物和物种资源建立查验制度的新职能。国家质检总局加强了对转基因生物的监督管理，完善和建立了进出境转基因产品查验体系、检测标准体系、实验室检测体系。

（二）分子检测技术应用前景广阔

我国在植物检疫性病虫的检测、鉴定中应用分子生物学技术已取得可喜成果。分子生物学检测方法不仅快速、准确、灵敏自动化程度高，易标准化，而且也解决了如种子上病菌及未显症病害的快速检测与鉴定等许多技术难题，符合植检特点和要求，具有广阔的应用前景。

我国检验检疫系统应用克隆与基因表达、DNA 序列测定、基因探针、聚合酶链式反应

(Polymerase Chain Reaction，PCR)、生物芯片等技术对检疫性昆虫、真菌、细菌、病毒、线虫等全面开展研究应用，如对梨火疫病、玉米细菌性枯萎病、番茄环斑病毒、李坏死环斑病毒、小麦印度腥黑穗病、黑麦草腥黑穗病、松材线虫、马铃薯金线虫、白线虫、光肩星天牛、果实蝇、红火蚁等研究建立了相应的分子生物学检测方法。分子检测技术还需深入研究，如检测试剂的标准生产、设备配套等方面还需进一步努力。

另外，为了及时解决口岸上对昆虫检验鉴定上的技术问题，动植检研究所的专家与广东、北京、江苏等检验检疫局合作，利用宽带网络传播昆虫图像，进行远程鉴定技术已取得突破性进展，正进一步研究昆虫自动识别系统和建立相应软件。

(三) 检疫除害处理技术多样化

长期以来，检疫除害技术主要依靠化学药剂熏蒸处理，方法单一，口岸缺乏专用处理设备。近年来，检疫除害处理技术有很大发展，目前检疫处理除熏蒸外，还广泛应用热处理、冷处理、辐照处理、微波处理和防腐处理等技术。针对不同植物产品和疫情，采用相应的处理方法，保障检疫处理的效果。为了提高熏蒸处理效果，开展循环熏蒸技术和真空熏蒸技术的研究，成功地对圆筒仓粮食采用溴甲烷循环熏蒸技术，用溴甲烷、硫酰氟和环氧乙烷的真空熏蒸杀灭进口棉花的谷斑皮蠹、林木种子害虫，并研制了不同体积的真空熏蒸设备以及熏蒸气体浓度检测仪器。溴甲烷具有高效、穿透性强、快速、杀虫谱广等优点，是植物检疫中应用最广泛的重要熏蒸剂，但由于它是属于消耗大气臭氧层的物质，国际上已列为逐步淘汰。我国农业、粮食、检疫部门正在研讨替代的方法，包括对老熏蒸剂重新评价，改进现行熏蒸剂应用技术以及新型熏蒸剂的研究和开发等。

为了配合荔枝进口国的检疫要求，我国开展了荔枝蒸热处理杀虫试验，获得在果心温度达到45.6℃时，处理105min，然后置于2℃低温下处理40h，不仅能够100%杀虫，满足有关国家植检规定的要求，而且不影响果质，保持鲜荔枝应有的商品价值。另外，用热处理杀灭稻草制品如榻榻米、饲料稻草等上的水稻病菌和货物木包装上的天牛害虫等。

辐照处理技术的应用取得很大的发展，除了^{60}Co射线处理果实蝇技术外，近年来新研究了电子束辐照处理的技术，应用前景令人鼓舞。清华大学科技园专家采用3种辐射源，即电子束(EB)射线、^{60}Co射线、X射线对黑穗病的麦穗、病瘿和孢子粉等样品进行辐照处理，试验证明：电离辐照对黑穗病孢子的萌发有抑制和灭活效应。另外，试验证明对粮食中的杂草籽灭活也有成效。辐照处理既能杀虫又能灭菌、杂草灭活，是一种多功能的粮食除害处理方法。另外，由于进口木材体积大，搬运困难，对木材害虫处理一直是技术难题，现在用加速器辐照处理口岸进口整车木材的技术已取得突破。微波加热灭虫处理技术在旅邮检、种子、木质包装检疫处理方面取得积极成效。

植物检疫处理设施有较大改善，除了在进口农产品任务较大的口岸配备了真空、循环熏蒸设备外，在福建莆田、江苏太仓、天津滨海新区等进口木材较多的地区建立原木除害处理区。专家们建议运用电子加速器除害处理系统来处理粮食、木材的病虫害，既方便有效，又环保无污染，国家有关部门正在调研，不久的将来有望在有关口岸装备加速器辐照处理设施。

(四) 开展外来有害生物风险分析 (Pest Risk Analysis，PRA) 工作，建立完善的风险预警机制和快速反应体系

针对潜在危险生物，发展早期预警系统，建立风险评估体系，提高风险预测能力；针对已

入侵生物，发展外来生物生态与经济影响评估体系，构建快速反应机制和体系。

一旦外来生物入侵成功，要彻底根除极为困难，且用于控制蔓延的代价极大。风险评估是对有害生物随植物、植物产品传入、定殖和传播的可能性，以及传入后造成的经济影响的评估；风险管理是针对这些检疫有害生物提出管理措施，为检疫政策提供科学依据。

某种有害生物可能对我国农林生产或生态造成威胁，通过开展 PRA 工作，确定有害生物的风险程度，配合国家采取相应的检疫措施。

做好 PRA 工作，实现检验检疫对植物及产品进出口的调控作用，根据 SPS 协议，通过 PRA 分析，建立完善的风险预警机制和快速反应体制。当境外发生重大疫情并可能传入我国时，或在进境检疫截获重要有害生物，根据初步风险分析，及时发布风险预警通报。在引进外来物种时，除在检疫上把好关外，还应考虑建立外来物种预警制度，如对引进的外来物种先进行小面积培种，确定无害后再推广，即便是推广后也要进行监测跟踪，这样才能积极有效控制外来生物的侵害。加强科技投入，尽快找出外来生物入侵爆发机理，提高对外来入侵物种爆发的预测能力。根据 PRA 寻找检疫风险关键控制点的功能，对发现的疫情，找准有害生物产生风险的关键环节，有针对性地集中力量严格控制，及时治理扑灭。也就是做到早发现，早通报，早扑灭，避免出现不可收拾的局面。

（五）动植物检疫在国家安全与发展战略中的作用将越来越凸显

改革开放以来，伴随着我国对外开放的扩大和经济全球化的发展，出入中国国境的人员、货物大幅增长，与之相伴进入国境的动植物病虫害和有害物种数量增加，渠道增多，形式多样，有效监管和消除出入国境不安全因素的难度越来越大，对我国经济安全、社会安全、生态安全、资源安全等构成严重威胁。作为维护国家非传统安全第一防线的动植物检疫，其安全职能既关涉国家安全，又关涉社会安全与人的安全，在国家安全与发展战略中的地位和作用将会越来越重要。动植物检疫部门要找准定位，深化检验检疫与非传统安全的理论研究与实践，学习借鉴世界各国成功经验，加强国民动植物检疫安全意识培训，使动植物检疫在我国国家安全及发展战略实施中发挥更大作用，实现保障消费者健康、维护国境安全以及促进贸易便利化相统一的目标。

（六）推进实验室建设，构建实验室检测网络支撑体系，促进动植物检疫发展

动植物检疫具有技术性的特点，它是以检验检测技术为依托的行政执法行为，检测技术手段就是动植物检疫的执法支撑。作为国门的第一道技术防线，构建具有中国特色的动植物检疫实验室体系将对更好地履行动植物检疫职能具有重要的实践意义。我国外向型经济和社会的发展对动植物检疫提出了更高的技术需求，基层动植物检疫实验室的主要发展方向就是满足日益多样化的动植物检疫技术需求。按照国家检验检疫部门的规划，我国将建立以国家级重点实验室为龙头，区域中心实验室为骨干，综合性实验室为基础的实验室网络，进一步提升动植物检疫技术水平，以达到用准确的实验室检测防止疫病传入传出、化解技术壁垒、控制外来生物入侵、加强物种资源保护、服务地方经济发展和应对突发事件的目标。

第二章

我国动植物检疫的机构与功能

第一节 动植物内部检疫的机构与功能

我国的动植物检疫体系目前由口岸检疫、国内农业检疫及林业检疫三部分组成。国家有关植物检疫法规的立法和管理由农业部负责。口岸植物检疫由国家质检总局管理；国内县级以上地方各级植物检疫机构受同级农业或林业行政主管部门领导和上级植物检疫机构指导相结合的管理体制。

农业部负责起草国内动植物防疫和检疫的法律法规草案，签署政府间协议、协定，制定有关标准；组织兽医医政、兽药药政药检工作；组织、监督对国内动植物的防疫、检疫工作，发布疫情并组织扑灭，实行分级管理制度，设有中央、省、市、区（县）、镇（乡）各级兽医部门。负责全国范围内动物疫病防治、监测和消灭工作。

国家质检总局统管全国动植物及其产品的进出境检验检疫工作，负责对进出中国的动物及其产品进行管理，包括对动物实施进口管制和出口检疫验证。国家质检总局直属国务院管辖、直接受中央财政支持，不受省（市）政府管辖。

对外来疾病的防制由农业部和国家质检总局共同承担。当某一国家或地区发生中国限制进境的动物疫病流行时，农业部和国家质检总局有权发布公告，禁止与流行疾病有关的任何货物入境。

农业部植物检疫处作为具体的主管部门负责全国的国内植物检疫工作；起草植物检疫法规，提出检疫工作长远规划的建议；贯彻执行《植物检疫条例》、协助解决执行中出现的问题；制定植物检疫对象和应检植物、植物产品名单；负责国外引种审批；汇编有关植物检疫资料，推广检疫工作经验；组织检疫科研攻关，培训检疫技术人员。各省、市、自治区的农业、林业主管部门（省植保植检站和省森林病虫防治站）主要负责贯彻《植物检疫条例》及国家发布的各项植物检疫法令、规章制度及制定本地区的实施计划和措施；起草本地区有关植物检疫的地方性法规和规章；确定本地区的植物检疫对象名单；提出划分疫区和保护区的方案；检查指导本地区各级植物检疫机构的工作；签发植物检疫有关证书，承办国外引种和省间种苗及应检植物的检疫审批，监督检查种苗的隔离试种等。

植物检疫的衍生部门主要包括植物检疫的科研单位、检疫技术人员培训基地、植物检疫学术团体等为植物检疫服务的各种组织。

专职从事植物检疫科研的单位主要是农业部植物检疫实验所,主要任务是收集国内外危险性有害生物的发生、为害、分布等资料,研制危险性有害生物的检疫检测技术、检疫处理方法,开展有害生物风险分析,为国家制定植物检疫法规提供依据。

有关的植物检疫专业协会主要有中国植物保护学会和中国植物病理学会下设的植物检疫专业委员会。这些专业委员会的主要功能是通过组织植物检疫学术活动,沟通植物检疫信息,交流植物检疫技术与工作经验,普及宣传植物检疫知识,开展技术咨询,促进检疫技术的提高。

第二节 口岸动植物检疫的机构与功能

我国《动植物检疫法》规定设立国家动植物检疫机关,统一管理全国的进出境动植物检疫工作。新中国成立以来,我国的国家动植物检疫机关几经变迁,1952年由外贸部商检总局负责对外动植物检疫工作;1964年动植物检疫工作划归农业部领导;1965年在全国27个口岸审理了动植物检疫所;1982年国务院正式批准成立国家动植物检疫总所,后更名为国家动植物检疫局;1998年,根据国务院机构改革方案,原中国商品检验局、中华人民共和国卫生检疫局和中国动植物检疫局合并组建国家出入境检验检疫局;2001年,国务院决定将原国家质量技术监督局和国家出入境检验检疫局合并,组建国家质量监督检验检疫总局,统管全国动植物及其产品的进出境检验检疫工作。

中华人民共和国国家质量监督检验检疫总局,是中华人民共和国国务院主管全国质量、计量、出入境商品检验、出入境卫生检疫、出入境动植物检疫、进出口食品安全和认证认可、标准化等工作,并行使行政执法职能的正部级国务院直属机构。

国家质检总局内设19个司(厅、局),即:办公厅、法规司、质量管理司、计量司、通关业务司、卫生检疫监管司、动植物检疫监管司、检验监管司、进出口食品安全局、特种设备安全监察局、产品质量监督司、执法督查司(国家质检总局打假办公室)、国际合作司(WTO办公室)、科技司、人事司、计划财务司、机关党委和离退休干部局。另外,中共中央纪律检查委员会和中华人民共和国监察部向国家质检总局派驻了纪律检查组和监察局。

为履行出入境检验检疫职能,国家质检总局在全国31省(自治区、直辖市)共设有35个直属出入境检验检疫局,海陆空口岸和货物集散地设有近300个分支局和200多个办事处,共有检验检疫人员3万余人。国家质检总局对出入境检验检疫机构实施垂直管理。

根据《进出境动植物检疫法》和《进出境动植物检疫法实施条例》,国家质检总局对进出境和旅客携带、邮寄的动植物及其产品和其他检疫物,装载动植物及其产品和其他检疫物的装载容器、包装物、铺垫材料,来自疫区的运输工具,以及法律、法规、国际条约、多双边协议规定或贸易合同约定应当实施检疫的其他货物和物品实施检疫和监管,以防止动物传染病、寄生虫病和植物危险性病、虫、杂草以及其他有害生物传入传出,保护农、林、牧、渔业生产和人体健康,促进对外贸易的发展。检疫的措施主要包括:风险分析与管理措施、检疫审批、国外预检、口岸查验、隔离检疫、实验室检测、检疫除害处理、预警和快速反应、检疫监管等。

动植物检疫监管司作为具体主管部门管理全国口岸动植物检疫工作,其主要职责任务是:

拟订出入境动植物及其产品检验检疫的工作制度；承担出入境动植物及其产品的检验检疫、注册登记、监督管理，按分工组织实施风险分析和紧急预防措施；承担出入境转基因生物及其产品、生物物种资源的检验检疫工作；管理出入境动植物检疫审批工作。

第三章 国际及国外主要国家动植物检疫机构及规则

第一节 国际动植物检疫机构及规则

植物检疫是为了保护本国农林牧业的安全生产，免受外来病虫害和其他有害生物的危害，促进贸易的正常往来，因此，植物检疫历来受到各国政府和国际贸易组织的重视。在 FAO 的农业委员会中有负责国际植物检疫 IPPC 的官员；在世界贸易组织的总协定中，有专门关于植物检疫的 SPS 协议；在各大洲还有区域性的植物保护组织和有关规定；各国政府都有专门负责植物检疫的机构以及有关植物检疫的法规与条例。

（一）植物检疫措施的国际标准

植物检疫措施的国际标准是由 FAO 的国际植物保护公约组织秘书处负责制定的，其目的是为了在植物检疫方面将其作为全球统一的政策和技术支持，使各国采取的检疫措施协调一致，并符合 SPS 协议的要求，从而促进国际贸易的发展，避免由于使用不合理的检疫措施而造成对贸易的影响和阻碍。随着植物检疫国际标准的逐步建立，要求各国在制定检疫措施时必须采用已有的国际标准，使制定的检疫措施具有相同的基础和科学依据，从而在更大程度上促进农产品国际自由贸易的发展。

1. 与国际贸易有关的植物检疫基本原则

与国际贸易有关的植物检疫原则，是 1993 年由 FAO 大会第 27 届会议批准的，其目的是促进国际植物检疫标准的制定，从而减少或消除使用构成贸易壁垒的不合理的检疫措施。其内容包括八条具体原则，分别是主权、必要性、最小影响、修改、透明度、协调、同样对待、争议解决的原则和合作、技术主管部门、风险分析、风险管理、非疫区、紧急行动、通知违约行为及不歧视的具体原则。该原则是国际植物检疫措施标准的参考标准。

2. 建立非疫区的原则

建立非疫区（Pest Free Area）的要求是有害生物监察下的一个标准，在 1995 年由 FAO 大会第 28 届会议批准。该标准描述了建立和使用非疫区的要求，其目的是为了作为一种从非疫区出口的植物、植物产品和其他限制产品的植物检疫证书的风险管理措施；或为进口国保护其受威胁的非疫区而采取的植物检疫措施提供科学依据。所谓的非疫区是指一个由科学依据证实没有发生某种有害生物，且这种情况由官方维持的地区。如果特定的条件得到满足后，从出口国国家植物保护组织建立并应用的非疫区中出口植物、植物产品至另一个国家时，无须采取附加的植物检疫措施。因此，某种有害生物在一个地区是否存在可作为针对该种有害生物的植物检疫证书的依据。另一方面，非疫区也为一个地区是否分布某种有害生物提供科学依据，这是有害生物风险分析所需要的信息。因此，非疫区亦为进口国保护其受威胁地区所采取的检疫措施提供科学依据。与非疫区相对应的就是"疫区"（Quarantine Area），是指由官方划定的发现有检疫性有害生物存在并由官方控制中的地区。

3. 调查和监测系统指南

调查和监测系统指南（Guideline for Survey and Monitoring Systems）是有害生物监查下的另一个标准。该标准描述了调查和监测系统的组成，其目的是有害生物检测、为有害生物风险分析提供资料、建立非疫区和有害生物低度发生区及有害生物名单的制定提供指导和依据。因此，该标准直接与另两个职务检疫措施国际标准相关，即有害生物风险分析指南和非疫区的建立，是一项最基本的工作，确证检疫性有害生物尚未发生、局部发生或低度流行发生。

该标准认为调查和监测系统主要有两种类型，即一般监测和特殊调查。一般监测是指通过多种途径收集信息资料，供国家植物保护组织使用。对这类资料的收集，既没有特殊的要求，也没有规定的收集程序。特殊调查是指指定要求得到某些信息资料的收集活动，是一个有目的的行动，用于获得特定信息。所收集的资料在确立和维持非疫区时用于确定有害生物在一个地区、一种寄主或商品上是否存在、分布和流行情况。

4. 有害生物根除项目指南

有害生物根除项目指南是外来有害生物反应下的一个标准。该标准描述了一种有害生物根除项目的组成，旨在为发展一个有害生物的根除项目提供帮助，并当检测到有害生物时采取及时行动；其最终目的是为了建立非疫区和无有害生物生产区。一般情况下此标准考虑的有害生物均指外来有害生物。

该标准将有害生物根除项目分成两部分：一是决策过程；二是根除过程。决策过程主要是检测并鉴定有害生物及估计其当前和潜在的分布区。检测到一种潜在的检疫性有害生物是决策过程的开始，并由此导致一个根除项目。有害生物的检测一般可通过一般监测和特殊调查来进行。检测到有害生物后，就要对有害生物进行鉴定，鉴定可立即由国家植保组织的官员或专家进行，但最好由一个国际上有名的专家确认。鉴定的方法包括形态学、分类学、生物学试验和化学及遗传分析方法。经过初步调查并收集有关有害生物及商品的产地、有害生物传播途径及分布、有害生物的生物学和潜在经济影响等发生地的资料，为决策者提供一个或多个选择，从而对采取的根除措施进行效益分析。

（二）国际植物检疫规则

法规又称法律规范，由国家制定或认可，受国家强制实施的行为规则。通常包括假定、处理、制裁三个部分。假定是指法律规范所要求的或应禁止的行为；处理是指该法规的具体内容，即条例、细则等，要求做什么、不允许做什么等；制裁是指在违反法规时将要引起的法律后果，是法规强制性的具体表现。

植物检疫法规是指为了防止植物危险性有害生物传播蔓延、保护农林牧业的安全生产和生态环境、维护对外贸易信誉、履行国际义务，由国家制定法令，对进出境和国内地区间调运植物、植物产品及其他应检物进行检疫的法律规范的总称。它包括植物检疫有关的法规、条例、细则、办法和其他单项规定等。

植物检疫法规是开展植物检疫工作的法律依据。为保证贸易及植物检疫工作的正常开展，防止有害生物的传播，国际、国内各级政府部门均制定了一系列的法规。例如 FAO 的国际植物保护公约和"使全球植物检疫一致的程序"，世界贸易组织的《动植物检疫与卫生措施协议》，我国颁布的《中华人民共和国进出境动植物检疫法》《植物检疫条例》等，以及为贯彻这些法规所制定的"实施条例""实施细则"和"办法"等，都有法律效力。各级植物检疫机构和人员都必须遵守和熟悉这些法规，按照制定它的权力机构和法规所起作用的地理范围，可将这些法规分为国际性、国家级法规和地方性法规；按照其内容从形式上可分为综合性法规和单项法规。

1983 年世界粮农组织印发了《制定植物检疫法规须知》。从目前公布的各国检疫法规来看，植物检疫法规主要包括国际法规与公约、地区性法规与各个国家的法规与条例等。内容包括名称、立法宗旨、检疫范围与检疫程序、术语解释、检疫主管部门及执法机构、禁止或限制进境物、法律责任、生效日期及其他说明。

1. 国际性法规与公约

（1）《国际植物保护公约》（IPPC）　　IPPC 是 1951 年 FAO 通过的一个有关植物保护的多边国际协议，1952 年生效。1979 年和 1997 年，FAO 分别对 IPPC 进行了 2 次修改，1997 年新修订的植物保护公约尚未生效。国际植物保护公约由设在粮农组织植物保护处的 IPPC 秘书处负责执行和管理，目前，签约国为 111 个，中国尚未加入该公约。

国际植物保护公约的目的是确保全球农业安全，并采取有效措施防止有害生物随植物和植物产品传播和扩散，促进有害生物控制措施。国际植物保护公约为区域和国家植物保护组织提供了一个国际合作、协调一致和技术交流的框架和论坛。由于认识到 IPPC 在植物卫生方面所起的重要作用，WTO/SPS 协议规定 IPPC 为影响贸易的植物卫生国际标准的制定机构，并在植物卫生领域起着重要的协调一致的作用。

IPPC 的主要任务是加强国际植物保护的合作、更有效的防治有害生物及防止植物危险性有害生物的传播、统一国际植物检疫证书格式、促进国际植物保护信息交流，是目前有关植物保护领域中参加国家最多、影响最大的一个国际公约。IPPC 虽名曰"植物保护"，但中心内容均为植物检疫。IPPC 包括前言、条款、证书格式附录三个方面；其中条款有十五条，分别为第一条缔约宗旨与缔约国的责任；第二条公约应用范围，主要解释植物、植物产品、有害生物、检疫性有害生物等；第三条为补充规定，涉及如何制定与本公约有关的补充规定如特定区域、特定植物与植物产品、特定有害生物、特定的运输方式等并使这些规定生效；第四条主要阐述各缔约国应建立国家植物保护机构，明确其职能，同时各缔约国应将各国植物保护组织工作范围及其变更情况上报 FAO；第五条为植物检疫证书，主要规定植物检疫证书包括的内容；第六条进口检疫要求，涉及缔约国对进口植物、植物产品的限制进口、禁止进口、检疫检查、检疫处理（消毒除害处理、销毁处理、退货处理）的约定，并要求各缔约国公布禁止及限制进境的有害生物名单，要求缔约国所采取的措施应最低限度影响国际贸易；第七条为国际合作，要求各缔约国与 FAO 密切情报联系，建立并充分利用有关组织，报告有害生物的发生、分布、传播危害及有效的防治措施的情况；第八条为区域性植物保护组织，该条款要求各缔约国加强合作，在适当地区范围内建立地区植物保护组织，发挥他们的协调作用；第九条为争议的解决，着重阐述缔约国间对本公约的解释和适用问题发生争议时的解决办法；第十条声明在本《公约》生效后，以前签订的相关协议失效，这些协议包括 1881 年 11 月 3 日签订的《国际葡萄根瘤蚜防治公约》、1889年4月15日在瑞士伯尔尼签订的《国际葡萄根瘤蚜防治补充公约》、1929年4月16日在罗马签订的《国际植物保护公约》；第十一条为适用的领土范围，主要指缔约国声明变更公约适应其领土范围的程序，公约规定在FAO总干事接收到申请30d后生效；第十二条为批准与参加公约组织，主要规定了加入公约组织及其批准的程序；第十三条为设计公约的修正，指缔约国要求修正公约议案的提出与修正并生效的程序；第十四条为生效，指公约对缔约国的生效条件；第十五条为任何缔约国退出公约组织的程序。

（2）国际植物保护公约秘书处　为了更好地在WTO和IPPC的框架下使全球的植物卫生措施协调一致，1992年，FAO在其植物保护处之下设立了国际植物保护秘书处，负责管理与IPPC有关的事务，主要包括三方面内容：①制订国际植物检疫措施标准（International Standards for Phytosanitary Measures，ISPMs）；②向IPPC提供信息，并促进各成员间的信息交流；③通过FAO与各成员政府和其他组织合作提供技术援助。一般情况下，IPPC秘书处与区域和国家植物保护组织合作完成上述工作。

1993年，IPPC秘书处制订了临时标准制定程序（Interim standard-setting procedures），成立了植物卫生措施专家委员会（Committee of Experts on Phytosanitary Measures，CEPM）。根据新修订的IPPC，2000年，CEPM已被临时标准委员会（Interim Standards Committee，ISC）所代替。1997年，成立了植物检疫措施临时委员会（Interim Commission on Phytosanitary Measures，ICPM），负责评估全球植物保护现状，并向IPPC秘书处提出工作建议。一旦新的修改过的IPPC生效，ICPM将被解散。

（3）《实施动植物卫生检疫措施的协定》（SPS）　为限制技术性贸易壁垒，促进国际贸易发展，1979年3月在国际贸易和关税总协定第七轮多边谈判东京回合中通过了《关于技术性贸易壁垒协定草案》，并于1980年1月生效。该草案在8轮乌拉圭回合谈判中正式定名为《技术贸易壁垒协议》（Agreement on Technical Barriers to Trade，TBT协议）。针对GATT、TBT对这些技术性贸易壁垒的约束力不够、要求也不够明确，为此乌拉圭回合中许多国家提议制定针对植物检疫的SPS协议。该协议对检疫提出了更为具体、严格的要求。SPS协议是所有世界贸易组织成员都必须遵守的。总的原则是为促进国家间贸易的发展，保护各成员国动植物健康、减少因动植物检疫对贸易的消极影响。由此建立有关有规则的和有纪律的多边框架，以指导动植物检疫工作。

SPS协议规定了各缔约国的基本权力与相应的义务，明确缔约国有权采取保护人类、动植物生命及健康所必须的措施，但这些措施不能对相同条件的国家之间构成不公正的歧视，或变相限制或消极影响国际贸易。SPS协议要求缔约国所采取的检验措施应以国际标准、指南或建议为基础，要求缔约国尽可能参加如IPPC等相关的国际组织。SPS协议要求缔约国坚持非歧视原则，即出口缔约国已经表明其所采取的措施已达到检疫保护水平，进口国应等同接受这些措施；即使这些措施与自己的不同，或不同于其他国家对同样商品所采取的措施。SPS协议要求各缔约国采取的检疫措施建立在风险性评估的基础之上；风险性评估考虑的诸因素应包括科学依据、生产方法、检验程序、检测方法、有害生物所存在的非疫区相关生态条件、检疫或其他治疗（扑灭）方法；在确定检疫措施的保护程度时，应考虑相关的经济因素，包括有害生物的传入、传播对生产、销售的潜在危害和损失、进口国进行控制或扑灭的成本，以及以某种方式降低风险的相对成本，此外应该考虑将不利于贸易的影响降低到最小限度。在SPS协议中原则明确了疫区与低度流行区的标准，非疫区应是符合检疫条件的产地（一个国家、一个国家的地区或几个国家组成）；在评估某一产地的疫情时，需要考虑有害生物的流行程度，要考虑有无建立扑灭或控制疫情的措施；此外有关国际组织制定的标准或指南也是考虑的因素之一。在 SPS 中特别强调各缔约国制定的检疫法规及标准应对外公布，并且要求在公布与生效之间有一定时间的间隔；要求各缔约国建立相应的法规、标准咨询点，便于回答其他缔约国提出的问题或向其提供相应的文件。为完成 SPS 规定的各项任务，各缔约国应该建立动植物检疫和卫生措施有关的委员会。

2. 区域性的植物保护组织

区域植物保护组织（The Regional Plant Protection Organizations，RPPOs）在区域范围内负责协调有关 IPPC 的活动，在新修订的 IPPC 中，区域性植物保护组织的作用扩展到与 IPPC 秘书处一起协调工作。国际区域性植物保护是在较大范围的地理区域内若干国家为了防止危险性植物病虫害的传播，根据各自所处的生物地理区域和相互经济往来的情况，自愿组成的植物保护专业组织。各个组织都有自己的章程和规定，它对该区域内成员国有约束力。他们的主要任务是协调成员国间的植物检疫活动、传递植物保护信息、促进区域内国际植物保护的合作。

FAO 区域植物保护组织（NPPOs）如下：

（1）亚洲及太平洋地区植物保护委员会（Asian and Pacific Plant Protection Commission，APPPC），成立于 1956 年，总部设立在泰国曼谷，其前身是东南亚和太平洋区域植物保护委员会。1983 年在菲律宾召开的第 13 届亚洲和太平洋地区植物保护会议上，我国提出申请加入该组织；1990 年 4 月在北京召开的 FAO 第 20 届亚太区域大会上正式批准中国加入为《亚洲和太平洋区域植物保护协定》的成员国。现有成员国 25 个，日本、新加坡和不丹为观察员国。该组织负责协调亚洲和太平洋区域各国植物保护专业方面所出现的各类问题，如疫情通报、防治进展、检疫措施等。

（2）加勒比海区域植物保护委员会（Caribbean Plant Protection Commission，CPPC）于 1967 年成立，总部设在特立尼达的西班牙港，现有 26 个成员国。

（3）欧洲和地中海区域植物保护组织（European and Mediterranean Plant Protection Organization，EPPO）成立于 1950 年，总部设在法国巴黎，由 10 个人组成，目前有成员国 43 个。EPPO 设有一个理事会，是主要的决策部门，由所有成员国的代表组成，每年开一次会，还有一个执行委员会，由 7 个代表组成，负责组织的管理。理事会和执行委员会均有一个主席一个副主席。其他的重要部门是国家植物保护局和秘书处。EPPO 是秘书处和国家植物保护组织的联合体，由秘书处组织来自国家植物保护局的科学家成立工作组和工作小组开展工作，这些科学家并不代表政府而是以个人身份工作。EPPO 工作经费是由成员国资助的，目前有两个工作组，一是植物检疫，二是农药管理，他们分担 EPPO 的工作，所有这些工作都与国家植物保护局的官方活动密切相关。植物检疫工作组下设：植物健康法规工作小组；有害生物危险性分析工作小组；细菌病害工作小组；检疫信息工作小组；观赏植物病原检测证明工作小组；果树病原检测证明工作小组；检疫处理工作小组；实蝇检疫程序工作小组；马铃薯胞囊线虫专门工作小组；Bayoud 病害专门工作小组；松材线虫专门工作小组，$Xiphinema\ americanum$ 专门工作小组。

（4）近东植物保护委员会（Near-East Region Plant Protection Commission，NEPPC）成立于 1963 年，总部设在埃及开罗，现有 16 个成员国。

（5）泛非植物检疫理事会（Inter-African Phytosanitary Council，IAPSC）于 1956 年成立，

总部位于喀麦隆雅温德，现有 53 个成员国。

(6) 南锥体区域植物保护组织（Comite Regional de Sanidad Vegetal Parael Cono Sur，COSAVE），1980 年成立，成员 5 个。

(7) 北美洲植物保护组织（North American Plant Protection Organization，NAPPO）成立于 1976 年，共有加拿大、墨西哥和美国 3 个成员。其总部设立在美国马里兰州。

(8) 区域国际农业卫生组织（Organismo International Regional de Sanidad Agopecuaria，OIRSA）成立于 1955 年，总部在萨尔瓦多圣萨尔瓦多。现有 8 个成员国。

(9) 太平洋地区植物保护组织（Pacific Plant Protection Organization，PPPO），1995 年成立，成员 18 个。

(10) 卡塔赫拉协定委员会（Comunidad Andina，CA），1969 年成立，成员 5 个。

这些区域组织的最高权力机构是成员国大会。各组织均设有秘书处，负责本组织的日常工作。如 APPPC 每两年召开一次全体会议。秘书处均有高级植物保护人员。这些组织定期出版一些专业性刊物，如 APPPC 的《通讯季刊》、EPPO 的《EPPO 通报》等。

(三) 世界动物卫生组织（OIE）

1. 概述

OIE 是一个政府间组织，它由 28 个国家于 1924 年签署的一项国际协议产生的。截至 2014 年，OIE 拥有 180 个成员，其总部设在法国巴黎。

OIE 的宗旨是改善全球动物和兽医公共卫生以及动物福利状况。主要职能是收集并通报全世界动物疫病的发生发展情况及相应控制措施；促进并协调各成员加强对动物疫病监测和控制的研究；制定动物及动物产品国际贸易中的动物卫生标准和规则，其标准和规则被世界贸易组织所采用。同时，OIE 帮助成员完善兽医工作制度，提升工作能力，促进动物福利，提供食品安全技术支撑。

2. 组织机构

OIE 的组织结构主要有以下几个部分：

(1) 世界代表大会（前身为国际委员会大会，2009 年 5 月第 77 届全会期间通过决议，改为现名） 最高权力机构，由成员代表组成，每年 5 月在世界动物卫生组织总部举行全体会议。

(2) 理事会 由世界代表大会主席、副主席、上任主席和六位代表组成。主要负责财务管理和总体发展规划等宏观管理工作。

(3) 总部 日常工作承办机构（秘书处），由总干事负责，主要职责是贯彻执行世界代表大会决议；承担世界代表大会年度全体会议、委员会会议及技术会议的组织工作等。

(4) 专业委员会 主要负责研究动物疾病流行和防控，制定、修订世界动物组织国际标准。现设动物疾病科学委员会、陆生动物卫生标准委员会、水生动物疾病委员会和生物制品标准委员会。

(5) 地区委员会 主要负责开展地区合作，协商制定重大动物疫病监测和控制的区域计划。现设非洲、美洲、亚洲、远东和大洋洲、欧洲和中东五个地区委员会。

(6) 区域和次区域代办处 主要职责是协调地区内成员，促进地区动物疾病监测与控制能力的提高。现在非洲、美洲、亚太地区、东欧和中东地区设立了 5 个区域代办处和南非、北美、东非和非洲之角、中美洲、东南亚、布鲁塞尔等 6 个次区域代办处。

3. 主要活动及使命

OIE 的主要活动包括：收集、分析和发布兽医科学信息；开展国际协作，提供专家协助，防控动物疾病；通过发布动物及动物产品国际贸易卫生标准保护国际贸易安全；促进各国改革兽医部门结构和资源，完善兽医服务体系；保证动物源性食品安全，提高动物福利水平。

OIE 宣称的使命：

(1) 保证动物疾病状态的全世界透明性；
(2) 收集、分析和传播兽医科学知识；
(3) 提供专业知识并推动动物疾病控制的国际团结；
(4) 通过发展动物和动物产品国际贸易的卫生规则，保证国际贸易的卫生安全。

4. 国际标准

OIE 发布的国际标准有：动物卫生法典（Animal Health Code）——陆生动物卫生法典，陆生动物诊断试验和疫苗手册，水生动物卫生法典、水生动物疫病诊断手册。以上四部 OIE 出版物是其最重要的国际标准，每 5 年更新一次。此外，其还提供诸多有关动物疫病防控、动物福利、食品安全方面的指南、建议。

5. 疫病报告制度

OIE 制定的动物疫病名录收录了对当前国际动物卫生和动物产品国际贸易影响较大的动物（水生、陆生）疫病，并要求各成员国实行"立即报告、月报和年度报告"制度。此外，凡是符合下列 6 项标准的疾病都要在 24h 内立即向 OIE 报告：

(1) 一个国家内新发现的疾病；
(2) 以前消灭，但又重新发生的疾病；
(3) 一种疾病首次传播给其他易感动物；
(4) 一种疾病在一种动物身上出现一种新的症状；
(5) 一种疾病的免疫学、流行病学（发病率、死亡率）特征发生变化；
(6) 某种疾病首次发生人畜共患（传染给人）。

OIE 的疫病信息除来自各成员外，还有一个重要的渠道是 OIE 参考实验室，参考实验室向 OIE 报告的信息要经过核实后上报，第三个信息来源是媒体的信息，但这些信息也要经过核实。OIE 具有动物健康基金，帮助有关国家建立动物疾病监测系统和疫病申报系统。OIE 依据各国立即报告及后续报告、月报、年报的疾病数据建立了全球动物疫病早期预警系统，建立了共享的信息系统并与其他组织的信息共享，同时与其他组织一道利用有关数据和专家帮助有关国家控制已经发生的动物传染病。

第二节 主要贸易国家动植物检疫机构与体系

实施强制性的植物检疫已成为世界各国的普遍制度。近年来国际上对植物检疫等措施的要求越来越高，这主要涉及国际贸易，总体趋向是减少检疫等对贸易的限制。关税及贸易总协定（General Agreement on Tariffs and Trade，GATT）和 FAO 都十分关注检疫对贸易的影响，要求各国公开检疫体制、政策。由于各国的地理位置、自然环境、植物检疫的发展情况不一，纵观世界各国的植物检疫，可以将植物检疫分为以下几种类型。

环境优越型：这些国家具有独特的地理环境，农业生产发达、经济实力强，国内有害生物控制措施得力，对进境植物检疫要求极高。这些国家包括澳大利亚、新西兰、日本、韩国等。

发达国家大陆型：虽然与其他国家有较长的边界线，但与之交接的国家也比较发达，疫情比较清楚，因此这些国家间相互的检疫措施较松；但为了保护其发达的农业，对来自其他地区的植物及其农产品的植物检疫要求十分严格。如美国、加拿大、欧共体均属于这一类型。在欧共体内，植物检疫实行统一的植物检疫原则，要求把有害生物严格控制在发生地及生产过程中。

发展中国家大陆型：泰国、马来西亚、印度及一些非洲国家属于此类。由于这些国家的农业生产技术不很发达，经济基础较差，对有害生物危害的控制受经济等方面因素的影响。因此这些国家往往采取进出口检疫都较严的植物检疫措施。

工商城市型：这些国家其农牧业贫乏，但工业基础好，或属于旅游城市，如新加坡等，他们对进出境的植物检疫的要求比较宽松。

下面分别介绍美国和日本两国的检疫概况。

一、美国的动植物检疫体系

（一）美国的植物检疫

美国大部分领土位于北美洲中部，自然条件十分优越，国内农业发达，政府高度重视植物检疫工作，其目的不仅是限于因有害生物侵入导致农业减产或绝收，更重要的是防止因农产品减产导致食品及农产品原料价格上涨，人民生活受损失及失去农产品出口市场，影响美国的外贸发展及国民经济的健康发展和社会稳定。

早在1912年，美国就已制定了《植物检疫法》，1944年颁布了《组织法》，1957年在总结过去植物检疫情况的基础上又制定了《联邦植物有害生物法》。在此基础上又制定了许多植物检疫法规。目前，美国的植物检疫在世界上处于领先地位，立法严密是其主要原因。美国农业部动植物卫生检疫局（Animal and Plant Health Inspection Service，APHIS）主管全国的动植物检疫工作，内设10个工作部门，植物检疫处是其中之一；它在全美设立了4个区域办公室，分片负责辖区内各州的动植物检疫工作，在国际口岸设立动植物检疫机构。APHIS统一负责全国的动植物检疫和国内有害生物的防治，主要负责宏观计划、制定法规，以及开展生物评价、技术执行规范等研究。目前植物检疫官员近2500名。

在检疫中，如果遇到技术难题，检疫人员会将样品及初步检疫结果送交中心实验室或有关大学。检疫前，要求货主事先报检，检疫员根据有关规定进行检疫。对进境的农产品，一般以害虫检疫为主，如进口泰国大米，除检查规定的害虫外，还要求每千克大米中带壳的谷粒少于20粒，否则认为带病可能性大，不予进口。对进境的种苗等繁殖材料，除进境前的严格检疫审批外，在进境检疫时严格检查，并要求在相关的隔离圃隔离检疫。APHIS下属的格伦代尔植物引种站具体负责进口种苗的审批及部分检疫任务。法规规定引进的种子一般不超过100粒，苗木6～10株，马铃薯块茎3个。美国十分重视进境船舶食品舱及生活垃圾的检疫，一经发现禁止进境的植物、植物产品立即予以销毁。经检疫发现有害生物的，将在检疫人员的监督下，由专业人员按《检疫处理手册》上的要求进行检疫处理。在旅客检疫方面，一方面要求旅客主动申报，对违章者处5～20美元的处罚；另一方面，普遍采用X光机检查行李，现在一些现场还增添了检疫犬。为提高检疫效率,经常派出检疫人员至国外进行产地检疫。同时,就检验检疫的标准化、国家化方面开展大量的工作,编制各国植物检疫要求汇编,制定植物检疫手册、害虫鉴定手册等,并将有关内容输入计算机便于检验人员使用。

(二) 美国动物检验检疫管理体系

1. 美国动物检验检疫机构设置及职能

美国动物检验检疫机构设置分几个层次,依次为:美国农业部(USDA)—动植物卫生检疫局(APHIS)—兽医处(VS)—国家动物进出口中心(NCIE)。APHIS下设九个处(亦称为局):动物管理处、野生动物处、国际事务处、植物保护检疫处(PPQ)、兽医处(VS)、法规和公共事务处、市场和规划项目业务处(MRP)、机构和专业发展处、政策和项目发展处。APHIS一名副局长主管兽医处的工作,下属有3名助理副局长,分别分管地区和田间监控工作、紧急管理措施和疾病诊断、国家动物健康政策和计划(NCIE隶属此部分)三方面工作。

NCIE负责管理和协调全国动物、动物产品和生物制品的进出口,并负责监控边境动物健康状况,具体承担下列职能:负责与外方进行动物和动物产品检疫条款有关谈判和磋商,为进出口提供技术支持,为基层人员提供指导、信息和培训,以确保严格执行进出口法规和管理规定(彭志生等,2003)。

2. 美国进出口动物检验检疫法律法规体系

美国在动物及动物产品方面的法规非常详细、具体,并独立成卷为《美国联邦法典》第9卷"动物及动物产品"部分,共收集了近100个动物卫生法规,法规条款达5000余条。美国在动物及动物卫生方面的法律主要有《联邦动物卫生保护法》(AHPA)、《联邦肉类检验法》(FMIA)、《禽肉产品检验法》(PPIA)和《蛋产品检验法》(EPIA)等。为了更好地实施动物卫生检验及监测计划,美国还相应地制定了一系列规章制度,包括各种规程、标准、手册、指令。APHIS和美国农业部食品安全监督服务局(FSIS,农业部下属的机构负责公共健康)等部门根据上述法规,明确制定了每种货物进出不同国家的查验程序,查验项目十分明确和具体,具体执法人员只要了解货物的来源,就能确定检验项目,管理目标非常明确。

通过分析,可以看出美国动物检疫法律法规涵盖面广,涵盖了动物卫生和公共卫生的方方面面,法律法规体系完善,配套性强。而且法律体系层次较为清晰,既包括法律法规,也有法律解释、技术规范和标准。美国的动物检疫法律法规有良好的可操作性,联邦立法和州立法各自独立又相互补充,共同构成了完善的支持兽医管理的法律框架。美国的动物检疫法律法规还有很强的时效性,一旦出现法律空白,农业部将立即制定新的规定进行补充。各州动物疫病防控法律根据其畜牧业和动物卫生状况不同,法律具体规定的内容不尽相同,但结构基本相似,其内容涉及动物及家禽患病后的处理、生物制品管理和使用、动物检疫、对农业具有危害性的动物处置、动物患有特定疫病后处理等内容。

二、日本的动植物检疫体系

(一) 日本的植物检疫

日本位于亚洲东部、太平洋西部,主要有北海道、本州、四国和九州四岛及附近3900个岛屿组成。由于农业资源及土地资源的限制,农业在日本国民经济中的地位越来越小,但为保护本国农牧业生产及生态环境,日本政府高度重视植物检疫;同时日本政府十分重视对农业的投入及农产品市场的保护,植物检疫已成为日本保护农产品市场的重要手段之一。

1867年以来，由于日本大量引种，导致许多有害生物传入使农业生产一度遭受严重损失。惨痛的教训唤起政府及人民对植物检疫重要性的认识，从而在1914年日本制定了《输出入植物取缔法》，开始实施植物检疫。1950年制定《植物防疫法》及其实施细则，1976年又经修订并以政令形式颁布现行的检疫法规。日本植物检疫的立法机关是国会，具体的实施条例、检疫操作规程由农林水产省颁布，农蚕园艺局植物防疫课负责实施。总的来说，日本植物检疫可以归纳为立法早、法规配套完善，执法严格，违法必究。

日本的植物检疫机关在明治初期隶属县警察部，后经数次变更，1947年起归农林水产省管辖。植物检疫由日本农林水产省农蚕园艺局植物防疫课负责。在横滨设立调查研究部，负责全国的检疫科研。

根据检疫法的规定，日本禁止进口有害生物，来自疫区的有关寄主植物及其产品、土壤及带土植物禁止入境。进境植物繁殖材料的检验是检疫重点，规定从国外引种必须经农林水产省行政长官的批准，并严格规定数量，进境后必须隔离检疫。对植物产品的检疫，要求也十分严格，经常规定进口港口。在日本各地均有植物检疫专用场地，并有明显的标志，即使在冲绳美军基地也不例外。如设有专门的进口木材的专用港口，可进行水上自然杀虫或常规熏蒸处理。在一些口岸还建立了专门的熏蒸库，用于进境农产品的检疫处理。

检疫部门还在一些检疫性有害生物的扑灭方面做出显著的成绩。如瓜实蝇、桔小实蝇、马铃薯块茎蛾、香蕉穿孔线虫等的扑灭工作。

（二）日本的动物检疫

1. 日本的法律法规体系

1871年，日本发布了防御西伯利亚流行的牛瘟的传入的公告，标志了日本动物检疫的开始。1896年，日本制定了《兽疫预防法》。1922年，在《兽疫预防法》的基础上进行了全面修改，颁布了《家畜传染病预防法》，该法在1948年和1951年进行了两次修订，1997年再次修订时强调了进境检疫程序的计算机化、加强流行病控制的准备工作及进境检疫程序和应上报疾病的检查等内容。1950年8月，日本公布了《狂犬病预防法》，并于1998年对该法进行了修订。依照上述法律，日本政府于1953年8月以政令形式颁布了《家畜传染病预防法施行令》和《狂犬病预防法施行令》，农林水产省于1951年5月颁布了《家畜传染病预防法施行规则》，厚生省于1950年9月颁布了《狂犬病预防法施行规则》。依据《狂犬病预防法施行规则》，农林水产省于1950年9月颁布了《犬的进出口检疫规则》。为了预防动物原性暴发性疾病，日本已开始对除人以外的灵长类动物进行进境检疫，以防止埃博拉出血热、玛尔堡出血热等病传入日本。

由于不断改善食品安全管理体制结构，日本的食品安全管理体制基本上覆盖到了生产、加工、流通以及消费各个环节。日本政府十分重视发挥法律对社会经济发展的促进作用，陆续颁布一系列法律法规，如《出口检查法》《食品卫生法》《工业标准化法》《出口设计法》《产品责任法》等，通过立法形式建立加强进出口商品检验管理的依据。这些法律明确规定进出口生产、加工、经营、销售单位以及商品检验、海关等执法部门的法律义务和责任，对违法者进行法律制裁。

日本动物检疫的指导原则是《家畜传染病预防法》，以及依据OIE等有关国际机构发表的世界动物疫情通报制定该法的实施细则（即禁止进口的动物及其产地名录），目录内的动物及其制品一律禁止入境。如牛、羊、猪等偶蹄动物，因易感染口蹄疫，日本对其进口十分警惕。

2. 日本动物检疫机构设置及职能

日本动物检疫机构由中央垂直统一领导，分层管理。主管动物检疫业务工作的机构是日本农林水产省消费安全局动物卫生课动物检疫所，其前身为1947年设立的动植物检疫所。1951年，日本颁布了新的进出口动物检疫制度，于次年将动植物检疫所分开单设动物检疫所和植物检疫所，但均属农林水产省领导。日本农林水产省动物检疫所主管动物检疫工作，但有关动物检疫法规的制定以及与国外签订有关动物检疫条款等行政管理工作，动物检疫所的总部在横滨市，目前，在成田机场、羽田机场、中部机场、关西机场、神户、门司和冲绳设有7个分所，在总部和分所下又设有18个支所和4个办事处，其中10个检疫所中设有动物检疫隔离设施。农林水产省消费安全局的主要职责是保护消费者健康，制定和监督执行农产品类食品商品的标示规格，采取物价对策，保障食品安全，管理农林水产品的生产阶段的安全（农药、肥料、饲料、动物等），防止土壤污染，促进消费者和生产者的安全信息交流。

（三）澳大利亚的动植物检疫体系

澳大利亚位于南半球中纬度地带的西南太平洋，四面临海，东濒太平洋的珊瑚海和塔斯曼海，北、西、南三面濒临印度洋，海岸线长达59740km；澳大利亚在南回归线以北的地区属于热带气候，年平均气温27℃，夏季最高可达40℃以上，北部沿海地区具有典型的季风气候，大陆其余地区属温带气候，平均气温为17℃。澳洲是世界上最干旱的大陆，沙漠占其总面积的1/3，80%的地区年降雨量少于600mm，50%的土地年降雨量在300mm以下。澳大利亚国土面积768万余平方千米，农牧业用地占全部国土面积的59%，农牧业非常发达，其产品的生产和出口在国民经济中占有重要位置，曾号称是"骑在羊背上的国家"，是世界上最大的羊毛和牛肉出口国。主要农作物包括小麦、大麦、油籽、棉花、蔗糖和水果等。澳大利亚也是世界上生物多样性最为丰富的国家之一，为保护本国的生态环境，澳大利亚高度重视对进出口动植物及其产品的检验检疫工作，被公认为是全球动植物检验检疫措施最严格的国家之一，其检验检疫体系已成为其他国家农产品市场准入的障碍。各国在与澳大利亚谈判自由贸易协议时，进口产品的检验检疫制度成为最难谈判的领域之一。

1. 检验检疫管理体制和机构

澳大利亚农林渔业部（Australian Government Department of Agriculture, Fisheries and Forestry，DAFF）统一管理检疫工作，其所属的澳大利亚检疫检验局（Australian Quarantine and Inspection Service，AQIS）统一负责进出境人员、动植物及其产品、食品、交通工具、邮包、行李的检疫和检验管理工作，并制定进出境动植物及其产品的检疫政策及出口食品的检验政策。但AQIS不负责卫生检疫政策的具体制定，卫生检疫政策由卫生部制定，由农林部和AQIS组织实施，制定食品标准和进口食品检疫政策由澳大利亚国家食品局（NFA）负责。澳大利亚农林渔业部有3个部门直接参与进出口检验检疫工作。一是澳大利亚生物安全局，主要负责进口风险分析、现行检疫政策回顾、技术市场准入协商、进入国际生物安全政策和标准等。二是产品完善和动植物健康司（PIAPH），主要负责澳大利亚境内和入境后的动植物健康问题，应急反应系统，农用化学品和兽用化学品及其残留管制，与有关国际组织协调并参与国际标准的制定，负责总兽医官、总植保官办公室工作等。三是澳大利亚检疫检验局，负责边境风险管理，尽量减少外来虫害和疾病进入澳洲。同时，进行进出口检疫和资格验证，维持澳洲动物、植物及人类良好的健康状况，保障商品顺利出口到海外市场。这三大机构通力协作，以确保澳大利亚动植物的健康安全。

2. 法律法规标准体系

澳大利亚涉及进出境动植物及其产品的主要检验检疫法律有以下三部：一是1908年颁布的《检疫法》和其相关《检疫（一般）条例》《检疫（动物）条例》《检疫（植物）条例》；二是1982年颁布的《出口管制法》，规范了对出口肉、加工食品、野味和其他动植物及产品、食品的检验检疫工作、加工质量要求、出口许可证管理、标签管理等；三是1992年颁布的《进口食品管制法》，是进口食品检验工作的指导规范。

3. 科学技术支持体系

澳大利亚在科学技术支持方面，澳大利亚农林渔业部成立了澳大利亚农业经济与资源经济局（Australian Bureau of Agricultural and Resource Economics and Sciences，ABARES），主要是通过研究、分析以及收集数据提供澳大利亚国内农村与资源产业的政策分析与商品预测的重要机构，提供国内自然资源与矿产资源方面的信息以及相关的国家政策。此外，还成立了生物安全服务组织，该组织整合了AQIS、澳大利亚生物安全等部门的功能，提供生物安全和高质量食品生产等方面的国际技术服务以及对专业人员和技术员进行培训。

4. 风险分析体系

澳洲规定，动植物产品在进入澳洲市场前要由澳大利亚农业部生物安全局决定是否进行进口风险分析（Import Risk Assessment，IRA）。进口风险分析主要评估该产品进入澳洲以后可能造成的病虫危害，并且让希望出口产品到澳大利亚的利益方了解澳洲做出是否允许进口决定的依据。进口风险分析的依据是AQIS于1998年制定的"进口风险分析手册"。根据该手册，大部分进口的动植物产品可由生物安全局做出快速评估，不需要正式的IRA，只有对较重要的产品才按正式程序进行审查。技术难度较小的产品按例行程序进行审查，技术难度大的产品则要进行非例行程序审查。其中个人/公司/行业组织都可提出进口申请，由生物安全局决定是否启动IRA程序。进口风险分析报告的草案公布后，一般会给予有关利益方充分的时间（一般为60d）提出申诉。IRA的最终报告将通知WTO组织并由AQIS负责执行。

5. 预警应急体系

澳大利亚生物安全服务组织制订了相应的预警应急措施以使得澳大利亚农业、渔业和林业遭受害虫、病害以及污染物最小化的破坏，同时也不断改进措施以提高农场动植物的安全健康。这些应急反应措施包括澳大利亚兽医应急计划、植物有害生物应急反应措施、澳大利亚水生有害生物应急计划、澳大利亚水生兽医应急计划、澳大利亚植物有害生物应急反应计划等，并编制了相应的应急手册和应对防范措施。

6. 检疫监测监管体系

澳大利亚对引种检疫十分严格，凡进口种畜、种禽、精液、胚胎、种子、苗木等繁殖材料，须事先申请办理检疫许可，进境后在指定隔离场、圃作隔离检疫，制定了严格的检测监管体系。

第三节　双边动植物检疫卫生要求的制定和执行

截止到2010年，农业部、原动植物检疫总所、原国家动植物检疫局、原国家出入境检验检疫局、国家质量监督检验检疫总局代表我国政府，先后与世界上 54 个国家签订了 374 份双边动植物检疫条约。这些在特定历史时期签订的条约，成为签订双方进行植物及植物产品贸易时必须遵循的准则，对防止有害生物传出传入，保护签约国农业生产安全和经济安全发挥了积极作用，有力地促进了我国同其他国家植物检疫领域的交流与合作。

（一）植物检疫条约的主要形式和任务

按照条约在签署级别、规定内容及约束力等方面的区别，我国签订的植物检疫条约大致可以分为 5 种形式。

1. 植物检疫协定

如与智利、巴西、荷兰、罗马尼亚、泰国、埃及、南非等国签订的植物检疫合作协定或植物检疫和植物保护协定、中美农业合作协议等。

它属于政府间行政方面的协定，一般不针对具体的植物及植物产品。协定中主要规定了进出境植物检疫工作应共同遵循的原则，以避免因检疫原则、规定不统一而发生纠纷；规定应相互通报植物疫情，以便于采取及时有效的防范措施；明确两国政府主管部门间建立联系，解决在实施协定中出现的问题，开展管理、技术等全方位合作与交流活动等。

植物检疫协定一般不列明具体检疫要求，只是对植物检疫证书的签发，运输工具、包装、铺垫材料的检疫处理和禁止土壤进境等做出一般性规定。

2. 植物检疫议定书

如美国华盛顿州甜樱桃、加利福尼亚州鲜食葡萄、亚利桑那州柑橘输华检疫要求的议定书，加拿大马铃薯种薯输华植物卫生条件的议定书，中国对美国出口梨植物检疫议定书等。

它是双边动植物检疫主管部门就进口或出口某种植物、植物产品或其他检疫物的具体检疫项目、检疫方法、判定标准以及双边检疫部门的责任和义务等方面达成的技术性协议。

其内容主要包括指定输出货物所来自的限定区域，输出国官方进行必要的有害生物的综合防治，货物的外包装必须有符合要求的标识，货物的运输条件，发现检疫性有害生物后的处理程序，入境口岸及双方关注的有害生物名单等。

3. 植物检疫工作计划

如美国华盛顿州甜樱桃、加利福尼亚州鲜食葡萄、亚利桑那州柑橘输华的工作计划。

它是依据某种植物产品议定书对双方责任、法定行为、装运要求、进境口岸检疫及项目启动等内容的细化。

4. 植物检疫备忘录

如新西兰普伦提湾猕猴桃输华备忘录等。

它是双方在各自的检疫过程中遇到的某些检疫问题而进行磋商、达成一致的文本记录。

5. 植物检疫会谈纪要

如中国国家出入境检验检疫局和埃及农业代表团会谈纪要等。

主要记录双方动植物检疫主管部门就有关检疫问题交换意见，举行会谈的情况。

（二）植物检疫条例分析

早期签订的条约主要集中在前社会主义国家，以开展双边植物病虫害防治的植物协定为主，内容较为空泛，操作性较差。近几年来，签订的多以某禁止进境物检疫解禁的议定书为主。同时，1997 年以后签订的双边检疫协定更多地采用了植物检疫的国际标准。如：有害生物、检疫性有害生物、限定的非检疫性有害生物、疫区等。

在签署级别上植物检疫协定由国家动植物检疫主管部门负责对外谈判和拟定中方草案，由国务院委派全权代表签字。而植物检疫议定书、工作计划、备忘录等则由双边植物检疫主管部门签署。

条约的约束力不一样。检疫协定、议定书要明显高于其他条约，并已作为缔约双方开展植物检疫交流合作和贸易性进出口所共同遵守的原则。

植物检疫条约中关于对植物检疫工作的一般性及特别规定是植物检疫部门开展检疫工作的依据。合理运用条约形式，对解决特定时期农产品贸易的技术问题，促进出口，调控进口，保护农业生产和经济安全具有极其重要的意义。

第四章

进出境动物检疫对象

第一节 检疫对象概述

所谓进出境动物检疫对象，是指禁止进出境的动物传染病和寄生虫病病原的种类。对进出境的动物、动物产品和其他检疫物实施检疫，主要是防止其带有检疫对象进出国境。《进出境动植物检疫法》之所以要规定检疫对象，是从动物传染病和寄生虫病的实际情况考虑的。目前世界上发现的动物传染病和寄生虫病病原几百种，对一种具体的动物、动物产品来说，可能带有的动物传染病和寄生虫病病原也有许多种。实施检疫时，不可能对每一种可能带有的动物传染病和寄生虫病病原都进行检疫。如果这样做，要花费大量的人力、物力和时间，既难以行得通，也没有这个必要。因此，就要根据各种动物传染病和寄生虫病病原的危害程度、分布情况，由国家对检疫对象作出规定。

除了由国家规定检疫对象之外，两国政府之间签订的动物检疫方面的双边协定，以及贸易合同中，也可以对检疫对象作出规定。

一、《进出境动植物检疫法》规定的动物检疫对象

《进出境动植物检疫法》第一条对检疫对象作了原则规定，即动物传染病、寄生虫病。

（一）进境的检疫对象

进境的检疫对象，究竟包括哪些具体的动物传染病和寄生虫病，不少国家在法律中作了具体规定，我国法律一般不对这些具体问题作出规定。《进出境动植物检疫法》是授权相关部门规定。这样比较灵活，便于根据实际情况进行调整。

由于动物疫情和人们的认识是不断发展变化的，因此名录不可能一成不变，而应随变化的疫情和新发现的疫情，适时修订。新中国成立以来共公布了五部动物检疫对象名录，即：1979年名录，包括 27 种；1982 年名录，包括 75 种；1986 年名录，包括 86 种；1992 年名录，包括 97 种；2012 年名录，包括 206 种。由此可见，由于不断发现新的疫情，名录中检疫对象的数目也在增加。

（二）出境检疫对象

关于出境的检疫对象，由于输出国家和地区的情况很不相同，因此，不可能授权相关部门

制定一个统一的出境检疫对象名录。实际上是根据不同国家和地区的不同要求，分别在外贸合同中规定，或者根据已签订的两国间的双边议定办理。

（三）人畜共患病

所谓人畜共患病，是指人和脊椎动物间相互感染的疾病。主要在动物群中散布流行，因直接接触或由分泌物、排泄物、病畜产品、昆虫等间接传给人。例如炭疽病、狂犬病、布氏杆菌病、猪丹毒、鼠疫、血吸虫病等。

有些人畜共患病，属于《进出境动植物检疫法》和《国境卫生检疫法》共同的检疫对象，如狂犬病、炭疽病等。但是并不存在检疫上的交叉问题，因为《传染病防治法》已经作了相关规定，同人畜共患传染病有关的家畜家禽和野生动物，由农业部门实施检疫。

二、双边协定中规定的检疫对象

我国同一些国家签订了动物检疫的协定。有些协定中规定了检疫对象。双边协定中规定的检疫对象种类，一般少于签约国家规定的检疫对象种类。协定双方如何具体确定进出境动植物的检疫对象，主要应遵循以下原则：①双边协定优于国内法，凡双边协定中规定的检疫对象，即使国内法中没有规定为检疫对象，仍须作为检疫对象实施检疫。②协定一方国家规定为检疫对象，但双边协定中没有被规定为检疫对象的，不能作为双方动植物进出境的检疫对象；但是，协定中规定有相互尊重对方国家的法律规定的除外。③双边协定中另一方国家未规定动植物检疫对象的，中国向该国家出口检疫物时，适用双边协定中规定的检疫对象。

三、外贸合同中约定的检疫对象

由于各国的情况很不相同，因此，出境检疫对象不可能由国家公布统一名录，除了在双边协定中规定检疫对象外，也可以在外贸合同中对检疫对象做出约定。

第二节 中华人民共和国进境动物检疫疫病名录

为防止动物传染病、寄生虫病传入，保护我国畜牧业和渔业生产和公共卫生安全，根据《中华人民共和国进出境动植物检疫法》和《中华人民共和国动物防疫法》规定，农业部和国家质量监督检验检疫总局组织制定了《中华人民共和国进境动物检疫疫病名录》。名录自2013年12月13日期生效。农业部和国家质检总局在风险评估的基础上对名录实施动态调整。中华人民共和国进境动物检疫疫病名录见附录九。

第五章 进出境动物检疫的范围

第一节 检疫范围概述

《进出境动植物检疫法》第二条对检疫范围作了原则规定：进出境的动植物、动植物产品和其他检疫物，装载动植物、动植物产品和其他检疫物的装载容器、包装物，以及来自动植物疫区的运输工具，依照《进出境动植物检疫法》规定实施检疫。

一、依法施检的货物、物品、装载容器、包装物和运输工具

根据《进出境动植物检疫法》第2条的规定，以及其他有关规定，依法实施进出境动物检疫的范围，包括以下三个方面：①进出口的货物、物品和携带、邮寄的物品，包括：a. 动物；b. 动物产品；c. 其他检疫物。②装载容器和包装物，包括：a. 装载进出境动物、动物产品和其他检疫物的装载容器；b. 装载进出境动物、动物产品和其他检疫物的包装物；c. 装载过境动物的装载容器；d. 装载过境动物产品和其他检疫物的包装。③运输工具，包括：a. 来自动物疫区的船舶、飞机、火车；b. 进境供拆船用的废旧船舶；c. 装载出境动物、动物产品和其他检疫物的运输工具；d. 装载过境动物、动物产品和其他检疫物的运输工具。

二、"进出境"的范围和方式

（一）"进出境"的含义

"进出境"的"境"有两层含义，即"国境"和"关境"。关境可能大于国境，如欧盟各国有各自的国境，但是关境为同一个；关境可能小于国境，如香港、澳门和台湾，与大陆是同一个国家中若干个不同的海关管理区（或称关税区）。在一般情况下，关境等同于国境。《进出境动植物检疫法》中的"境"，具有国境和关境的双重含义，港、澳、台长期与大陆分开管理，动植物疫情分布不尽一致，对台贸易、对港澳贸易的检疫极有必要，这是关境检疫，进入保税区的货物，虽然海关视为未通过关境不征税，但实际上货物已跨入国境，而仍在应检疫之列。

港、澳、台都是中国不可分割的领土，由于历史的原因，现在实行的是资本主义制度。在

这种情况下，不可能把它们同大陆同等看待，不同关税区将要维持较长时间。也就是说，在今后很长的时间里，从大陆输入港、澳、台的检疫物，或者从港、澳、台输入大陆的检疫物，实施检疫都适用《进出境动植物检疫法》，而不适于大陆地区的检疫法规。

（二）进出境的方式

检疫物进出境的主要方式：

（1）贸易性进出口，包括：进出口贸易、转口贸易、补偿贸易、边境小额贸易、来料加工、外商投资企业或外国独资企业进口原料等。

（2）非贸易进出口，包括：援助、捐赠、交换、展品、样品等。

（3）携带进出境，包括：旅客、机组人员、列车人员等携带的自用品，外交人员、领事人员携带的用品。

（4）邮寄进出境，以及进入第三国或地区的检疫物通过中国国境。

第二节　对动物、动物产品和其他检疫物实施检疫

对动物、动物产品和其他检疫物实施检疫，是《进出境动植物检疫法》规定的检疫的主要内容。

一、对动物实施检疫

对动物实施检疫的范围包括：①通过贸易、科技合作、赠送、援助等方式进出口的动物；②旅客携带和邮寄进境的动物；③过境动物。

根据《进出境动植物检疫法》第46条第一项的规定，动物是指饲养、野生的活动物，如畜、禽、兽、蛇、龟、鱼、虾、蟹、贝、蚕、蜂等。农业部又进一步将动物分为7类：①家畜，如牛、羊、猪等；②家禽，如鸡、鸭、鹅等；③饲养小动物，如猫、兔等；④野生动物，如蛇、虎、豹等；⑤野生禽鸟，如天鹅、杜鹃等；⑥水生动物，如鱼、虾、蟹、贝等；⑦其他动物，如蚕、蜂等。

根据检疫管理的不同，动物又可分为大中动物和小动物。大中动物是指：黄牛、水牛、牦牛、马、骡、驴、骆驼、象、脚、虎、豹、鹿、绵羊、山羊、猪、狐狸等。小动物是指狗、兔、鸡、鸭、鹅、鸽等禽类，鸟类、鱼、虾、蟹等水生动物以及蜂、蚕等其他动物。

进出境的动物，主要是家畜和家禽。旅客携带的动物，主要是猫、狗等伴侣动物和金鱼等观赏动物。邮寄的动物，主要是蜂、蚕等动物。过境动物，主要是演艺动物、竞技动物和展览观赏动物。

二、对动物产品和其他检疫物实施检疫

（一）对动物产品实施检疫

对动物产品实施检疫的范围包括：通过贸易、科技合作、赠送、援助等方式进出口的动物产品、旅客携带和邮寄进境的动物产品。

根据《进出境动植物检疫法》第46条第2项的规定，动物产品是指来源于动物未经加工

或者虽经加工但仍有可能传播疫病的产品,如生皮张、毛类、肉类、脏器、油脂、动物水产品、乳制品、蛋类、血液、精液、胚胎、骨、蹄、角等。可以进一步将其分为 11 类:①胚胎、精液、受精卵;②肉类、脏器类,脏器包括心、肝、肺、肠衣等;③动物水产品类,如鱼、虾、蟹等;④鬃毛类,如羊毛、猪鬃等;⑤皮张类,如牛皮、兔皮等;⑥蹄、骨、角类,如牛蹄、虎骨、鹿角、象牙等;⑦脂肪、乳制品类,如乳粉、工业用油脂;⑧动物性药材,如鹿茸、蛇胆等;⑨肉制品类,如火腿、香肠等;⑩蛋类,如鲜蛋、皮蛋等;⑪其他类,如蜂蜜、鱼粉、骨粉等。

进出口较多的动物产品,主要是肉类、水产品,旅客携带较多的是皮张、毛类和肉制品。

(二) 对其他检疫物实施检疫

《进出境动植物检疫法》第 46 条第 5 项规定,其他检疫物是指动物疫苗、血清、诊断液、动植性废弃货物等。根据农业部的规定,动植物性废弃物包括:垫舱木、芦苇、草帘、竹篓、麻袋、纸等废旧植物性包装物、有机肥料等。

实践证明,上述的其他检疫物,能够传播多种动物传染病和寄生虫病,必须实施检疫。

第三节 对装载容器、包装物和运输工具实施检疫

一、对装载容器实施检疫

装载容器是指可多次使用,用于装载进出境货物的容器,如集装箱、笼、筐等。集装箱是应用广泛的装载容器。集装箱为一种容器,指具有一定规格和强度的专为周转使用的大型货箱。以动植物检疫的观点看,它具有包装物和运输工具的双重属性。根据《国际标准化组织 104 技术委员会》的规定,集装箱应具有如下条件:①具有耐久性,其坚固强度足以反复使用;②为便于商品运送而专门设计,在一种或多种运输方式中运输时无需中途换装;③具有便于装卸和搬运的装置,特别便于从一种运输方式转移到另一种运输方式;④设计时须注意到便于货物的装卸;⑤内容积为 $1m^3$ 或 $1m^3$ 以上。

集装箱运输比散装运输优越,货物可在输出国的仓库装入集装箱,直接运到输入国的仓库,无须改装,节约人力、费用,缩短运输时间。绝大多数的动物产品都采用了集装箱运输。

我国检验检疫机构多次从澳大利亚羊毛和巴西干蚕茧中检获白腹皮蠹和拟白腹皮蠹;在秘鲁鱼粉中检出沙门氏菌等;在澳大利亚羊毛中发现曼陀罗、苏丹草等 30 余种杂草籽。此外,还多次发现集装箱箱体带泥土和农产品残留物。

二、对运输工具实施检疫

根据《进出境动植物检疫法》的规定,对运输工具检疫的范围包括:①来自动植物疫区的船舶、飞机、火车;②进境供拆船用的废旧船舶;③装载出境的动植物、动植物产品和其他检疫物的运输工具,装载过境的动植物、动植物产品和其他检疫物的运输工具。

(一) 对来自动植物疫区的运输工具实施检疫

《进出境动植物检疫法》第 34 条规定,来自动植物疫区的船舶、飞机、火车,由口岸动植

物检疫机关检疫。

所谓动植物疫区，是动植物疫情流行，并能通过运输工具将动物传染病和寄生虫病传入我国的国家和地区。来自动植物疫区的运输工具，是指本航次或本车次的始发地或途经地是《进出境动植物检疫法》所称的动植物疫区的船舶、飞机、火车，包括装载动植物、动植物产品和其他检疫物的船舶、飞机、火车和装载非动植物、动植物产品和其他检疫物的船舶、飞机、火车。来自动植物疫区的汽车和其他车辆，不实施检疫，只进行防疫消毒。为什么不规定对来自非疫区的船舶、飞机、火车实施检疫，主要是因为动植物疫区是根据动物传染病和寄生虫病的实际情况划定的，只要对来自动植物疫区的运输工具实施检疫，就可以防止动物传染病和寄生虫病传入我国。

船舶检疫的具体范围是：船舶的储藏室、冷库、厨房；船舶、飞机的食品舱；火车的库房、餐车。这些场所一般储藏有粮食、肉类、蔬菜、水果等动植物产品。据调查，90%以上的船舶食品舱带有生猪肉和肉制品，有些是来自口蹄疫和非洲猪瘟疫区的。此外，还可以根据实际情况对货舱壁、夹缝、船缘板、车厢壁以及船舶和火车的动植物废弃物的存放地进行检疫。

（二） 对出境运输工具实施检疫

《进出境动植物检疫法》第37条规定，装载出境的动植物、动植物产品和其他检疫物的运输工具，应当符合动植物检疫防疫的规定。

装载出境的动物、动物产品和其他检疫物的运输工具，有些是专门运载检疫物的，有些是曾经运载过检疫物的，因此，本身可能带有动物传染病和寄生虫病。如果在这样的运输工具上装运动物、动物产品和其他检疫物，就可能在运输过程中发生交叉感染。抵达输入国口岸时，很可能不符合检疫要求，甚至发生拒收或者销毁的情况。因此，装载动物、动物产品和其他检疫物的运输工具，应当符合动物检疫的规定。

第六章
进出境动物检疫风险分析和风险预警

风险管理的方法起源于企业管理领域，企业风险管理实践推动了风险管理理论的研究，风险管理随即以学科的形式发展起来。20 世纪 70 年代，风险管理开始应用于公共管理领域，目前逐步为各国行政机关所借鉴。目前理论界对风险管理的通用定义大致如下：各单位通过风险识别、风险分析和风险评价，在此基础上优化组合各种风险应对技术，对风险实施有效的控制并妥善处理风险带来的损失后果，期望以最小的成本获得最大安全保障。

具体到进出境动物检疫领域来讲，"风险"是指动物传染病、寄生虫病病原体、有毒有害物质随进境动物、动物产品、动物遗传物质、动物源性饲料、生物制品和动物病理材料传入、传出的可能性及其对农牧渔业生产、人体健康和生态环境造成的危害。

SPS 协议虽然肯定检疫，但为促进贸易，突破了"零风险"的传统概念，要求承担可接受的风险。根据 SPS 协议的精神，风险分析是在贸易利益和检疫风险之间寻找一种平衡的有效措施。它通过对动物疫病传入、暴露、发生可能性、对社会经济环境的影响、检疫措施的种类和有效性分析，可以明确风险来自哪里，风险有多大，是否在可以接受的范围内，怎样降低风险，以决定动物及其产品能否进口及应采取什么检疫措施。这是提高检疫科学性、有效性的重要措施，是检疫决策的科学依据和重要支持工具。风险分析也是确保进口动物和动物产品安全、市场准入谈判和保护国内市场的有效武器，是解决国际检疫争端的科学基础。

第一节 进出境动物检疫风险预警和快速反应

为规范出入境（含过境）动植物、动植物产品及其他应检物的检验检疫风险管理，加强风险预警和快速反应工作，国家质检总局于 2002 年 3 月发布实施了《出入境动植物检验检疫风险预警及快速反应管理规定实施细则》，规定对出入境动植物、动植物产品和其他应检物携带的可能对农林牧渔业生产、人体健康和生态环境造成危害的病虫害、有害生物及有毒有害的物质实施风险预警。

根据《细则》，"风险预警"是指为使农林牧渔业生产和人体健康免受出入境动植物、动植物产品及其他应检物中可能存在的风险而采取的预防性安全保障措施。

（一）风险预警信息收集

风险预警信息是指与动物传染病、寄生虫病，植物病、虫、杂草和其他有害生物，化学物质残留、重金属、放射性物质、生物毒素等有毒有害物质（以下简称病虫害和有毒有害物质）有关的信息及检验检疫管理中发现的可能引起危害的相关信息，主要包括：进出境检验检疫中检出的、境内外发生的病虫害和有毒有害物质；截获非法入境的动植物及其产品等违规事件；出口产品被输入方检出病虫害或有毒有害物质；输入国或地区对进口动植物及其产品采取新的检验检疫政策；与动植物检验检疫有关的可造成经济、社会和生态方面危害的信息。

风险预警信息的收集渠道包括：各出入境检验检疫机构；WTO、FAO、OIE、IPPC、世界卫生组织（World Health Organization，WHO）、食品法典委员会（Codex Alimentarius Commission，CAC）等国际组织；区域性组织、各国或地区政府；国内外社会团体、企业、消费者；国内外学术刊物、文献资料、国际交流、互联网和广播电视等新闻媒体；其他与动植物及其产品有关的各种渠道。

风险预警信息收集、整理、汇总、筛选和审核工作由国家质检总局负责组织和协调，各直属检验检疫机构和有关部门负责收集风险预警信息，对风险预警信息进行初步整理和分析，提出建议，上报国家质检总局。重大的或突发的风险预警信息应在24h内上报国家质检总局；其他风险预警信息可在一周内上报动植物检疫监管司。鼓励任何单位或个人将获得的信息向国家质检总局动植物检疫监管司或各地检验检疫机构报告。

（二）风险警示通报

国家质检总局根据收集到的风险预警信息，发布风险警示通报。风险警示通报的对象包括：相关国家或地区的检验检疫主管部门，驻华使馆；各直属出入境检验检疫机构；国内外相关部门和生产、经营厂商，社会公众及消费者。

风险警示通报的方式包括：以国家质检总局的名义向相关国家或地区的政府、驻华使领馆或其检验检疫主管部门发出通报；以动植物监管司司领导的名义致函相关国家或地区动植物检验检疫部门的负责人；以国家质检总局或动植物监管司的名义向有关直属检验检疫机构发出通知；以国家质检总局的名义向国内公众和消费者发出警示通报；以国家质检总局或动植物监管司的名义向国内外相关部门，生产、加工、存放、销售及进出口单位发出警示通报。

风险警示通报的内容：要求输出国家或地区官方检验检疫部门采取相应的风险管理措施，保证输往中国的动植物、动植物产品或其他应检物符合中国的检验检疫要求；对有关进境动植物、动植物产品或其他应检物加大抽样比例；制订或采用新的检验检疫标准；加强后期监管，限定使用用途或目的地；对境外生产、加工、存放单位的条件进行审核，对不符合条件的取消其对华出口资格。

（三）紧急预防措施

当境外发生重大的动植物疫情或有毒有害物质污染事件，并可能传入我国时，采取紧急控制措施，发布禁止入境公告，必要时，封锁有关口岸。对已入境的上款动植物及其产品，立即跟踪调查，加强监测和监管工作，并视情况采取封存、退回、销毁或无害化处理等措施；在有关科学依据不充分的情况下，可根据对已有信息的分析，采取临时性紧急控制措施。当确认动植物疫情或有毒有害物质随进境动植物及其产品传入的风险被消除时，解除禁令、取消限制。

（四）风险分析

国家质检总局根据收集到的风险预警信息和出入境检验检疫机构反馈的信息，组织有关专家，开展风险分析工作。风险分析依据有关国际组织制定的准则和中国风险分析程序进行。进境动植物及其产品的风险分析分别依据《进境动物和动物产品风险分析办法》和《进境植物和植物产品有害生物风险分析办法》进行。国家质检总局根据风险分析的结果，提出风险管理措施，并下发执行。

第二节　进境动物检疫风险分析

为规范进境动物和动物产品风险分析工作，防范动物疫病传入风险，保障农牧渔业生产，保护人体健康和生态环境，国家质检总局于2002年12月31日以总局令第40号公布了《进境动物和动物产品风险分析管理规定》（以下简称《规定》），明确规定对进境动物和动物产品进行风险分析，该《规定》适用于进境动物、动物产品、动物遗传物质、动物源性饲料、生物制品和动物病理材料的风险分析，并于2003年2月1日起施行。

根据《规定》，"风险分析"是指危害因素确定、风险评估、风险管理和风险交流的过程。动物和动物产品风险分析，包括对进境动物、动物产品、动物遗传物质、动物源性饲料、生物制品和动物病理材料的风险分析。

遵循原则：
（1）以科学为依据；
（2）执行或者参考有关国际标准、准则和建议；
（3）透明、公开和非歧视原则；
（4）不对国际贸易构成变相限制。

风险分析过程应当包括危害因素确定、风险评估、风险管理和风险交流。风险分析应当形成书面报告。报告内容应当包括风险分析的背景、方法、程序、结论和管理措施等。

（一）危害因素确定

对进境动物、动物产品、动物遗传物质、动物源性饲料、生物制品和动物病理材料应进行危害因素确定。

危害因素主要指：
（1）《中华人民共和国进境动物检疫疫病名录》所列动物传染病、寄生虫病病原体；
（2）国外新发现并对农牧渔业生产和人体健康有危害或潜在危害的动物传染病、寄生虫病病病原体；
（3）列入国家控制或者消灭计划的动物传染病、寄生虫病病原体；
（4）对农牧渔业生产、人体健康和生态环境可能造成危害或者负面影响的有毒有害物质和生物活性物质。

经确定进境动物、动物产品、动物遗传物质、动物源性饲料、生物制品和动物病理材料不存在危害因素的，不再进行风险评估。

（二）风险评估

风险评估是指对病原体、有毒有害物质传入、扩散的可能性及其造成危害的评估。进境动物、动物产品、动物遗传物质、动物源性饲料、生物制品和动物病理材料存在危害因素的，启动风险评估程序。根据需要，对输出国家或者地区的动物卫生和公共卫生体系进行评估。动物卫生和公共卫生体系的评估以书面问卷调查的方式进行，必要时可以进行实地考察。风险评估采用定性、定量或者两者相结合的分析方法。结果用风险的高、中、低等类似的等级指标来描述的风险评估是定性风险评估；结果用风险发生的概率估计来表达的评估就是定量风险评估；介于两者之间的是半定量风险评估。

风险评估过程包括传入评估、发生评估、后果评估和风险预测。

1. 传入评估

（1）生物学因素　如动物种类、年龄、品种，病原感染部位，免疫、试验、处理和检疫技术的应用；

（2）国家因素　如疫病流行率，动物卫生和公共卫生体系，危害因素的监控计划和区域化措施；

（3）商品因素　如进境数量，减少污染的措施，加工过程的影响，贮藏和运输的影响。

传入评估证明危害因素没有传入风险的，风险评估结束。

2. 发生评估

（1）生物学因素　如易感动物、病原性质等；

（2）国家因素　如传播媒介，文化和习俗，地理、气候和环境特征；

（3）商品因素　如进境商品种类、数量和用途，生产加工方式，废弃物的处理。

发生评估证明危害因素在我国境内不造成危害的，风险评估结束。

3. 后果评估

（1）直接后果　如动物感染、发病和造成的损失，以及对公共卫生的影响等；

（2）间接后果　如危害因素检测和控制费用，补偿费用，潜在的贸易损失，对环境的不利影响。

4. 风险预测

对传入评估、发生评估和后来评估的内容综合分析，对危害发生做出风险预测。

（三）风险管理

当境外发生重大疫情和有毒有害物质污染事件时，国家质检总局根据我国进出境动植物检疫法律法规，并参照国际标准、准则和建议，采取应急措施，禁止从发生国家或者地区输入相关动物、动物产品、动物遗传物质、动物源性饲料、生物制品和动物病理材料。根据风险评估的结果，确定与我国适当保护水平相一致的风险管理措施。风险管理措施应当有效、可行。

进境动物的风险管理措施包括产地选择、时间选择、隔离检疫、预防免疫、实验室检验、目的地或者使用地限制和禁止进境等。

进境动物产品、动物遗传物质、动物源性饲料、生物制品和动物病理材料的风险管理包括产地选择，产品选择，生产、加工、存放、运输方法及条件控制，生产、加工、存放企业的注册登记，目的地或者使用地限制，实验室检验和禁止进境等方面的措施。

（四）风险交流

风险交流应当贯穿于风险分析的全过程。风险交流包括收集与危害和风险有关的信息和意见，讨论风险评估的方法、结果和风险管理措施。政府机构、生产经营单位、消费团体等可了解风险分析过程中的详细情况，可提供意见和建议。

第七章 进境动物检疫

第一节 概述

进境动物检验检疫是指检验检疫机构按照《中华人民共和国进出境动植物检疫法》及其实施条例和其他相关规定对进境动物进行检验检疫，分为三个方面的工作：进境陆生动物、进境水生动物和进境动物产品检验检疫。对每批进境动物具体检验检疫的内容应按照我国与输出国所签订的双边动物检疫议定书（协议、合作备忘录）和《进境动植物检疫许可证》列明的要求及贸易双方签订的贸易合同或信用证明的检验检疫要求执行，但不排除对其他可疑症状传染病的检疫。进境动物检验检疫工作内容包括隔离场申请、检疫审批、境外预检、受理报检、进境现场检疫、隔离检疫、实验室检疫、检疫处理和出证、资料归档。

第二节 检疫准入制度

检疫准入制度是指进出境动植物检疫主管部门根据中国法律、法规、规章以及国内外动植物疫情疫病和有毒有害物质风险分析的结果，结合对拟向中国出口农产品的国家或地区的质量安全管理体系的有效性评估情况，准许某类产品进入中国市场的相关程序。检疫准入制度是WTO/SPS的重要措施，也是中国进境动植物检疫把关的第一道关，对于严把国门、严防疫情和不合格产品传入，提高进境农产品质量安全水平，服务对外贸易健康发展等具有重要意义。检疫准入制度通常包含准入评估、确定检验检疫卫生条件和要求、境外企业注册和境内企业注册四个方面的程序和内容。

一、准入评估

首次向中国输出某种动物及其产品和其他检疫物或者向中国提出解除禁止进境物申请的国家或地区，应当由其官方动植物检疫部门向国家质检总局提出书面申请，并提供开展风险分析的必要技术资料。国家质检总局收到申请后，应组织专家根据 OIE、CAC 的有关规定，遵循以科学为依据，透明、公开、非歧视以及对贸易影响最小的原则，并执行或者参考有关国际标准、准则和建议，开展风险分析。

通过书面问卷调查或实地考察的方式，详细了解拟输出国动物检验检疫法律法规体系、机构组织形式及其职能、防疫体系及预防措施、质量安全管理体系、安全卫生控制体系、残留监控体系、疫病发生和监测体系及其运行状况、检疫技术水平和发展动态，以及动物及其产品的生产方式等情况，并了解拟输出产品的名称、种类、用途、进口商、出口商等信息。同时，采用定性、定量或者两者结合的方法，对输入国动物卫生和公共卫生体系以及潜在危害因素的传入评估、发生评估和后果评估进行整合分析，并对危害发生做出风险预测；或者对可能携带的植物有害生物进行确定，并对潜在检疫性有害生物传入和扩散的可能性以及潜在影响进行评估，以确定需要关注的检疫性有害生物名单。根据风险评估的结果，确定与中国适当保护水平相一致的、有效可行的风险管理措施。

二、确定检验检疫卫生条件和要求

在风险分析的基础上，中国与输出国家或地区就动植物及其产品的检疫卫生条件和要求进行协商，协商一致后双方签署检疫议定书或确认检疫证书内容和格式，作为开展进境动植物检验检疫工作的依据。国家质检总局也将向各直属检验检疫局通报允许进口的国家或地区的检疫准入信息，包括允许该农产品进境的国家和地区议定书、检疫要求、卫生证书模板、印章印模等，有的进境产品还需要通报国外签证官的签字笔迹。

三、境外企业注册

根据《进出境动植物检疫法实施条例》第十七条规定，"国家对向中国输出植物产品的国外生产、加工和存放单位实行注册登记制度"，中国依法对高风险动物及其产品的境外生产加工企业实施注册登记制度，进境动物及其产品必须来自注册登记的境外生产企业。

境外生产企业应当符合输出国家或地区法律法规和标准的相关要求，并达到与中国有关法律法规和标准的等效要求，经输出国家或地区主管部门审查合格后向国家质检总局推荐。国家质检总局对输出国官方提交的推荐材料进行审查，审查合格的，经与输出国家或地区主管部门协商后，国家质检总局派出专家到输出国家或地区对其安全监管体系进行现场考察，并对申请注册登记的企业进行抽查。对检查不符合要求的企业，不予注册登记，并将原因向输出国家或地区主管部门通报；对抽查符合要求的及未被抽查的其他推荐企业，予以注册登记，并在国家质检总局官方网站上公布。

对已获准向中国输出相应产品的国家地区及其获得境外注册登记资格的企业，中国国家质检总局应派出专家到输出国家或地区对其生产安全监管体系进行回顾性审查，并对申请延期的境外生产企业进行抽查，对抽查符合要求的及未被抽查的其他境外生产企业，延长注册登记有效期。

四、境内企业注册

国家质检总局就加强进境动植物及其产品后续监管，对部分进境动植物及其产品的境内生产经营企业实际注册登记或指定管理提出了明确要求，对进境动物肉类、脏器、肠衣、原毛（含羽毛）、原皮、生的骨、角、蹄、蚕苗、水产品和动物源性中药材等实行生产、加工和存放企业定点管理；对进口肉类产品、水产品收货人实施备案管理。只有经国家质检总局或各直属检验检疫局按照相关程序考核合格并公布的境内生产经营企业，才能生产、加工和存放上述进境动植物及其产品。

为进一步规范进境动植物检疫准入制度，根据我国进出境动植物检疫法及其实施条例的有关规定，国家质检总局陆续出台了一系列检疫准入相关的部门规章，主要包括：《进境动物和动物产品风险分析管理规定》《进境动植物检疫审批管理办法》《进境动物遗传物质检疫管理办法》《进出口饲料和饲料添加剂检验检疫监督管理办法》《进出口水产品检验检疫监督管理办法》《进出口肉类产品检验检疫监督管理办法》《进出口食品安全管理办法》等。

第三节　检疫审批制度

一、概述

（一）检疫审批的概念与目的

进境动植物检疫审批制度是国家动植物检疫主管部门依据《中华人民共和国进出境动植物检疫法》及其实施条例确立的有关规定，按照有害生物风险分析的结果，对部分风险较高的拟输华动植物及其产品进行审查，最终决定是否批准其进境的过程。检疫审批是动植物检疫的法定程序之一，是在进境动植物及其产品和其他检疫物在入境之前实施的一种预防性动植物检疫措施。

检疫审批的目的是为了保护国内农、林、牧、渔业的生产安全，降低外来有害生物随进境动植物及其植物产品和其他检疫物传入我国的风险，也是世界各国普遍采用的通行做法。

（二）检疫审批的依据

(1)《中华人民共和国进出境动植物检疫法》及其实施条例；

(2) 中国与输出国签订的双边检疫协定（含协定、备忘录、检疫议定书）；

(3) 输出国家或地区的动物疫情情况。

（三）进境动物及其产品检疫审批范围

(1) 活动物（指饲养、野生的活动物如畜、禽、兽、蛇、龟、虾、蟹、贝、鱼、蚕、蜂等）及动物繁殖材料（胚胎、精液、受精卵、种蛋及其他动物遗传物质）；

(2) 非食用性动物产品。根据进境非食用动物产品的风险大小，可将非食用性动物产品分为三类，即高风险产品（A类）、中风险产品（B类）、低风险产品（C类）。国家质检总局将制定并适时调整和公布允许进境的非食用动物产品检验检疫风险管理分类。

高风险产品（A类）：输出国家或地区发生重大动物疫病或安全卫生问题，存在较高动物卫生、公共卫生风险或我国法律法规规定的禁止进境的非食用动物产品。

中风险产品（B类）：未经加工或虽经加工仍存在动物卫生、公共卫生风险，但经过深加工或检疫处理能使风险降低到可接受水平的非食用动物产品。该产品进境前需要办理检疫审批，国家质检总局对生产、加工、存放B类进境非食用动物产品实施注册登记制度，国家质检总局设在各地的出入境检验检疫机构对辖区内的注册登记企业实施日常监督管理和年度审核制度。

低风险产品（C类）：已经加工处理，动物卫生、公共卫生风险较低的非食用动物产品。该产品进境不需要办理检疫审批。

(3) 特许审批 动物病原体（含菌种、毒种等）以及其他有害生物，动物疫情流行国家和地区有关动物、动物产品和其他检疫物，动物尸体，土壤。

(4) 过境检疫审批 过境检疫审批包括过境的动物、动物产品和农业转基因产品的检疫审批。要求货主或者其代理人必须事先向国家质检总局提出申请，提交输出国家或地区政府动物检疫机关签发的检疫证书及输入国家或地区政府动物检疫机关签发的入境许可证，并说明拟过境的路线等。

此外，检疫审批的范围还包括食用性动物产品（动物源性食品）等。

（四）检疫审批的权限

国家质量监督检验检疫总局是入境动物、动物产品检疫审批的管理和最终做出批准的机关，负责制定、修改、解释检疫审批的有关规定。直属检验检疫局负责对企业提交的检疫审批的申请进行初审和批准上报工作。

二、检疫审批的一般程序

货主或其代理人应在对外签订贸易合同或协议前，向国家质检总局申请并取得《中华人民共和国进境动植物检疫许可证》。与外方签订贸易合同或协议时，应订明相关检验检疫要求。申请办理进境动植物检疫审批的单位应为直接对外签约单位，并具有进境动物产品的经营权。

（一）一般要求

同一申请单位对同一输出国家或地区、同一货物品种、同一加工、使用单位，一次只能申请办理一份《检疫许可证》。同一申请单位第二次申请《检疫许可证》时，应当按照有关规定随附上一次《检疫许可证》（含核销表），以及注册登记企业所在地检验检疫机构出具的注册登记企业生产加工及仓储能力的考核报告。检疫许可证的有效期为6个月或一次有效。

（二）一般程序

1. 申请

除特许审批外，申请单位均应按国家质检总局的相关要求申办电子密钥，并在所在地直属检验检疫局注册；检疫审批采用网上申请形式。在申请前，必须充分了解输出国家或地区的动物疫情，确定进境口岸、目的地及贸易方式、用途等。

2. 检疫审批所需材料

申请单位与注册登记企业一致的，申请单位需向受理机构提交《检疫许可证申请表》、申请单位法人资格证明（复印件）等材料。

申请单位与注册登记企业不一致的，申请单位需向受理机构提交《检疫许可证申请表》、申请单位法人资格证明（复印件）、与注册登记企业签订的委托加工合同/协议等材料。

同一申请单位第二次申请时，应当按照有关规定随附上一次《检疫许可证》（含核销表），以及注册登记企业所在地检验检疫机构出具的对注册登记企业生产加工及仓储能力的考核报告。

3. 审核批准

直属检验检疫局对申请单位检疫审批申请进行初审，其内容包括：

（1）申请单位提交的材料是否齐全，所填《进境动植物检疫许可证申请表》内容是否正确，注意进境动物产品的名称和 HS 编码必须明确；

（2）输出和途经国家或者地区有无相关的动物疫情；

（3）是否符合中国有关动物检疫法律法规和部门规章的规定；

（4）是否符合中国与输出国家或者地区签订的双边检疫协定（包括检疫协议、议定书、备忘录等）；

（5）进境后需要对生产、加工过程实施检疫监管的动物产品，审查其运输、生产、加工、存放及处理等环节是否符合检疫防疫及监管条件，根据生产、加工企业的加工能力核定其进境数量；

（6）可以核销的进境动物产品，应当按照有关规定审核其上一次审批的《检疫许可证》的使用、核销情况；

（7）同一申请单位对同一品种、同一输出国家或者地区、同一加工、使用单位一次只能办理一份《检疫许可证》；

（8）如果国家质检总局或初审机构需要对拟进境动物产品做进一步了解，可对提供的样品进行检测或风险分析。

受理申请的直属检验检疫局在 5 个工作日内完成初审工作。初审合格的，提交国家质检总局，由国家质检总局对提交的《检疫许可证申请表》进行审核，做出许可或不予许可的决定，并在网上签发《检疫许可证》或《进境动植物检疫许可证未获批准通知单》。初审机构负责打印和发放《检疫许可证》或《进境动植物检疫许可证未获批准通知单》。初审不合格的，初审机构不予提交国家质检总局审批。

（三）进境动植物检疫许可证电子审批核销流程

（1）企业在口岸核销流程

①企业经网上查询，确定申请已获批准；

②打印预核销单；

③在预核销单上手工填写此批进口货物的预录入号。持报检单证和预核销单前往进境口岸局进行核销。

（2）核销程序

①进境货物报检时，企业将已准备好的预核销单，交至各分支检验检疫机构开设的固定核销窗口，由核销人员受理核销业务；

②核销人员将进入审批系统，将预核销单与许可证内容进行核实，根据预核销单上的数量进行核销；

③核销人员在预核销单上签字，加盖处（科）行政章；

④如许可证已失效或超过许可证申请数量的，不予核销。

（3）企业持已签自盖章的预核销单前往报检窗口进行进口报检。

（4）检务人员验证预核销单上的签章后，进入审批系统，再次核对实际报检货物、数量、产地等是否与预核销单的内容相符，决定是否受理报检。

（5）预核销单与报检单证一同存档。

（四）检疫许可证电子审批核销过程的数量更改

（1）因申报错误，需追加数量　由企业填写更改核销数据申请表（一式二联），经许可证申请单位盖章后,交核销窗口。

由核销人员在电脑中追加一次核销数量。同时,核销人员在更改表中填写审核意见并签字和加盖处(科)行政章。一份交企业,一份留底。

核销人员更正预核销单中的数量,加盖更改章。

企业持更改表和更改的预核销单到报检窗口进行报检。

更改表第二联、更改的预核销单随报检单证存档。

(2)因申报错误,需减少数量 由受理报检的人员在预核销单中注明实际进口数量,签字盖章。已在电脑中予以核销的数量不予修改。

(3)因检疫人员输单错误,造成核销数量与实际进口数量不符的,请企业持原预核销单前往核销窗口,由现场核销人员进行处理。

(五)检疫审批的重新办理

在办理检疫审批手续后,有下列情况之一的,货主或其代理人应当重新申请办理检疫审批手续:

(1)变更入境动物产品的品种或者数量的;

(2)变更输出国家或地区的;

(3)变更入境口岸的;

(4)变更加工、使用、存放单位的;

(5)检疫许可证的使用数量核销完的;

(6)超过检疫许可证有效期的。

(六)《进境动植物检疫许可证》的中止、失效、废止、吊销

(1)超过使用有效期,《进境动植物检疫许可证》自行失效。

(2)输出国家或地区一旦发生疫情,拟入境的动物及其产品已在规定的禁止入境物名录的,《进境动植物检疫许可证》自行失效。

(3)《进境动植物检疫许可证》在有效期内准许多次使用,由入境口岸检验检疫机构负责核销,使用完后废止。

(4)申请单位违反有关检疫规定,发证机关有权中止《进境动植物检疫许可证》的使用,情节严重的吊销《进境动植物检疫许可证》。

三、进境动物和动物遗传物质的检疫审批

(一)申请

货主或其代理人网上提交进境动植物检疫许可证的申请。

(1)申请猪、牛、羊等大中动物进境时,申请单位需向直属检验检疫机构提交国家质检总局签发的《进出境动物隔离检疫场许可证》。凡需使用国家隔离场的应提前3个月到国家质检总局办理预定手续。

(2)申请禽类、兔等其他动物进境时,必须提供《进出境动物指定隔离检疫场许可证》。《进出境动物指定隔离检疫场许可证》有效期为6个月,只允许用于一批动物的隔离检疫。

(3)申请动物遗传物质进境时,必须提供直属检验检疫机构对企业登记备案的批准文件。

检验检疫机构可根据检疫需要,要求货主或其代理人提供其他的相关文件。

（二） 检疫审批的受理、审核和上报

直属检验检疫机构接到网上申请和随附申报材料后，进行初审。对申报材料和网上申请信息进行审查、确认，对申报不符合要求的，通知申请单位进行修改和补充；对国家依法发布禁止有关检疫物进境的公告或者禁令后列入禁止进境物名录的予以否决。对初审合格的，上报国家质检总局审批。

四、进境动物产品的检疫审批

（一） 申请

货主或其代理人网上提交《中华人民共和国进境动植物检疫许可证申请表》。

申请单位还应提供下列随附材料：

（1）经正式批准的具有动物产品进口经营权的有关文件；

（2）入境动物产品属来料、进料加工复出口的，必要时需提供海关核发的"进料加工登记手册"或出口合同或出口报关凭证；

（3）申请进境原毛、水洗毛、生皮、浸酸皮、未洗净羽绒、羽毛等未经加工或虽经加工仍存在动物卫生、公共卫生风险的B类非食用动物产品时，申请单位必须提供与经中国国家出入境检验检疫局批准注册登记的入境动物产品加工、使用、存放单位签订的加工、使用、销售、存放协议或合同；

（4）申请进境动物源性饲料时，申请企业必须提供：①与存放该批货物的仓储单位签订的仓储协议；②农业部颁发的"饲料登记许可证"复印件；③进口混合性动物饲料、饲料添加剂，还须提供饲料成分中动物蛋白源自何种动物的有关说明；

（5）对申请用于饲料添加剂来自疯牛病疫区国家的化工合成产品（如蛋氨酸、胱氨酸等），申请企业必须提供农业部颁发的"饲料登记许可证"复印件和不含动物蛋白的成分说明；

（6）办理退运货物审批，须提供详细的退货原因说明，及出口时的检疫证书、通关单等详细资料；

（7）申请进境转基因产品时，必须提供农业部转基因产品"临时证明"或标识；

（8）对蓝湿（干）皮、已鞣制皮毛、洗净羽绒、洗净毛、碳化毛、毛条等已经加工处理，动物卫生、公共卫生风险较低的非食用动物产品（C类），不需要办理检疫许可证审批。

检验检疫机构可根据检验检疫需要，要求货主或其代理人提供进境动物产品的加工工艺或组成成分、输出国对输出的动物产品的检疫项目、检验检疫方法和标准等其他相关文件。

（二） 检疫审批的初审

直属检验检疫机构接到网上申请和随附申报材料后，进行初审。对申报材料和网上申请信息进行审查、确认，对申报不符合要求的，通知申请单位进行修改和补充；对国家依法发布禁止有关检疫物进境的公告或者禁令后列入禁止进境物名录的予以否决。对初审合格的，上报国家质检总局审批。有特别规定的，应审核相应的文件材料或证明。

五、过境和特许审批

（一） 过境动物的审批

过境动物审批程序：

1. 书面申请

货主或其代理人应在动物启运前30d向国家出入境检验检疫局提出书面申请，申请的内容主要包括：货主单位名称、输出国家、输入国家和口岸、拟过境的口岸和时间、运输方式、拟通过的路线等，填写的内容应真实、详细。同时应附有输出国家或地区政府动植物检疫机关签发的检疫证书及输入国家或地区动植物检疫机关签发的入境许可证。

2. 过境动物检疫审批的基本要求

（1）输出国家或地区无重大疫情。

（2）符合我国有关法律、法规和规章的规定。

（3）输入国家或地区的政府动植物检疫机关签发的动物入境许可证。

（4）装载过境动物的运输工具、装载容器、饲料和铺垫材料，必须符合我国国家和检验检疫机关的有关规定。

（5）按照检验检疫机关指定的路线运输。

3. 批准

国家质检总局审核同意后，书面做出准许过境的许可。

（二）特许审批

特许审批的具体程序：

1. 书面申请

因科学研究等特殊需要要求引进动物病原体等禁止进境物的单位，应至少提前15d向国家质检总局提出书面申请。

2. 特许审批的随附材料

（1）申请单位科研立项申请报告及主管部门下达课题的批件。

（2）使用单位所具备的防疫条件和拟采取的防止动物病原体扩散措施的书面材料。

（3）所在地检验检疫机构出具的对使用单位的防疫条件和措施的考核意见。

3. 批准

国家质检总局审核同意后，书面做出准许过境的许可。

第四节 境外预检制度

境外预检是根据双边动物检疫议定书的要求，结合进境动物及其产品的检疫工作需要，中国派出检疫官员到输出动植物及其产品的国家或地区配合实施出口前的检验检疫工作。进境动植物境外预检是进境动物检疫工作中一项非常重要的措施和手段，对防止动物疫病传入，保护我国畜牧业生产安全和生态安全起到了积极有效的作用。该制度的实施对了解和掌握国外动物检疫制度与防疫体系建设，学习国外先进的动物检疫技术手段、设施和经验提供了条件和机会，对促进中国动物检疫制度建设、优化检验检疫工作体系起到了积极作用，同时为中外双方动物检疫准入谈判、制修订双边检疫协议提供了及时、准确和详尽的参考资料。

一、境外预检的历史和实践

进境动物检疫境外预检制度至少自20世纪80年代初即已建立，是进口动物检疫的基本环节之一。国务院于 1996 年颁布的《中华人民共和国进出境动植物检疫法实施条例》第二十九条规定:"国家动植物检疫局根据检疫需要,并经输出动植物、动植物产品国家或者地区政府有关机关同意,可以派检疫人员进行预检、监装或者产地疫情调查。"中国与输出国家或者地区签订的有关动物检疫双边(多边)协定中均明确规定,中方可派出官方兽医对高检疫风险的活动物、遗传物质(如动物精液、动物胚胎和家禽种蛋等)等实施输出前的检疫,对动物遗传物质生产中心进行考核注册。

出入境检验检疫部门开展境外预检是法律赋予的职责,是维护国家安全的必要措施,也是检验检疫部门主动作为、关口前移的具体体现。

境外预检工作可以"御疫于国门之外",最大限度地减少抵达中国国境的进口动物携带疫情的风险和可能性,防止动物疫病、疫情传入,保护我国畜牧业、渔业生产和生物安全。众多案例表明,向我国输出动物和动物产品的国外官方常主观忽略或无视隔离议定书的相关规定,甚至敷衍了事,而国外出口商则为了其自身利益常弄虚作假,意图蒙混过关,国外官方和企业的行为和结论并不能完全采信,需要中方通过派出预检兽医的方式实施有效的监督。2011 年,我方预检兽医在澳大利亚执行进口种牛产地预检任务时就发现,出口商通过更改农场名称的做法,将来源于蓝舌病黑名单农场的 197 头牛引入隔离场,澳大利亚 AQIS 官员在明知出口商存在不合规操作的情况下,仍然为该农场出具了农场合格资质证明。该行为严重违反《中华人民共和国国家质量监督检验检疫总局和澳大利亚农渔林业部关于中国从澳大利亚输入牛的检疫和卫生条件要求议定书》中关于"如发现蓝舌病阳性牛,则该牛所在农场的所有牛都不能对华出口"之规定。经我方预检兽医严正交涉,最后来自黑名单农场的 197 头牛被全部淘汰,国家质检总局对违规出口商发出了黄牌警告。

境外预检工作也是减少进口商损失的需要。根据通常的商业约定,进口动物入境跨过船舷之后再检出阳性,其损失全部由中国进口商承担。以 2013 年为例,全年通过境外预检淘汰不合格动物 25024 头,占候选动物总数量的 20.89%,货值 7500 万美元。这些不合格动物进境不但将严重威胁我国畜牧业生产,还会给进口商带来重大损失。

二、境外预检的主要制度设计

国家质检总局于 2004 年 4 月 1 日颁布实施了《进境动物预检人员管理办法》,对境外预检工作进行了全面的规范。

国家质检总局统一管理进境动物预检人员的派出,对预检人员资质做出严格规定。预检人员必须政治合格,业务过硬,外语过关,身体健康。业务条件方面要求获得兽医专业本科及以上学历;从事进出境动物检疫工作至少 3 年;具有一定的兽医临床经验,熟悉动物检疫实验室工作,能够独立地完成有关动物疾病诊断试验;熟悉进出境动植物检疫法等法规及进境动物检疫程序,具有国际贸易的一般常识。外语条件方面要求掌握相应的国家或地区的语言,或能用第三国语言在输出国开展业务工作,具有胜任工作所需的听、说、读、写能力,能熟练阅读、翻译外文专业资料。身体条件方面要求身体健康,能在外独立生活,年龄不超过 50 岁。

在国外执行动物产地预检任务时,预检兽医对外代表中国检验检疫机构,按照双边动检协议的要求,配合派往国家或地区政府动物检疫机关执行双边动检协议;落实议定书中每一项规定,确保向中国输出的动物或繁殖材料符合动检协议的规定,同时,学习并了解派往国家或地区的动物疫病流行情况,动物检验检疫机构组织形式及其职能,动物疫病防疫体系及预防措施,检疫技术水平和发展动态等情况。

预检兽医在输出国家或者地区执行预检任务的工作内容主要有八项:一是到达输出国或地区后,首先与输出国或地区官方主管部门联系,按照动检协议内容商订检疫计划,在计划中落实动检协议有关规定;二是向输出国或地区官方机构了解或查阅输出国或地区的动物疫情,确认输出国家或地区的动物疫情符合动检协议规定;三是了解和查阅输出动物、动物遗传物质所在地区和农场的动物疫情,确认输出地区和农场符合动检协议对农场动物疫情的规定;四是参与农场检疫,确认农场免疫和检疫项目、方法、标准、检验检疫结果符合动检协议要求。只有经农场检疫合格的动物方允许进入动物隔离场;五是确认动物隔离场,动物隔离场必须经输出国或者地区官方检疫机构认可,符合动物隔离检疫要求,使用前经过严格消毒处理;六是落实动物隔离检疫期间的检验检疫项目,了解实验室检验情况,动物寄生虫的驱除处理;做好动物装运前的临床检查;七是落实动物的运输路线、运输要求(包括从隔离场至离境口岸的运输过程),以及应由输出国或者地区提供的检疫试剂准备情况;八是确认输出国或者地区动物卫生证书内容是否反映了动检协议规定要求。派出人员可根据情况对输出动物实施监装。

预检兽医在外工作期间应保持与国家质检总局的联系,及时汇报工作进展,未经国家质检总局同意,严禁派出人员在境外从事与预检工作内容无关的其他活动。严禁在未经请示同意的情况下,擅自对外做出违背动检协议规定的决定或承诺。在外工作期间,对工作中遇到的问题,应按照动检协议的规定,与输出国或地区有关方面协商解决;对协商不能解决的问题应及时向国家质检总局请示。对于涉及重大原则的问题必须立即向国家质检总局请示:一是输出国或地区政府动物检疫机构对双边协议有不同解释,影响该协定的正常执行;二是输出国或地区不能完全按照双边动检协议执行,需要更改、补充或者取消动检协议内容;三是发生不可预见的事件、无法按原计划完成检疫任务,需要提前回国或者延长在外检疫时间;四是输出国或地区发生重大动物疫情;五是需要更改运输路线、运输方式;六是对检疫结果的判定有分歧,不能取得一致意见;七是其他协商不能解决的问题。

预检兽医在动物入境前向动物隔离检疫所在地直属检验检疫局通报境外的检疫情况,做好境外检疫和入境后检疫的衔接工作,并协助完成动物入境后的检疫工作。

预检兽医回国后,应到国家质检总局全面汇报在外执行检疫任务的情况,并提交出境预检书面报告。派出人员还应将在外执行检疫任务过程中收集到的资料进行整理分类,向国家质检总局提供所收集资料的目录。国家质检总局根据动物检疫人员在外执行检疫任务的情况,对出境检疫人员做出考核评价意见。

三、境外预检模式的改革创新

境外预检制度是我国法律法规赋予检验检疫部门的法定职责,也是国际惯例,是一项已经形成并坚持了30多年的制度,更是针对活动物这类特殊商品而设计的特殊检疫模式。无论是从制度本身设计的理念、科学性、国际化,还是从实际工作中的可操作性、验证效果、各方评价而言,境外预检制度都是一种行政管理成本小、社会和经济效益大的管理模式。近年来,为贯彻国务院"稳增长,促改革,调结构,惠民生"的要求,国家质检总局自2013年起主动改革境外预检工作模式,陆续向澳大利亚、新西兰、乌拉圭、智利等主要动物输出国派遣常驻(一般为3个月)的预检兽医工作组,预检组负责派驻期间所在国所有输华动物的预检工作。

与以往每批进口动物派出2名兽医赴境外预检的传统模式相比，预检兽医工作组模式提高了工作效率，确保了工作效果，降低了贸易成本，实现了贸易便利化，最大程度满足了国内产业大量引种的需求，得到了各利益相关方的肯定。

为进一步提高进口动物的信息化管理水平。2012年，国家质检总局研发并推广应用了"进口奶牛检疫管理系统"，该系统实现了进口奶牛检疫工作流程标准化、检疫信息管理的电子化、可视化和评估决策的信息化管理，整合境内外检疫信息资源进一步提高工作效率，保证了检疫工作质量，降低了动物疫病传入风险。

第五节　口岸查验制度

口岸查验制度是以动植物检疫法律法规制度为依据，对进出境法定检疫物进行证书核查、货证查对和抽样送检的官方行为，是在货物抵达国境时采取的阻止疫情疫病传入的强制性行政措施。其作用在于尽最大地可能把疫情疫病和不合格产品拒之于国门之外。口岸查验制度是中国动植物检疫体系的重要组成部分，是中国落实动植物检疫法律法规及各种管理制度的基本手段。

纵观我国进出境动植物检疫发展史，口岸查验是从中国进出境动植物检疫产生之日就已开展的工作，伴随着动植物检验检疫工作的发展，口岸查验制度也在不断地发展和完善中。中国加入WTO后，外贸经济快速发展，进出境动植物查验体系在以下两个方面发生了明显变化：一是查验形式的变化。在传统的检疫查验基础上，出现了集中查验、虚拟口岸查验。在管理方式上，从原来一般口岸检验检疫机构查验货物为主，逐渐变为口岸所在地和内地检验检疫机构联合执法。二是查验内容的变化。"三检合一"以后，进出口产品检验检疫实行统一归口管理，对进出境动植物产品实施检疫的同时也实施检验，包括品质检验、有毒有害物质检验等。此外，检测的技术手段也有了很大的发展，引入了无线射频识别、GPS定位、X光机等辅助设备，丰富了现场查验手段，提高了查验有效性。

但是，无论口岸查验的形式和内容如何变化，口岸查验制度始终包括现场检疫查验、抽送样品及实验室检测三个核心环节。根据查验对象的不同，口岸查验分为货物检疫查验、旅客携带物检疫查验、邮寄物检疫查验、交通运输工具检疫查验、动植物性包装铺垫材料检疫查验和其他检疫物检疫查验等，其中旅客携带物和邮寄物检疫查验制度另作介绍，本节主要阐述以货物检疫为主的口岸查验制度。

一、现场检疫查验

现场检疫查验是指进出境应检物抵达口岸时，检疫官员依法登船、登车、登机或到货物停放地现场进行动植物检疫查验。现场检疫查验的货物种类繁多，根据口岸类型（陆路口岸、海港口岸、空港口岸），检疫形式（进境检疫和过境检疫）的不同而略有差异，其主要内容包括以下几个方面：

一是核对证单，核查报检单、贸易合同、信用证、发票和输出国家或地区政府动植物检疫机构出具的检疫证书等单证；依法应办理检疫审批手续的，还须核查并核销《进境动植物检疫许可证》。根据单证核查的情况并结合中国动植物检疫规定及输出国家或地区疫情发生情况，确定查验方案。二是核查货证是否相符。检查所提供的单证材料与货物是否相符，核对集装箱和封识与所附单证是否一致，核对单证与货物的名称、数量、质量、产地、包装、唛头是否相符。三是对进境动植物及其产品和其他应检物品，以其包装的全部或有代表性的样品进行现场检查。对进境动物，检查有无疫病的临床症状，发现疑似患有传染并或者已死亡的动物时，在货主或者押运人的配合下查明情况，立即处理；对动物产品，检查有无腐败变质现象，容器、包装是否完好。对易滋生植物害虫或者混藏杂草种子的动物产品，同时实施植物检疫符合要求的，允许卸离运输工具。发现散包、容器破裂的，由货主或者其代理人负责整理完好，方可卸离运输工具；对来自动物传染病疫区或者易带动物传染病和寄生虫病病原体并用作动物饲料的植物产品，同时实施动物检疫。发现病虫害并有扩散可能时，及时对该批货物、运输工具及装卸现场采取必要的防疫措施。对动植物性包装物、铺垫材料，检查是否携带病虫害、混藏杂草种子、沾带土壤。对其他检疫物，检查包装是否完整及是否被病虫害污染。发现破损或者被病虫害污染时，作除害处理。

二、抽采样品

抽采样品应具有代表性，按照有关抽采样的国家标准或行业标准，以及进口货物的种类和数量制定抽采样计划并实施抽采样。必要时要结合动物疫病的生物学特性实施针对性抽采样。对动物产品，一般在上、中、下三个不同层次和同一层次的五个不同点随机采取；种用大、中动物逐头采取血样，必要时可采取粪便、黏膜分泌物等样品。在抽采样品过程中必须注意防止污染，以确保检疫结果的准确性。

各类动物产品抽取的样品，主要根据相关产品的国家标准、国家质检总局有关规定、双边议定书以及国家质检总局发布的警示通报、动植物检疫许可证要求和《进出口食用农产品和饲料安全风险监控计划》的相关规定，确定实验室检验项目，送实验室检验。

三、实验室检测

经现场检疫查验，将现场检查发现的有害生物、带有症状的样品和其他需作进一步检测的样品送实验室检验。实验室根据委托的检验、鉴定项目，按照相关检测技术标准，采用分离、培养、生理生化和形态学、分子生物学等方法，进行检测和签订。

实验室检测为现场检疫查验提供了必要的技术支持。实验室检疫鉴定结果是对进出口货物作准予进出境或检疫处理的重要依据。

《进出境动植物检疫法》及其实施条例对进境动物检疫口岸查验作了明确规定。在此基础上，国家质检总局按照进出境动植物及其产品的特征和相关检验检疫要求，按产品类别制定了进境活动物、水生动物饲料等一系列部门规章、操作程序和工作手册。在查验工具配备、重点检查对象、现场抽样方法和数量、取样送检要求、检疫结果评定、检疫处理等各个方面明确了现场检疫查验的工作要求，构建了较为完善的口岸查验闭环管理体系。同时，"三检合一"以来，国家质检总局陆续推广应用了进境动植物许可证审批系统、电子证书核查系统、口岸自动抽采样系统、实验室远程鉴定系统、专家有害生物信息系统、数字动植检疫等信息业务系统，进一步提高了口岸查验的科学性、针对性和有效性。

第六节　隔离检疫制度

隔离检疫制度是将进境动植物限定在指定的隔离场内饲养或种植，在其饲养或生长期间进行检疫、观察、检测和处理的一项强制性措施，是有效控制高风险的动植物传染病、寄生虫病和有害生物传入，保护农业生产安全、生态安全的法定检疫行政行为。

20世纪80年代初，国家为发展畜牧业，大批量引进优良奶牛、动物胚胎和精液，为加强进境动物和植物检疫，国务院发布《进出口动植物检疫条例》，以立法形式对进境动植物采取隔离检疫的强制性措施，隔离检疫制度框架基本形成，并且随着业务发展，隔离检疫制度不断健全完善。

一、隔离检疫场

隔离检疫场是指专用于进境动物隔离检疫的场所，包括由国家质检总局设立的动物隔离检疫场所（以下简称国家隔离场）和由各直属检验检疫局指定的动物隔离场所（以下简称指定隔离场）进境种用大中动物应报经国家质检总局批准在国家隔离场隔离检疫；当国家隔离场不能满足需求，需报经国家质检总局批准在指定隔离场所隔离检疫；其他进境动物的，应当在检验检疫机构指定的动物隔离检疫场所隔离检疫。国家质检总局在广州、上海、天津、北京建立了4个国家隔离场。

申请使用指定动物隔离场的，使用人应当在办理《中华人民共和国进境动植物检疫许可证》前，向所在地直属检验检疫局提交申请和相关材料。直属检验检疫局和国家质检总局依次按照规定程序对隔离场使用申请及材料进行审核，并对申请使用的隔离场组织实地考核。

二、隔离检疫

动物进场前，检验检疫机构应实地核查隔离场设施和环境卫生条件，保证动物进入隔离场前10d，所有场地、设施、工具必须保持清洁，并采用检验检疫机构认可的有效方法进行不少于3次的消毒处理。同时，监督使用人提前准备供动物隔离期间使用的充足的饲草、饲料和垫料。所有饲草、饲料和垫料需在检验检疫机构的监督下，由检验检疫机构认可的单位进行熏蒸消毒。

经入境口岸现场检疫合格的进境动物方可运往隔离场进行隔离检疫。进境种用大中动物隔离检疫期为45d，其他动物隔离检疫期为30d。检验检疫机构对隔离场实行监督管理。重点监督和检查隔离场动物饲养、防疫等措施的落实。检验检疫机构工作人员对进境种用大中动物在隔离检疫期间实行24h驻场监管。隔离检疫期间，检验检疫机构按照国家质检总局的相关规定对进口动物进行必要的免疫和预防性治疗，隔离场使用人在征得检验检疫机构同意下方可对患病动物进行治疗。

三、采样送检

检验检疫机构负责隔离检疫期间样品的采集、送检和保存工作。隔离动物样品采集工作在动物进入隔离场后 7d 内完成。检验检疫机构按照国家质检总局的有关规定，对动物进行临床观察和实验室项目的检测，根据检验检疫结果出具相关的单证，实验室检疫不合格的，应当尽快将有关情况通知隔离场使用人并对阳性动物依法及时进行处理。

四、应急处理

隔离检疫期间，隔离场内发生重大动物疫情的，应当按照《进出境重大动物疫情应急处置预案》处理。发现疑似患病或者死亡的动物，应当立即报告所在地检验检疫机构，并立即采取下列措施：将疑似患病动物移入患病动物隔离舍（室、池），由专人负责饲养管理；对疑似患病和死亡动物停留过的场所和接触过的用具、物品进行消毒处理；禁止自行处置（包括解剖、转移、急宰等）患病和死亡动物；死亡动物应当按照规定作无害化处理。

五、后续监管

隔离检疫结束后，在检验检疫机构的监督下，对动物的粪便、垫料及污物、污水进行无害化处理确保符合防疫要求后，方可运出隔离场；剩余的饲料、饲草、垫料和用具等应当作无害化处理或者消毒后方可运出场外；并按要求对隔离场场地、设施和器具进行消毒处理。在完成种用大中动物隔离检疫工作后承担隔离检疫任务的直属检验检疫局应当在 2 周内将检疫情况书面上报国家质检总局并通报目的地检验检疫机构。隔离场使用人及隔离场所在地检验检疫机构应当按照规定记录动物流向和《隔离场检验检疫监管手册》，档案保存期至少 5 年。

第七节 检疫处理制度

检疫处理是动植检部门对违规入境或经检验检疫不合格的进出境动植物、动植物产品和其他检疫物，采取的除害、扑杀、销毁、不准入境或出境或过境等强制性措施，是动植检把关的重要环节，是防范疫情疫病传入传出的必要手段，直接关系到把关有效性，关系到畜牧业生产安全，关系到生态环境安全，关系到外贸发展。检疫处理是官方行为或官方授权的行为，是受法律、法规制约的行为，必须按一定的规程实施。

动物检疫处理工作技术性强、风险性高、涉及面广；一旦处理和监管不到位，不但导致疫情疫病传入，而且可能引发重大安全事故和环境安全问题，为加强动植物检疫处理工作，提高检疫处理工作科学性，国家质检总局按照"科学、有效、安全、环保"的原则，深入研究检疫处理工作中出现的新情况、新问题，加大基础设施建设，全面加强监督管理，出台了一系列配套制度和措施并加以落实，确保检疫处理有效到位。

一、检疫处理原则

在保证动植物病虫害不传入或传出国境的前提下，要兼顾考虑尽量减少经济损失，保障对外贸易健康发展。为了保证检疫处理顺利开展，达到预期目的，检疫处理必须符合进出境动植物检疫相关法律法规的有关规定，处理方法必须完全有效、能彻底消灭动植物有害生物，完全杜绝有害生物的传播和扩散。处理方法还应当安全可靠，保证货物中无残毒，又不污染环境，还应保证动植物和动植物繁殖材料的存活能力和繁殖能力,不降低植物产品的品质和商业价值,不污染其外观。处理措施应设法使处理所造成的损失降低到最小,能作除害灭病处理的,尽可能不进行销毁处理。无法进行除害处理或除害处理无效的,或法律有明确规定的,要坚决做扑杀、销毁或者退回处理。做出扑杀、销毁处理决定后,应尽快实施,以免疫病进一步扩散。

根据进出境动植物检疫法及其实施条例的有关规定,在进境检疫、过境检疫、携带、邮寄物检疫和运输工具检疫过程中,分别按以下原则处理:

1. 进境检疫处理

发现有动植物病原体(包括菌种、毒种等)、害虫及其他有害生物,动植物疫情流行的国家和地区的有关动植物、动植物产品和其他检疫物、动物尸体和土壤等禁止进境物的,作退回或者销毁处理。

装载动物的运输工具抵达口岸时,采取现场预防措施,对上下运输工具或者接近动物的人员、装载动物的运输工具和被污染的场地作防疫消毒处理。输入动物检出一类传染病、寄生虫病的动物,连同其同群动物全群退回或者全群扑杀并销毁尸体。对检出二类传染病、寄生虫病的动物,退回或者扑杀,同群其他动物在隔离场或者其他指定地点隔离观察。输入动物产品和其他检疫物经检疫不合格的,作除害、退回或者销毁处理。经除害处理合格的,准予进境。

输入植物、植物产品和其他检疫物,经检疫发现有植物检疫性有害生物的以及输入植物发现限定的非检疫性有害生物超过限量标准的,作除害、退回或者销毁处理。经除害处理合格的,准予进境。输入动植物、动植物产品和其他检疫物,经检疫发现有植物检疫性有害生物名录之外,但经评估或初步评估有严重危害的其他有害生物的,作除害、退回或者销毁处理。经除害处理合格的,准予进境。

2. 过境检疫处理

过境的动物经检疫发现有"中国进境动物检疫疫病名录"所列的动物传染病、寄生虫病的,全群动物不准过境。过境动物的饲料受病虫害污染的,作除害、不准过境或者销毁处理。过境动物的尸体、排泄物、铺垫材料及其他废弃物,必须按照动植物检疫机关的规定处理,不得擅自抛弃。

3. 携带、邮寄物检疫处理

携带、邮寄"禁止携带、邮寄进境的动物、动物产品和其他检疫物的名录"所列的动物、动物产品和其他检疫物进境的,作退回或者销毁处理。携带、邮寄准入进境的动植物、动植物产品和其他检疫物,经检疫不合格又无有效处理方法作除害处理的,作退回或者销毁处理。

4. 运输工具检疫处理

进境的车辆由口岸检验检疫防疫消毒处理。进出境运输工具上的泔水、动植物性废弃物,依照口岸检验检疫机关的规定处理,不得擅自抛弃。来自动植物疫区的船舶机、火车抵达口岸时,经检疫发现有植物检疫性有害生物名录所列的有害生物的,作不准带离运输工具、除害、封存或者销毁处理。发现有禁止进境的动植物、动植物产品和其他检疫物的,必须作封存或者销毁处理;作封存处理的,在中国境内停留或者运行期间,未经口岸动植物检疫机构许可,不得启封动用。

进境供拆船用的废旧船舶,由口岸检验检疫机关实施检疫,发现有植物检疫性有害生物名录所列的病虫害的,作除害处理。

在出境检疫过程中，对输出动植物、动植物产品和其他检疫物，经检疫不合格又无有效方法作除害处理的，不准出境。为确保出境货物使用的木质包装符合输入国家或地区检疫要求，参照国标植物检疫措施标准第 15 号《国际贸易中木质包装材料管理准则》的规定、出境木质包装须按规定的检疫除害处理方法实施处理。

二、 主要做法

1. 风险分析

开展动植物检疫处理风险分析，对动植物检疫处理业务集中的口岸，以及大宗农产品、高风险敏感产品的检疫处理工作实施重点监测。在风险分析的基础上，实行检疫处理风险分类管理，根据输往或来源国家或地区、口岸类型和产品类别等特点，采用不同的检疫处理方法，并实施抽查监管、重点监管或全过程监管等方式，对携带疫情疫病风险大、处理技术要求高的检疫处理要实行全过程监管，避免重大质量安全事故发生。

2. 应急处置

指定专人收集、整理检疫处理日常监管、安全作业及境外反馈信息，及时组织专家研判，分析检疫处理重点环节监测中发现的问题和潜在风险，及时发布预警信息，并建立应急处置机制。一旦发生质量安全事故，要快速反应，立即处置，及时上报，并向相关部门通报，将质量安全事故造成的影响降到最低程度。

3. 监督管理

对动植物检疫处理从业单位实施资质考核认可制度，对动植物检疫处理从业人员实行能力评估和核准持证上岗制度。对检测设备和熏蒸消毒药剂实施验证评价制度，由授权的检测机构开展检测设备和药剂的验证与效果评价，未经验证与效果评价的，不得在动植物检疫处理中使用，以确保处理效果和安全。按照风险分析和监测结果对处理的有效性和记录的完整性等关键控制环节实施重点监管，对高风险敏感货物的检疫处理实施全过程监测和监督。

对检疫处理场所、设施实施监督管理，对存在安全隐患的处理场所和设施予以取消。在进口农产品贸易相对集中、检疫处理业务量较大的区域，设立集中的检疫处理场所和设施。在指定口岸、特定口岸和开放口岸建设满足动植物检疫处理的条件和要求，并与业务相适应的检疫处理设施设备。

根据国际植物检疫措施标准和国家质检总局有关规定，植物检疫证书、熏蒸消毒证书须由授权且具有相应技术资质的人员签发。

三、 动物及动物产品检疫处理

根据动植物疫病种类和动植物及其产品以及其他条件等不同情况，在检疫处理过程中采取适当的检疫处理方式和方法，以达到有效、经济、安全的目的。

（1）除害　通过物理、化学和其他方法杀灭有害生物，包括熏蒸、消毒、高温；低温辐照等。

（2）扑杀　经检疫不合格的动物，依照法律规定，用不放血的方法进行宰杀，消灭传染源。

（3）销毁　即用化学处理、焚烧、深埋或其他有效方法，彻底消灭病原体及其载体。

（4）退回　对尚未卸离运输工具的不合格检疫物，可用原运输工具退回输出国；对已卸离运输工具的不合格检疫物,在不扩大传染的前提下,由原入境口岸检验检疫机构的监管下退回输出国。

(5) 截留　旅客携带、邮寄入境的检疫物,经现场检疫认为需要除害或销毁的,签发《留验/处理凭正》,作为检疫处理的辅助手段。

(6) 封存　对需进行检疫处理的检疫物,应及时予以封存,防止疫情扩散,也是检疫处理的辅助手段。

随着国际交往和贸易发展,动物疫情疫病传播的形势日趋复杂,检疫处理工作面临的形势更加严峻,任务更加繁重,责任更加重大。为加强动物检疫处理工作,提高检疫处理工作的科学性和有效性,确保检疫处理安全,《进出境动植物检疫法》及其实施条例从进境检验、出境检验、过境检验、携带、邮寄物检疫和运输工具检疫等方面规定了检疫处理的原则和方式、方法。在此基础上,国家质检总局也就不同动物及其产品和应检物相继出台了多个部门规章,对进境动物、动物产品、其他检疫物、旅客携带物等的检疫处理工作提出了明确要求。同时还制定颁布了一系列与检疫处理操作规程和检疫处理技术规范相关的国家标准和行业标准。此外,中国与有关国家和地区签订的双边检疫协定、协议、议定书或备忘录等也对检疫对象的检疫处理作了具体规定。

第八章

出境动物检验检疫管理制度

第一节 概述

为适应中国出境动物对外贸易的迅速发展和应对国外技术性贸易措施，国家质检总局逐步健全和完善了出境动物检验检疫管理制度体系。现行的出境动物检验检疫管理制度包括注册登记、疫情疫病监测、安全风险监控、企业分类管理、出口查验、产品溯源管理、风险预警与快速反应等，这些制度规定了出口生产企业、经营企业在出口生产及贸易等环节的责任，明确了出境动物检验检疫自身的职责，对进一步提升出口动物及其产品质量安全水平，增强出境动物国际市场竞争力，促进品贸易健康发展，以及满足新形势下出口动物及其产品检验检疫及监管实际需求提供了法制保障。本章主要对注册登记、分类管理、出口查验、产品溯源管理、质量安全示范区建设制度进行介绍。

出境动物检验检疫是指检验检疫机构依据《中华人民共和国进出境动植物检疫法》及其实施条例和相关的法律法规对出境动物及其产品实施的检验检疫。具体检验检疫的内容应按照我国与输入国家和地区所签订的双边动物检疫议定书（协议、合作备忘录）、我国的有关检验检疫规定及贸易双方签订的贸易合同或信用证明的检验检疫要求确定。出境动物检验检疫分为出境陆生动物、出境水生动物和出境动物产品检验检疫。出境动物检验检疫的程序一般包括注册登记、指定出境隔离检疫场、报检、隔离检疫、实验室检疫、出证和处理、监装、运输监管、离境检疫、资料归档等。

第二节 注册登记制度

注册登记制度是指出入境检验检疫机构依法对出境的动物及其产品和动物养殖场的资质、安全卫生防疫条件和质量管理体系进行考核确认，并对其实施监督管理的一项具体行政执法行为。其目的是从源头控制出口动物及其产品质量安全，破解国外贸易性技术壁垒，维护国家利益和形象，提高农产品在国际市场的竞争力。

随着对产品质量安全认识水平的不断深入，对出口动物养殖场及动物产品生产加工企业实施注册登记，这种管理手段被世界各国广泛认同并用于产品质量安全监管。中国的出口动物养殖场及动物产品生产加工企业注册登记工作起步较晚，进入20世纪90年代后，在我国进出口贸易快速发展和世界各国对动物及其产品质量安全要求不断提高背景下，我国出境动物注册登记制度工作才得以长足发展。

1996年原国家检验检疫局颁布实施的《进出境动植物检疫法实施条例》中明确规定，对输入国要求有要求的，口岸动植物检疫机关可以对出境动植物、动植物产品和其他检疫物的生产、加工、存放单位实行注册登记，明确了注册登记制度的法律地位，加快了出口注册登记制度的建设步伐。1997年，中国香港地区发生H5N1禽流感致人死亡事件，为防止H5N1禽流感病毒进一步向人类传播，香港特区政府提出输港家禽应符合相应的检疫卫生要求。1998年香港发生猪肺汤造成人中毒事件，香港特区政府对内地供港活猪提出了《供港生猪的检疫及出口监管安排措施》检疫卫生要求。此后，原国家出入境检验检疫局陆续制定并发布了供港澳活畜禽、水生动物等一系列检验检疫管理办法，明确对供港澳动物生产企业实施注册登记，形成了一套较为系统的供港澳动物质量安全控制体系。

注册登记制度的主要内容包括注册登记条件的确定、申请单位的考核批准和对获得注册登记资格企业的监督管理三方面。确定注册登记条件是注册登记制度的核心，有关检验检疫管理办法和规定都对注册登记条件作了明确规定，主要包含申请注册登记主体的资质、安全卫生条件、防疫条件以及以产品质量安全为核心的质量管理体系等内容。根据注册登记条件的不同，除企业需要提交不同的申请资料之外，注册登记的考核批准和监督管理程序大体相似，主要包括以下工作程序：

一、受理初审

拟申请注册登记的企业按照法律法规和有关管理规章的要求，向所在地检验检疫机构提交申请材料。

所在地检验检疫机构负责申请材料的受理、初审工作。对申报材料齐全并符合法定形式的，出具受理决定书；对材料不齐全或不符合要求的，一次性书面告知申请企业所需补正的全部内容，待申请企业补正申请材料后，做出是否受理的决定；材料不齐全或不符合要求，又不能补正的，将全部材料退回申请企业，出具《不予受理决定书》。

二、初审

受理申请后，所在地检验检疫机构组成考核小组，按照出境动物及其产品养殖场或生产、加工、存放单位注册登记考核的条件和要求，对申请单位报送的材料进行审核并对企业实地考核，需要抽样检测的，同时抽取有代表性的样品送检。考核小组审核和现场考核后将发现的不符合项记入考核记录表，并督促申请企业限期整改，考核结束后，出具考核报告上报直属检验检疫局。企业未按期完成整改的，视同撤回申请。

三、核查和批准

所在地直属检验检疫局收到受理单位提交的材料后，对申请材料和初审意见进行审核，并提出审核意见。必要时成立核查小组赴现场进行实地核查，将核查发现的不符合项记入考核记录表，并督促受理单位监督申请企业落实整改。核查结束后，出具核查报告。企业未按期完成整改的，视同撤回申请。

直属检验检疫局根据有关规定，对申请材料、现场考核结果，做出准予许可或不予许可的决定。准予许可的，颁发相应证书，需要上报备案的，按规定上报国家质检总局备案或由国家质检总局审核后统一公布；不予许可的，出具《质量监督检验检疫不予行政许可决定书》，并告知申请单位享有依法申请行政复议或者提出行政诉讼的权利。

四、监督管理

各直属检验检疫局按照有关规定，对获得注册登记资格的进出境动物生产企业实施监督管理，包括检查企业注册登记条件是否持续保持，企业建立的质量管理体系、安全防疫体系是否有效运行，抽查验证相关产品是否符合相关安全卫生标准等。同时，对取得注册登记资格的生产、加工和存放单位实施定期年审。

经过十多年的深入探索和实践，出境动物的注册登记制度不断完善。国家质检总局出台了供港澳食用动物相关的一系列检验检疫管理办法或规定，进一步固化和规范了出境动物生产企业注册登记工作。

从 2007 年开始，所有出口动物养殖企业均已被纳入注册登记管理，对注册登记的条件、批准程序和监督管理提出了明确要求。通过实施注册登记备案制度，实现了出口动物从养殖到出境的全过程控制，有效提升了产品质量安全，也一定程度上促进了出口生产企业产品质量主体责任的落实，使出口生产企业在发展中不断完善其质量管理能力，提升了产品安全质量。

第三节 分类管理制度

分类管理制度是以企业分类和产品风险分级为基础实施的出口企业及产品差别化检验检疫监管措施。分类管理的核心是运用风险分析原理，对出口产品进行风险分级，并以企业的生产规模、对产品质量控制能力和诚信程度等要素，对企业进行分类。对不同企业和不同产品采用不同出口抽查比例和监管方案，实施差别化管理，以引导企业树立产品质量安全主体责任和诚信经营意识，促进企业提升能力，诚实守信，自我完善，促进通关便利化。分类管理制度主要包含以下三个方面的内容。

一、企业评估分类

检验检疫部门根据企业信用状况，风险分析和关键控制点体系建立情况，生产管理和自检自控能力、产品质量状况、遵纪守法情况和人员素质等要素，对企业进行评估和分类。同时，根据日常监管等情况可对企业类别进行动态调整。通过正面激励引导和负面鞭策促动等措施，增强企业产品质量安全意识，提升企业自检自控能力和管理水平。

企业分类的依据之一是企业的诚信程度。2009 年，国家质检总局印发了《出入境检验检疫企业信用管理工作规范（试行）》和《出入境检验检疫企业信用管理操作指南（试行）》，为出口企业诚信管理体系建设奠定了基础,并进一步推进了企业诚信管理在出口企业分类管理中的应用。企业诚信制度就是根据相关信息要素,对进出口企业信用进行评价,并将评价结果在一系列检验检疫工作中加以运用的进出口企业管理制度。通过建立出口企业检验检疫信用等级评价体系,实施具体的可操作的信用评价考核措施和方法,引导企业自觉遵守有关法规。根据企业信用等级,检验检疫部门在受理报检、出口检验检疫和日常监管等各工作环节采取不同的措施。对信用良好的企业减少抽检、查验、监管频率,强化企业产品质量第一责任人的意识,促进企业形成自我管理、自我约束和自觉诚信经营。

一是采集诚信管理信息。诚信管理信息是实施检验检疫诚信管理的必要的基础,检验检疫机构通过出口动物企业信息登记(出口报检注册填报的企业基本情况、电子档案内容)、信息调查(实施检验检疫和实验室检测的结果、守法情况的检查记录、国内外客户的质量反映、企业获得的质量荣誉、不良行为、违规处罚记录等)、信息征询(获取海关、技监、工商等相关对外贸易关系人对企业的诚信记录信息)等方式,采集相关诚信信息,并进行整理、汇总、分析、评估,建立可供查询的外经贸企业诚信管理电子信息库。

二是进行诚信评级。诚信评级是以统计方法确定科学的指标体系和量化标准,对进出口企业的履约可信程度进行客观、公正的分析和判断,并运用明确的文字符号来标明等级的活动。目前,检验检疫机构根据日常采集的企业信用情况,将企业分为A、B、C、D四个信用等级。

三是应用管理。根据企业诚信等级,实施分级管理。A级企业重点支持,B级企业积极引导,C级企业加强监管,D级企业重点监管。同时,对严重失信企业采取即时布控、即时降级和列入黑名单等措施。按照守信受益、失信惩戒机制,根据信用等级评定结果,对不同级别的企业实行相应的检验检疫监督管理措施。

二、产品风险分析运用

运用风险分析原理,全面收集和分析出境动物及动物产品特性、贸易国别、历史质量状况等各种信息,以及其可能性携带的有害生物和有毒有害物质,按照一定的程序进行风险评估,评价并确定风险项目等级。风险评估结果将直接用于日常监管、风险监控和企业自检自控,以提高产品质量安全控制的针对性和科学性。

三、确定检验检疫监管方案

根据综合产品风险等级和企业分类情况,对不同类别企业、不同风险等级产品确定不同的监管频次和检验抽批比例,辅以差别化的安全风险监控,将产品风险控制在适当保护和可接受水平。

分类管理制度的实施,提升了出境检验检疫监管工作的系统性、科学性和有效性。通过科学确定产品风险和级别,有针对性地采取检验检疫监管措施,从而提高了把关的科学性和检验检疫资源的利用效率,并将有限的检验检疫力量投入到关键环节、重点风险上,有效提高产品把关水平。对企业进行以分类为核心的差别化管理,增强了企业主体责任意识,促进企业主体责任落实。针对不同产品和不同企业,采用不同检验抽批比例,对于管理好的企业,大大缩短了放行时间,促进了通关便利化。

第四节　出口查验制度

出口查验制度是出境检验检疫机构对经产地检验检疫合格后的出口动物，在出境口岸依法实施现场查验并进行合格评价的检验检疫管理制度。旨在保证出口动物安全质量，防止动物疫情疫病的传出和扩散，维护正常的出口贸易秩序。

1982年，国务院颁发了《进出境动植物检疫实施条例》，规定出口动物由产地和口岸动植物检疫机关落实检疫，并签发检疫证书。货物运至出境口岸时，口岸动植物检疫机关查证、换证或重验后出证，这是首次明确要在出境口岸执行出口查验的具体内容。2000年，原国家出入境检验检疫局出台了《出境货物口岸查验规定》，该规定明确指出，对出口货物实行产地检验检疫、口岸查验放行制度，旨在保证出口货物检验检疫工作质量，缓解口岸工作压力，节省通关时间。口岸查验制度是出口检验检疫把关最后一个环节，具体包括申报、现场查验、检疫处理、出证与放行等一系列检验检疫工作程序。

一、申报

经生产加工地、启运地检验检疫机构检验检疫合格的出境货物，货主或者其代理人应当在有效期内向出境口岸检验检疫机构申报查验。

二、现场查验

口岸检验检疫机构对出口动物实施口岸查验和放行。口岸查验包括验证放行和核查货证两种方式。实施验证放行的，由检务人员逐批核查相关单证的真实性和有效性，相关单证真实有效的，直接予以验证放行。实施核查货证的，口岸检验检疫机构派人对出口货物进行现场核查。主要核查检验检疫封识是否完好，是否与《出境货物换证凭单》一致；货物唛头、标志、批次编号等包装标记是否完好，是否与《出境货物换证凭单》一致；货物外包装是否完好。核查符合要求的，予以放行。出口活动物必须逐批核查货证的货物，供港澳水生动物则实施验证放行。

三、检疫处理

出境货物经核查货证不符合要求的，作相应的检疫处理。货物加施检验检疫封识不符合要求的，依照检验检疫封识管理规定处理；货物外包装标记不符合要求的，依照检验检疫有关规定处理，或者依照《出入境检验检疫报检规定》重新报检；出现非疫病死亡动物的，责令发货人整理。经整理符合检验检疫要求的，给予放行。

四、出证与放行

出境动物经核查货证符合要求，临床检查合格的，施检部门填写出境货物查验记录，送检务部门签发《出境货物通关单》。

第五节　溯源管理制度

　　溯源管理制度是建立从生产环节、出口环节到消费市场全过程的质量安全可追溯体系，实现对动物供应体系中产品构成与流向等信息以及文件记录可追溯。动物可追溯系统是控制动物质量安全有效的手段。可追溯管理体系的建立、数据收集，应包括从原材料的产地信息、动物的饲养过程、直到终端用户各个环节。该制度的建立和实施，是解决动物安全问题的有效途径，也是确保动物质量安全、维护消费者权益的有力手段。

　　溯源管理制度的核心内容主要包括建立唯一可识别的溯源信息、加施出口动物标记或标识、建立可追溯完整数据链三个方面。

一、可识别的溯源信息

　　2004年，国家质检总局制定了《出境水产品追溯规程（试行）》，开始对出境农产品食品进行溯源管理。该规程明确了出境水产品应建立生产批次管理制度，确保出境养殖水产品的安全卫生质量及其可追溯性。在产品出现不合格时，通过产品识别代码，实现从成品到原料每一环节的可追溯。此后，在国家质检总局制定的相关出境农产品食品管理规定中，都对产品溯源提出了明确的要求，以实现对出口产品溯源和对不合格产品的召回。

二、加施出口产品标记或标识

　　1999—2000年，国家出入境检验检疫局陆续发布了《供港澳活牛检验检疫管理办法》《供港澳活羊检验检疫管理办法》《供港澳活猪检验检疫管理办法》和《供港澳活禽检验检疫管理办法》。这些管理办法均对供港澳活动物的溯源追踪管理作了具体规定。如要求对供港澳活猪在两侧臀部加施带有注册信息的针印，对供港澳活牛羊在左耳加施印有全国统一流水号的耳牌，通过针印和耳牌携带的信息，识别确认动物来源注册饲养场；要求供港澳活禽的运输工具必须加施检验检疫封识，并在《动物卫生证书》中注明封识编号。

三、建立可追溯完整数据链

　　为实现出境动物的快速溯源追踪管理，各直属检验检疫局积极探索，大胆创新，采用无线射频识别技术（Radio Frequency Identification，RFID）和二维码技术等现代信息技术手段对出境活动物个体进行身份标识和身份认证，完善了出境动物检验检疫信息溯源管理系统，建立了动物个体身份信息数据库，实现了溯源管理的信息化和自动化。如，2006年以来，广东检验检疫局研制了基于RFID的电子耳标，建立了供港澳食用动物电子耳标信息监管系统，并与香港、澳门特区政府有关部门联合试点应用。江苏检验检疫局在出口大闸蟹中推广二维码身份标识；江西检验检疫局对供港澳活猪纹耳技术进行了深入研究。

　　为推进和规范产品溯源管理，在借鉴欧盟国家经验的基础上，中国相关行业相继制定了相关指南和标准，切实有效地推动了中国农产品食品质量安全追溯工作的顺利开展。建立出口动物可追溯体系不仅能为人民群众提供优质安全的动物，也是为应对国外针对食品安全追溯而设置的贸易技术措施，为提高中国农产品在国际市场上的竞争力起到了重要作用。

第六节　供港澳食用活动物检疫

20 世纪 60 年代初，为改变港澳地区鲜活农产品长期依赖国外进口的困境，保障港澳地区生活物资的足量稳定供应，经周恩来总理亲自批准，由当时的铁道部、外贸部联合开辟供应港澳市场鲜活商品的快运列车，简称"三趟快车"，从内地源源不断调运鲜活商品供应港澳，举全国之力，保障港澳市场农副产品的长期稳定供应。随着高速公路运输的发展，2007 年底火车运输供港活畜的模式完全被公路运输取代，但是中央政府对供港澳鲜活商品的重视和支持却是一以贯之，并且已成为一项基本国策。目前，内地仍是港澳地区食用活动物的主要来源地，以 2013 年为例，内地供港澳活猪 167 万头，活牛 2.2 万头，活鸡 794 万只，总货值 5.2 亿美元，占到了港澳两地消费市场供应量的 90%。

一、供港澳食用活动物检疫取得的成就

自 1962 年"三趟快车"开通以来，特别是 1997 年香港回归后，内地检验检疫部门始终认真履行作为供港澳活动物检验检疫监管部门的职责，认真落实中央战略部署，坚持把关与服务相结合，坚持自身能力提高与各有关部门协作相结合，积极探索，不断完善，建立了一系列行之有效的供港澳活动物检验检疫质量安全监管长效机制，经受住了各种突发事件的考验，保障了港澳市场活动物的质量安全和稳定持续供应，有力地维护了港澳地区社会稳定和市场繁荣，得到党中央、国务院充分肯定，也获得港澳社会的普遍认可。2012 年 6 月 21 日，时任香港食物与卫生局局长周一岳表示，三十多年来，内地供港食品农产品的安全率达到了 99.999%，这在全世界都是很难得的。

一是出台了系列法规和技术性标准。自 1999 年起，国家出入境检验检疫局及国家质检总局先后陆续出台了《供港澳活羊检验检疫管理办法》（国家出入境检验检疫局令第 3 号）、《供港澳活牛检验检疫管理办法》（国家出入境检验检疫局令第 4 号）、《出口食用动物饲用饲料检验检疫管理办法》（国家出入境检验检疫局令第 5 号）、《供港澳活禽检验检疫管理办法》（国家出入境检验检疫局令第 26 号）、《供港澳活猪检验检疫管理办法》（国家出入境检验检疫局令第 27 号）和《供港食用动物及动物产品药物残留控制的有关规定》（国家质量监督检验检疫总局公告 2003 年第 85 号）等一系列管理办法，以及一系列配套的监控检测标准，实施了注册登记、日常监管、防疫免疫、疫情监测、残留监控、检验检疫、溯源管理、隔离检疫、运输监管、离境查验等制度，建立了从养殖源头到离境口岸全过程监管体系，全面规范了供港活动物检验检疫和监管工作，使供港澳活动物检验检疫和监督管理逐步步入了制度化、规范化、科学化的轨道，有效保证了供港澳活动物的健康安全和正常供应。

二是建立了检疫和安全风险监控机制。1997 年人感染禽流感事件发生后，内地检验检疫部门一直坚持对供港澳活禽实施 H5N1 禽流感逐批检测，对口蹄疫、猪瘟等疫病实施疫情定期监控。1998 年香港"猪肺汤"中毒事件发生后，又在全国供港澳活动物中实施了"瘦肉精"等"8+37"（即 8 种禁用药物、37 种限用药物）药物残留监控。近几年，国家质检总局又引

入风险管理理念，建立了供港澳食用动物安全风险监控计划，根据不同动物养殖方式、药残风险程度高低，通过科学确定重点监控和一般监控项目，明确监控范围和频率，针对性地对供港澳活动物疫病、药物残留、有害元素残留等实施风险监控。时至今日，供港澳活动物以疫病疫情监测、安全风险监控、出口前重点项目检测三位一体的质量管理机制已基本形成。

三是形成了协同把关工作机制。一直以来，内地检验检疫部门密切与有关部门的沟通合作，努力维护供港澳活动物的正常供应和质量安全。一是不断加强与港澳有关部门就供港澳农产品检验检疫和质量安全合作，完善了法律法规、标准、信息等领域的沟通磋商机制，健全了每年一度的"粤港澳深珠五地会议"和联络员制度，加强了两地专家的技术交流和管理人员的对话、互访，开创了两地合作的新局面；二是与内地商务部门建立了良好的合作关系，2006年双方签署合作备忘录，共同实施"供港澳农产品检贸合作机制"，加强了政策协调、信息通报和突发事件应对方面的合作，沟通联系渠道稳定畅通，协同保供作用更加明显，保证了港澳市场活动物的正常供应；三是进一步加强了与农业、海关、边防、公安、港澳办等部门的合作，在疫情防控、风险预警、打击走私、提高通关效率等方面始终保持密切的协作关系；四是检验检疫系统内部口岸局与产地局之间的合作越来越紧密，工作配合越来越默契，系统把关作用越来越有效。

四是探索应用了电子化管理。自2003年，国家实施"大通关"战略以来，国家质检总局主动适应形势需要，大胆探索创新，采取了一系列措施优化通关环境，加快通关速度，降低企业成本，大力推进电子监管系统工程。各地检验检疫机构也在质检总局的统一部署下，在电子化监管方面进行了大胆的尝试。如近年来，相关直属检验检疫局先后在供港澳活禽电子监管系统建设、视频监控系统应用研究、供港澳食用动物电子耳标开发应用、RFID溯源技术系统研究、二维码标识技术应用研究等方面进行了积极的探索研究，并积累了丰富的实践经验。

五是成功应对了各类突发事件。国家质检总局通过发布《进出境重大动物疫情应急处置预案》和《进出口农产品和食品质量安全突发事件应急处置预案》，进一步完善突发事件应对机制，进一步提高对复杂局面应对能力。在供港澳活动物检验检疫方面，过去几年，先后妥善应对了高致病性禽流感、口蹄疫、猪链球菌病、猪甲型H1N1流感、三聚氰胺和孔雀石绿等一系列重大动物疫病疫情和食品安全突发事件，避免了负面影响，把外贸的损失降至最小。特别是面对全球爆发的高致病性禽流感，消费者谈鸡色变，内地活禽供港澳受阻的不利情况，面对2008年春节期间发生的南方"冰冻灾害"，活动物供港澳出现困难从而引起广泛关注的复杂局面，内地检验检疫部门在处置突发事件方面，始终站在最前沿，积极应对，主动作为，妥善处置，一次又一次化解了危机，保证了港澳市场供应，维护了港澳特区稳定。

二、供港澳食用活动物检疫的基本程序

（一）注册登记

检验检疫机构对供港澳活动物饲养场、中转仓实施注册管理。供港澳活动物饲养场、中转仓必须向所在地直属检验检疫局申请注册登记。未经注册登记的饲养场、中转仓的活动物不得供应港澳。供港澳活动物饲养场和中转仓必须满足国家质检总局制定的《供港澳活猪注册饲养场的条件和基本卫生要求》《供港澳活牛育肥场动物卫生防疫要求》《供港澳活牛中转仓动物卫生防疫要求》《供港澳活羊中转场动物卫生防疫要求》《供港澳活禽饲养场动物卫生基本要求》等设定的基本条件。各直属检验检疫局负责供港澳活动物饲养场、中转仓的注册申请受

理、考核、批准、年审等工作。

（二）检疫监管

注册场所在地检验检疫机构监督注册场成立动物防疫领导小组并明确其职责；建立和完善饲养管理制度、疫情报告制度、卫生防疫制度、饲料使用管理和药物使用管理等制度。定期或不定期对注册场、中转仓实行巡查监管，重点检查兽医卫生条件、疫病发生及防治情况、药物使用情况、免疫注射情况、饲料和饲料添加剂使用情况等，并填入《管理手册》。检验检疫机构还需要根据国家质检总局要求，并结合供港澳活动物注册饲养场及其所在地区动物疫情流行实际，制定并落实疫病监测计划。根据国家质检总局下发的年度《进出口食用农产品和饲料安全风险监控计划》，各直属检验检疫局还应结合当地实际，制定并落实供港澳活动物安全风险监控计划。

（三）受理报检

货主或其代理人须在供港澳活猪出场7d前、供港澳活牛羊出场前7~10d，向所在地检验检疫机构申报出口计划；须在供港澳活畜起运48h前、活禽供港澳5d前，向其启运地检验检疫机构报检。检验检疫受理报检后，供港澳注册场的注册登记号，确认动物是否来自注册场。

（四）隔离检疫

供港澳活畜气启运前应在隔离场隔离检疫7d，供港澳活禽须在启运前隔离5d天。在供港澳活畜禽隔离期间，检验检疫机构派员对动物进行临床检查，并检查动物免疫情况和用药情况，对家禽还须采样进行H5亚型禽流感检测。经隔离检疫合格的活动物方准允许供港澳。

（五）检疫出证

经检验检疫合格的活动物，检验检疫机构出具《动物卫生证书》（活猪有效期14d；活牛羊有效期广东省内3d，长江以南其他地区6d，长江以北地区7~15d；活禽有效期3d）、《出境通关单》或《出境货物换证凭单》，准予出境。检验检疫不合格的，出具《检验检疫处理通知书》，不准出境。

（六）监装

检验检疫机构对供港澳活动物实行监装制度。确认供港澳活动物来自注册场并经隔离检疫合格；临床检查无任何传染病、寄生虫病症状和伤残情况；运输工具及装载器具经消毒处理，符合卫生要求；核定活动物数量；检查针印或耳牌加施情况；对供港澳活禽的运输工具还须加施检验检疫封识，并在《卫生证书》中注明封识编号。

（七）离境口岸检验检疫

供港澳活动物的货主或其代理人须在动物离境前，向离境口岸检验检疫机构申报，提供启运地检验检疫机构出具的《卫生证书》《出境货物换证凭单》。受理申报后，离境口岸检验检疫机构派员对供港澳活动物实施现场查验，包括临床检查、检查标识（针印、耳牌、铅封等）、核查货证是否相符。经离境口岸检验检疫查验合格的，检验检疫机构在启运地检验检疫签发的《动物卫生证书》上加签出境日期、实际出境数量，签名并加盖检验检疫专用章。对于临床检查不合格的动物予以剔除，死亡动物作无害化处理；发现重大或疑似重大动物疫情的，按照《进出境重大动物疫情应急处置预案》规定处理。

第九章
进出境旅客携带物检疫监管制度

进出境旅客携带物、邮寄物检疫工作（以下简称"进出境旅邮检工作"）进出境动植物检疫工作的重要组成部分，是保护国门生物安全、经济安全和国家安全的重要手段。开展进出境旅邮检工作既是依法行使国家主权的体现，又是国际通行的惯例。进出境旅邮检工作在严防动植物疫情疫病和外来有害生物传入、保护我国生物物种资源的同时，也为增进我国与国际社会信息交流、文化交融和贸易往来提供了有力保障。

中国的进出境旅邮检工作最早始于 1934 年，当时的国民政府已经开展进出境邮检工作，并充分认识到这一工作领域对于社会经济发展的重要意义。新中国成立后，随着国家对外交往的逐步恢复，进出境旅检工作也于 1954 年开展起来。虽然此后进出境动植物检疫工作历经多个部门主管的变更，但进出境旅邮检工作却始终作为一项重要工作内容得以向前发展。

随着经济全球化不断深入，国际交往更加频繁，跨境电子商务和现代物流业共同呈现出快速发展的局面，中国进出境旅客和邮包数量急剧增长。进出境旅邮检工作经过几代人的探索和努力，已基本建立了以检疫人员、X 光机和检疫犬的现场查验为主线，以广泛的普法宣传和公民教育为依托，以人才培养和协作机制为支撑的工作局面，在各口岸构建起一道坚实的国门生物安全防线。

第一节 进出境旅客携带物检疫

进出境旅客携带物检疫（以下简称"旅检"），是指对出入境旅客（包括享有外交、领事特权与豁免权的外交代表）和交通工具员工以及其他人员所随身携带以及随所搭乘的车、船、飞机等交通工具托运的物品和分离运输的物品所实施的检疫监管。

一、制度背景

国际上开展进出境旅检始于第二次世界大战后，由于交通运输业迅速发展，国际人员来往增多，为防止动物传染病、寄生虫病和植物检疫性有害生物通过旅客行李携带入境，美国、加拿大、新西兰、澳大利亚等经济发达国家率先开始对进境旅客的行李物品实施动植物检疫，制定了严格的法律法规并一直沿用至今。在澳大利亚，如果进境旅客没有申报或投弃所携带的禁止进境物，被查出后当场即会被罚款220澳元，情节严重时，会被检控并罚款6万澳元以上。在美国，即便从夏威夷回到美国本土的旅客也必须接受检疫查验，以防止携带违规的农产品。在新西兰，对未完整、正确申报的旅客和寄件人，会处以约合2000元人民币起的罚款，拒绝缴纳罚款者，将在未来提交签证申请时被拒绝入境，对故意携带禁止入境的动植物及其产品的旅客，不仅将面临5年牢狱生活，还会被处以最高约合50万元人民币的巨额罚款。

中国的进出境旅检工作始于1954年，当时的中央人民政府对外贸易部公布了《输出输入植物检疫暂行办法》，广州港、安东（现丹东）国际列车站、江桥汽车站、北京西郊机场等相继在海港口岸、陆路口岸、空港口岸开展了对入境植物及植物产品的执法查验工作。1956年对外贸易部要求各口岸商检局按照《安东口岸旅客携带输入植物检疫办法（草案）》对入境旅客携带的种子、苗木、水果实施检疫，标志着旅客携带物的动植物检疫工作正式在全国展开。1959年，由于中国香港爆发口蹄疫，广东省农业厅建立深圳、拱北、东兴（现划归广西）3个国境兽医检疫站开展对进出境动植物及其产品的执法查验工作。1982年，在国务院颁布的《进出口动植物检疫条例》中，旅客携带物的检疫监管被单独列为一章，并明确规定旅客携带动植物和动植物产品进境时，必须接受检疫。1992年实施的《进出境动植物检疫法》对进出境旅检工作进行了详细规定。随后，转基因生物和濒危野生动植物被先后加入到进出境旅检监管范畴。2009年，国家质检总局在动植司专门成立旅邮检监管处负责统筹管理全国各口岸的进出境旅检工作，进出境旅检工作从此驶上了加速发展的快车道。

近年来，先后制修订并发布了《中华人民共和国禁止携带、邮寄进境的动植物及其产品名录》和《出入境人员携带物检疫管理办法》两部重要法规，检疫查验流程日趋规范，执法把关效能不断提升，其在保护农业生产和生态环境方面的巨大作用正迅速凸显并越来越受到社会公众的认可与关注。

二、主要内容

1. 法律依据

中国进出境旅检工作的法律依据主要《中华人民共和国进出境动植物检疫法》及其实施条例、《中华人民共和国国境卫生检疫法》及其实施细则、《中华人民共和国濒危野生动植物进出口管理条例》《农业转基因生物安全管理条例》《出入境人员携带物检疫管理办法》《中华人民共和国禁止携带、邮寄进境的动植物及其产品名录》等，法规体系日益完善，为口岸更加严格和有针对性地开展检疫监管工作提供了法律依据。

2. 查验手段

各口岸已建立并逐步完善了进出境旅检工作的"人－机－犬"综合查验体系，检验检疫机构利用这一查验体系在交通工具、人员出入境通道、行李提取或者托运处等现场，对进出境人员携带物进行现场检查。其中，"人"即检疫人员，负责接受出入境人员的主动申报并实施现场检疫，同时对可能携带动植物及其产品的出入境人员进行抽检。"机"即X光机，依据国家质检总局与海关总署2005年所签订的合作备忘录，旅检口岸的X光机查验采用"一机两屏"工作模式，以实现海关、检验检疫执法人员同时监控X光机采集的旅客行李物品图像，实现双方对X光机物理图像的信息共享，检疫人员可指定过机查验对象，并可根据需要提高过机比例。"犬"即检疫犬，自 2001 年国家质检总局率先在首都机场应用检疫犬开展查验工作以来，目前已有 21 个直属检验检疫局配备了 212 条检疫犬用于检疫执法工作。

3. 工作流程

（1）检疫审批　　携带动植物、动植物产品入境需要办理检疫审批手续的，应当事先向国家质检总局申请办理动植物检疫审批手续。其中，携带植物种子、种苗及其他繁殖材料入境，因特殊情况无法事先办理检疫审批的，应当按照有关规定申请补办。因科学研究等特殊需要，携带禁止进境物品入境的，应当事先向国家质检总局申请办理动植物检疫特许审批手续。对于《中华人民共和国禁止携带、邮寄进境的动植物及其产品名录》所列各物，经国家有关行政主管部门审批许可，并具有输出国家或者地区官方机构出具的检疫证书的，可以携带入境。

（2）申报　　当出入境人员携带以下物品时，应当申报并接受检验检疫机构检疫，主要包括：入境动植物、动植物产品和其他检疫物；出入境生物物种资源、濒危野生动植物及其产品；出境的国家重点保护的野生动植物及其产品；出入境的微生物、人体组织、生物制品、血液及血液制品等特殊物品；出入境的尸体、骸骨等；来自疫区、被传染病污染或者可能传播传染病的出入境的行李和物品；国家质检总局规定的其他应当向检验检疫机构申报并接受检疫的携带物。

（3）现场检疫　　现场检疫的工作内容包括：对申报单及随附材料的审核，对申报物品与实际情况的核对，按照审批单和相关法律规定的要求对携带物进行检查，对无需事先审批但必须检疫进境的物品进行检查，辨别携带物是否带有植物疫情、动物疫病，检查携带物的包装、铺垫材料是否符合检疫要求等。若发现旅客携带植物种子、种苗及其他繁殖材料进境，则需检查是否随附《引进种子、苗木检疫审批单》或《引进林木种子、苗木和其他繁殖材料检疫审批单》；若发现旅客携带应当办理检疫审批或动植物检疫特许审批的物品进境，则需检查是否随附国家质检总局签发的检疫许可证和其他相关单证；若发现旅客携带宠物（携带入境的活动物仅限犬或者猫，并且每人每次限带 1 只进境），则检查是否随附输出国家或者地区官方动物检疫机构出具的有效检疫证书和疫苗接种证书；若发现携带农业转基因生物进境，则检查是否随附《农业转基因生物安全证书》和输出国家或者地区官方机构出具的检疫证书等。

检验检疫机构开展出入境人员携带物检查的场所，既包括交通工具和人员的出入境通道，也包括行李提取处和托运处等。交通工具是指飞机、轮船、火车、汽车、自行车、手推车等任何载有出入境人员或其携带物的运输工具。例如，在一些陆路口岸，入境人员乘坐客车进境的，检验检疫机构可以在客车进境通道上直接登车检查；在空港口岸，检疫犬可以在行李提取转盘上进行嗅查。

检验检疫机构工作人员可以要求查看出入境人员的旅行证件（含交通工具员工的工作证），询问其始发、中转、目的地以及携带物的情况，还可以随机抽取出入境人员，或抽取某一出入境人员的某件行李进行检查，有必要时还可以要求出入境携带物不属于检疫禁止进境物，经现场检疫合格且无需作进一步实验室检疫、隔离检疫或者其他检疫处理的，可以当场放行。

（4）截留与处理　　携带物有下列情形之一的，检验检疫机构依法予以截留：需要做实验室检疫、隔离检疫的；需要作检疫处理的；需要作限期退回或者销毁处理的；应当提供检疫许可证以及其他相关单证，不能提供的；需要移交其他相关部门的。

截留期限由检验检疫机构视物品检疫情况裁定，不超过自做出截留决定当日起的 7 个自然日。例如，对新鲜水果、冰鲜水产品等易滋生有害生物或易腐变质的物品，检验检疫机构做出限期退回裁定时，可根据物品保存情况，要求立即退回或3d内退回或短于7d决定。需要进行实验室检疫和隔离检疫的，检疫时间依照有关规定执行，不计在截留期限内。

检验检疫机构将依据截留携带物的种类选择处理方式。

部分携带物经现场检疫后仍需移交实验室作进一步的检疫性有害生物、装有疑似松材线虫等病害症状的；入境栽培介质有必要"确认是否与审批时所送样品一致"的；携带物中发现疑似《中华人民共和国进境植物检疫性有害生物名录》所列有害生物或其病害症状的；进境转基因产品需要实施转基因项目符合性检测的；进境物被列入实施标识管理的农业转基因生物目录，但申报是非转基因的，需要进行转基因项目抽查检测。

入境宠物经临床检疫后，需要移交指定的动物隔离场进行为期30d的隔离检疫。在收集近年来184个国家和地区的狂犬病疫情资料的基础上，参照世界先进管理模式，目前对入境宠物隔离检疫采取分类管理：对来自狂犬病发生国家或者地区的宠物，在检验检疫机构指定的隔离场隔离检疫30d；对来自非狂犬病发生国家或者地区的宠物，在检验检疫机构指定隔离场隔离7d，经实验室检测合格后，其余23d可在检验检疫机构指定的其他场所隔离。而对携带宠物属于工作犬，如导盲犬、搜救犬等，如果携带人提供相应专业训练证明的，可以免予隔离检疫。

旅检现场一般设有相对封闭的截获物暂存场所或容器，部分口岸还配置了小型微波除害处理设备、高压灭菌销毁设备、除虫剂、有害生物引诱装置以及专门的转运车辆等。

对截获物的处理，大部分旅检口岸均有明确的工作规范和岗位职责，对检疫过程中形成的书面材料整理归档，有的口岸还保留了影像记录。规范的管理制度、严密的处理程序和多重的监管手段，保证了旅检现场处理截留物品的有效性，消除了有害生物逸散的风险。

4. 工作督查

国家质检总局动植物检疫监管司负责统筹全国旅检口岸的管理，为及时掌握各口岸进出境旅检工作的开展情况，收集来自一线检疫人员的意见和建议，不定期选派系统内专家开展全国进出境旅检工作的督查。以2011年为例，共选派18名专家组成6个督察组，分赴62个旅检口岸，对18个业务量较大的直属检验检疫局进行了旅检专项督查。通过前期自查交叉督查、总结意见、书面反馈和评估改进，解决了一批影响旅检工作效率、制约把关成效的问题。督查过程中不仅发现了薄弱环节，更发现了许多值得推广的好经验好方法，督查本身促进了全国旅检口岸的交流与相互学习。

三、 效果及发展趋势

经过多年发展及几代旅检管理和一线检疫人员的不懈努力，进出境旅检工作取得了诸多成效。

一是查验体系趋于完善。通过"人-机-犬"综合体系的建立，实现了对多种查验手段的综合利用，在为旅客提供进出境通关便利的同事、有效减少了逃漏检现象的发生、提离了禁止进境物的检出率，同时也实现了与世界先进水平的接轨和同步。以2012年为例，我国225个旅检口岸共查验进出境旅客4.31亿人次，同比增长超过6%，从中截获各类禁止进境物34.3万批次，发现有害生物3.1万批次。

二是把关效能不断提升。旅检口岸截获的有害生物种类数从集中在芒果象甲等少数几种，发展到目前已达上百种，如地中海实蝇、辣椒实蝇、小南瓜实蝇、纳塔尔实蝇、香蕉穿孔线虫、鳞球茎茎线虫、马铃薯金线虫、谷斑皮蠹、苹果蠹蛾、菜豆象、四纹豆象、咖啡果小蠹、假高粱等，涵盖《中华人民共和国进境植物检疫性有害生物名录》中列明的具有严重危害的植物病、虫、杂草。截获有害生物不仅种类数上升明显，种次数也显著增加。以2012年为例，全国旅检截获有害生物种次数同比增长40%。

三是法律体系日臻完善。及时梳理现有法律体系，针对明显不适应当前社会经济发展的现行法律法规，组织业务骨干着手修订。历时五年，先后重新制定了《中华人民共和国禁止携带、邮寄进境的动植物及其产品名录》，修订发布了《出入境人员携带物检疫管理办法》。同时，注重经验的总结，汇集各口岸执法把关过程中的先进经验和成熟做法，编辑印发了多本进出境旅客携带物检疫典型案例。上述工作不急于求成，而是扎扎实实稳步推进，开创了目前旅检执法依据愈加清晰、执法水平显著提高的良好局面。

同时，也应该清醒地看到，我国旅检工作与发达国家相比还存在很大提升空间，今后的发展主要有以下两方面：

一是善用风险分析，调配有限资源，通过累积多年截获数据，将所有进出口航班和海运往来的国家和地区细分成不同的风险等级、对截获率较高，检疫风险较大的国家和地区重点进行查验、将检疫人员、检疫犬的工作组合模式进行合理分配，使有限的人力物力资源实现效率最大化。

二是推进分类管理，实现奖罚分明。从法律上确立主动申报、完整申报和正确申报的正面效益，对瞒报、藏匿、逃检、屡犯等恶劣行为应有不同于疏忽违法的严厉罚则。设立激励机制，发动广大群众参与监督、积极举报、协助执法。

第二节　进出境邮寄物检疫监管制度

进出境邮寄物检疫（以下简称"邮检"）是指对邮政渠道进出境的邮寄物所进行的检疫监管。

随着现代物流业和电子商务的飞速发展，为我国与国际社会信息交流、文化交融和贸易往来提供了新的发展契机和空间的同时，也给我国生态环境、公共卫生带来前所未有的风险和威胁。国际邮路作为重要的商品流通和文化交流手段，正日益成为各类有害生物、疫情疫病、禁止进境物和生物恐怖的重要传播途径。邮检工作在严防疫病疫情的传入传出，应对各种突发性公共卫生事件和恐怖事件中，正发挥着越来越重要和不可替代的作用。

邮寄物往往具有质量小、批次多、来源广、种类杂等特点，且由于无法像旅检那样同携带人面对面交流，准确查验难度大，邮检执法把关的效能依赖于整个监管制度的有效建立和运转。据万国邮联的统计，目前全世界邮政每年投递的国际信函86亿封，邮包34亿件，平均每天投递国际信函2400万封，邮包1000万个。我国进境邮包数年均增长率超10%。此外，电子商务的崛起和网络支付渠道的便捷，使跨境网购成为主流消费行为，成千上万的网购物品搭乘邮包，源源不断从世界各地发往中国，极大地增加了进出境邮寄物检疫监管难度。

一、制度背景

国外的邮检工作历史已逾百年。1999年美国发布了"防御外来有害生物总统令"，成立专门的"防御外来有害生物委员会",其成员囊括国务院以及农业、贸易等10多个相关部门的第一负责人。尤其在"9.11"事件后,为应对国际恐怖主义袭击,美国、欧洲、日本等国家和地区相继加强邮检工作。

中国的进出境邮检工作最早可追溯到1934年。国民政府于1934年10月6日发布《实业部商品检验局植物病虫害检验施行细则》,首次对邮检工作明确了要求。新中国成立后,1954年对外贸易部公布的《输出输入植物检疫暂行办法》第七条规定:"凡规定应施检疫之输入植物,由邮局寄递进入国境者,亦须经商品检验局施行检疫,经核准放行后,始得提取"。同年又颁布《邮寄输入植物检疫补充规定》,规定了具体应实施检疫的植物及其产品范围、发现不合格情况的处置措施及开展邮寄物检疫的程序,并规定邮寄输入植物必须经输出国政府施行检疫,取得植物检疫证书,将该证书与植物一同妥封于邮件内。该补充规定的颁布执行为输入邮寄植物及植物产品的检疫提供了执法依据,并为邮寄植物检疫的健全和发展奠定了基础。

1992年和1996年先后发布实施的《中华人民共和国进出境动植物检疫法》及其实施条例以专门章节对进出境邮寄物检疫工作进行了规定。2001年,国家质检总局、国家邮政局共同制定了《进出境邮寄物检疫管理办法》,对进出境邮寄物检疫的管理进行了细化和规范。2009年新修订实施的《中华人民共和国邮政法》第三十一条明确规定,进出境邮件的检疫由进出境检验检疫机构依法实施。

近年来,随着国家改革开放政策的不断深入推进以及电子商务的迅速,邮包内含物的范围得到了极大的扩展,尤其是在城市宠物热的带动下,一些诸如活体昆虫、活蜘蛛、活蝎子、植物植株等禁止进境物纷纷试图通过邮路渠道闯关进境。农业部、国家质检总局于2012年联合发布《中华人民共和国禁止携带、邮寄进境的动植物及其产品和其他检疫物名录》,另外国家质检总局就进一步加强邮检工作提出了健全制度、规范程序、强化措施、明确责任、严格管理的具体要求。

2013年对于进出境邮检工作是一个具有里程碑意义的年份,首次专题性质的会议,"全国进出境邮寄物检疫监管工作会议"于4月在江苏南京召开,国家质检总局副局长魏传忠在会议上的讲话为今后一段时期邮检工作的发展指明了方向。

二、主要内容

1. 法律依据

我国进出境邮检工作的法律依据主要为《中华人民共和国进出境动植物检疫法》及其实施条例、《中华人民共和国国境卫生检疫法》及其实施细则、《中华人民共和国濒危野生动植物进出口管理条例》《农业转基因生物安全管理条例》《中华人民共和国禁止携带、邮寄进境的动植物及其产品名录》《进出境邮寄物检疫管理办法》等。

2. 查验手段

从最初的人工审核邮件面单,邮检查验手段不断丰富,现已建立起了"人-机-犬"综合查验体系。对于目前全国多数邮检口岸,"人"即检疫人员仍然是最主要的查验手段。邮检工作人员通过对重点地区邮包面单的重点审查以及对其他地区邮包面单的随机审查来判断邮包的检疫风险,并在邮政工作人员的协助配合下,对可疑邮包进行开封查验。X光机在邮检现场存在多种配备方式,其中江苏、深圳、四川、河南检验检疫局先后配备了X光机,用于邮检查验;上海、福建检验检疫局与海关实施了"一机双看";广东检验检疫局与海关实行一次过机、一次开拆、一次检查的"三个一"查验模式,及时发现问题,及时协商解决,上述做法均取得了积极的成效。检疫犬在邮检工作现场的全面应用得益于 2011 年"首届全国质检系统检疫犬技能大查验赛"的成功举办,其高效率的查验使众多直属局在大赛结束后积极推进检疫犬在邮检现场的应用。此前,江苏、广东、上海检验检疫局等都已相继使用检疫犬查验邮包,取得了较好的效果。

3. 工作流程

(1) 检疫审批　邮寄动植物、动植物产品入境需要办理检疫审批手续的,应当事先向国家质检总局申请办理动植物检疫审批手续。其中,邮寄进境植物种子、苗木及其繁殖材料,收件人须事先按规定向有关农业或林业主管部门办理检疫审批手续,因特殊情况无法事先办理的,收件人应向进境口岸所在地直属检验检疫局申请补办检疫审批手续;邮寄进境植物产品需办理检疫审批手续的,收件人须事先向国家质检总局或经其授权的进境口岸所在地直属检验检疫局申请办理检疫审批手续。邮寄《中华人民共和国禁止携带、邮寄进境的动植物及其产品名录》所列产品的,收件人须事先申请办理检疫审批手续。

(2) 现场检疫　现场检疫以《中华人民共和国禁止携带、邮寄进境的动植物及其产品名录》为主要执法依据,一般包括邮检工作人员对邮包面单的审核和检疫犬、X 光机对邮包的检疫查验,对需拆包查验的,由检验检疫机构的工作人员进行拆包、重封,邮政工作人员在场给予必要的配合。重封时,邮检工作人员会加贴检验检疫封识,并随附邮包已经查验的告知单。对需作进一步检疫的进境邮政寄物,检验检疫机构同邮政机构办理交接手续后予以封存,并通知收件人。封存期一般不得超过 45d,特殊情况需要延长期限的告知邮政机构及收件人。对输入国有要求或物主有检疫要求的出境邮寄物,由寄件人提出申请,检验检疫机构按有关规定实施检疫。

(3) 放行和处理　进境邮包经检疫合格或经检疫处理合格的,由检验检疫机构在邮件显著位置加盖检验检疫印章放行,由邮政机构运递。若进境邮寄物发现有未按规定办理检疫审批或未按检疫审批的规定执行或单证不全或经检疫不合格又无有效方法处理的由检验检疫机构作退回或销毁处理。其中退回处理由邮政机构负责退回寄件人,而销毁处理则经邮检机构应出具有关单证,并与邮政机构共同登记后,由邮检通知寄件人。出境邮寄物经邮检机构检疫合格的,由检验检疫机构出具有关单证,由邮政机构运递。

4. 信息采集与分析

由于万国邮联的运作特点,进出境邮寄物难以像进出境快件一样通过电子信息进行监管,截获后对信息的补充采集与统计分析变得至关重要。中国进出境邮检工作正通过建设开发中的中国电子检验检疫主干系统中的邮寄物检疫信息管理模块实现对邮检截获信息的全面采集,其结果将作为全国进出境邮检工作的重要依据。部分邮检口岸已先行先试,如上海、厦门、广东检验检疫局建立实施的"黑名单"制度,通过收集辖区内截获信息,开展风险分析与分类管理,山东检验检疫局通过向邮政公司通报预警信息,提高工作的协调性。

5. 跨境电子商务的检疫监管

传统的邮检监管制度无法适应跨境电子商务的迅猛发展势头。国家质检总局积极开拓新的监管模式,把眼光从邮检现场转移到造成巨变的源头——网络。通过摸排检疫禁止进境物在网上的非法交易情况,约谈主流电商平台,敦促企业遵守检疫法规,践行社会责任,及时清理违法交易信息,严格管理境外卖家。创新的邮检监管模式使政府能够及时干预、积极引导跨境电子商务市场，同时借助电商本身的人力资源与技术优势，弥补邮检资源的不足，获得事半功倍的执法效果。以 2013 年 8 月阿里巴巴旗下"聚划算"网站预售尚未获得检疫准入的德国大闸蟹为例，国家质检总局第一时间介入，利用前期建立的联系机制迅速与阿里巴巴集团进行沟通，及时叫停销售活动，同时向涉事企业详细说明了相关法律要求和进口德国大闸蟹须履行的检疫准入程序，表明了依法积极推进相关产品准入的态度。由于处置妥善，企业避免了声誉和经济双重损失，同时避免了广大消费者因误导而遭受损失。

三、效果及发展趋势

相对于其他领域的进出境动植物检疫工作，邮检工作虽然起步不算晚，但其发展相对滞后，在国家质检总局在动植物检疫司专门设立旅邮检处之后，邮检工作推进明显、成效瞩目，取得了多方面的突破。

一是管理架构已具雏形。截至 2012 年年底，全国共设有国际邮件互换局（交换站）60 个，包括中心局 34 个、边境局 26 个，其中处于实际运营状态的互换局 54 个。目前，35 个直属检验检疫局有 27 个开展了邮检工作，24 个设有专门的邮检办事机构初步形成了层级清晰、衔接顺畅、运转有效的管理架构。

二是执法把关成效明显。以 2012 年为例，全国各邮政口岸累计查验进境国际邮包 1054 万件，共截获检疫禁止进境物 14320 批次，同比增长 43.1%；检出各类有害生物 1361 种，同比增长 26.6%，其中检疫性有害生物 26 种。针对其中一些重大疫情，国家质检总局先后发布了 20 份警示通报。

三是物种资源查验和珍稀动植物保护工作物种查验取得突破。辽宁检验检疫局在邮检工作中查获国家一级保护植物红豆杉，江苏检验检疫局从捷克的邮包中查获 23 种珍稀仙人掌品种，福建检验检疫局截获濒危物种高鼻羚羊角，湖北检验检疫局从印度尼西亚邮包中发现国家二级保护动物玳瑁标本，湖南检验检疫局查获 3 批 32kg 国家二级保护动物产品穿山甲鳞片和鲨鱼骨，河南检验检疫局在进境邮包中查获豹子皮、袋鼠皮，山东检验检疫局从美国的邮包中截获一批保护物种海象牙等，有效地保护了我国生物物种资源，提高了中国政府国际声誉，很好地履行国际义务。2013 年 4 月，在《濒危野生动植物种国际贸易公约》（Convention on International Trade in Endangered Species of Wild Fauna and Flora，CITES）第十六次缔约国大会情况通报会上，上海铁路检验检疫局邮件查验科因其出色的工作荣膺"眼镜蛇行动"先进集体。

同时也应注意到的是，进出境邮检工作所面临的形势非常严峻。邮检虽然具有较高社会效益，但无直接经济效益，部分地方仍然存在重视程度低、机构进驻难、执法条件差、基础保障不足和专业人员短缺等问题。此外，法规体系仍需完善，执法依据不足；对寄递人行政处罚执行难，以及物种资源远程鉴定等检疫技术的支撑仍显薄弱，是当前邮检工作需要解决的问题。尤其是持续关注跨境电子商务的发展，及时调整、改良邮检监管模式，是今后需要重点推进的工作。

第三节 检疫犬使用和管理制度

检疫犬，是指经过专门训练，能够按照训导员的指挥，在检验检疫工作场所对行李物品、邮寄包裹等进行搜检，从中发现禁止进境的动植物及其产品的工作犬。

一、 制度背景

从 20 世纪 60 年代起，人们开始用犬搜寻毒品和爆炸物，进入 20 世纪 70 年代后，工作犬的使用领域越来越广泛。墨西哥是世界上第一个使用工作犬进行植物产品检疫的国家。

1979 年—1983 年，美国农业部（United States Department of Agriculture，USDA）尝试将检疫犬应用于旅邮检，最初所用犬只均为大型犬，且不与公众接触。1984 年，美国农业部启动"比格犬别动队（Beagle Brigade）项目"，检疫犬首度出现在公众面前，并在进出境旅客行李提取处执行检疫任务。选用的比格犬因体型小、无攻击性，一经推出广受旅客欢迎，并引来媒体关注，成为向公众宣传检疫重要性的形象大使。

除美国之外，加拿大、澳大利亚、新西兰、欧盟、日本、韩国、中国台湾和香港地区等，都在使用检疫犬开展动植物检疫工作。新西兰于 1995 年启动检疫犬项目，目前有 20 支检疫犬队伍常驻各大国际机场，另有 7 支检疫犬队伍负责邮检、货检和国际邮轮的检疫。新西兰已经形成了完整的检疫犬选拔、训练、管理体系，除为本国服务外，还帮助阿根廷、韩国、加拿大和美国夏威夷地区建立检疫犬项目，提供犬只并培养训犬员。

我国的工作犬最初只是配备在军队（军犬）、公安（警犬）、海关（缉毒犬）等系统。我国开展检疫犬应用始于 2001 年，当年，我国出入境人员数量突破 2 亿大关，保持了连续 12 年的上升态势，旅检口岸的查验压力直线上升。随着中国加入 WTO，对外开放不断扩大，出入境旅客规模势必继续保持高速增长。而旅邮检工作已建立的"人、机"查验方式仍然存在一定的局限性：X 光机检查行李速度很快，检疫人员必须"眼疾手快"，即迅速判断、及时拦截，才能做到不漏检；部分物品的 X 光机图像容易与禁止进境物混淆；行李内物品的重叠使各种禁止进境物的 X 光机图像复杂难辨，检疫人员只有通过补充询问，了解旅客来源地和身份才能做出正确判断，这需要检疫人员有长时间的经验积累和学习过程。

正是在这样的迫切形势下，2001 年 12 月 29 日，首批经北京检验检疫局与北京军犬繁育基地合作训练并通过专家验收的 4 条拉布拉多检疫犬正式上岗，在首都机场进境旅检现场执行检疫任务。

二、 主要内容

1. 犬种选择

检疫犬的选择标准有：体格健壮，发育良好，四肢奔跑有力，无缺陷；猎取反射强，对主人抛出的物品，能迅速衔回，主人抢夺物品时不轻易松口；胆量大，适应于人群干扰和噪声，不胆怯、不夹尾；兴奋性高，在检疫犬训导员的频繁刺激下，不易产生超限抑制；灵活性好，犬能从一种神经过程转变为相反的神经过程；适应性强，适应于环境的变迁，能较快熟悉更换的主人；对物品搜索积极；以 6 个月龄至 24 月龄的雄性为宜。

可选配比格犬（Beagle）、史宾格犬（Spring Spaniel）和拉布拉多犬（Labra–dorRetriever）等，或根据特殊需求选配其他的犬种。从现有检疫犬使用情况看，三个犬种各有特点：拉布拉多犬性格温顺，抗病力强，适应环境快，适用于空间较大的仓库、邮政包裹堆场、国际邮轮或列车的旅客托运行李的查验。史宾格犬具有极强的衔取欲和占有欲，可以在空气中分辨出微小气味的源头，适用于对行进当中的人流和传送带上行李和邮件的搜检。比格犬体型小巧，形象可爱,最适合的领域是机场、车站、码头对旅客手提行李的搜检。

2. 训养模式

训养模式可分为自养自训型和租用代训型两种。

自养自训型,是指由直属检验检疫局自行负责检疫犬的日常饲养和训练,白天检疫犬随训导员到旅检、邮检现场搜检,下班后统一集中到犬舍由专人负责饲养管理。

租用代训型,是由政府出资购买检疫犬服务,检疫犬由专业的工作犬公司负责训练和饲养,并提供训导员,到检验检疫机构指定的工作场所执行搜检任务。

截至2013年,北京、江苏、广东等14个直属检验检疫局采用自养自训的模式;黑龙江、上海等7个直属检验检疫局采用租用代训模式。无论采用何种训养方式(检疫犬都必须经过考核才能取得上岗资格,此外还要接受定期复训考核,以确保搜检能力符合检疫要求)。

3. 训练、考核与复训

检疫犬的训练科目为:服从性训练,包括亲和、随行、坐、卧、衔取、禁止等;适应性训练,包括对各种工作环境以及乘坐汽车等适应能力的训练;搜检训练,建立检疫犬对应检物气味的条件反射,如新鲜果蔬、肉制品、海产品等。

每条检疫犬的训练周期为4个月,其中包含4次考核,每次考核会淘汰部分不合格的犬,考核合格的犬需要经过2个月现场实习,最终的通过率约为60%。各口岸检验检疫机构依据SN/T 1677—2005《检疫犬的训练及使用规程》和《检疫犬训练和考核要求》,对完成训练的检疫犬进行上岗资格考核。

对于考核上岗的检疫犬,每年度还要进行不少于21d的复训,复训考核合格后才能继续上岗。

4. 日常管理

检疫犬工作现场应设有检疫犬工作岗位的指示牌,上岗的检疫犬要统一穿着标志服装。检疫犬单次工作时间一般不超过30min,两次工作间隔不少于30min。检验检疫人员对检疫犬的日常出勤和工作业绩(检疫犬搜寻出的禁止携带或邮寄进境的动植物、动植物产品)应及时进行记录和送检。

5. 训导员的选拔管理

检疫犬训导员在上岗前需接受检验检疫法律法规和检疫犬相关知识的培训,以提高对检疫犬的饲养管理、训练、使用和携犬上岗的能力。检疫犬训导员在旅、邮检现场查验工作中,需时刻关注旅客等有关人员的情绪,搜检时做好人与犬的协调配合,尽可能保证行李包裹搜检的覆盖面。

6. 检疫犬训养基地

参照国外普遍采取的发展模式,为加强口岸基本设施建设,改善检疫犬训养条件,2013年,北京检疫犬训养中心于北京通州落成。训养中心总建筑面积3111m^2,包括一栋1939m^2的训练馆,两栋各586m^2的犬舍。北京检疫犬训养中心未来将成为全国质检系统检疫犬挑选、配置、训练、复训、考核、使用、饲养、健康管理及训导员培训的中心。

7. 全国检疫犬技能竞赛

全国检疫犬技能竞赛是一项定期开展的技术练兵活动,是我国区别于其他国家检疫犬项目的特色活动。竞赛分为笔试、基础科目和搜检科目三个单元进行,既考核了训导员的业务水平,又检测了检疫犬的工作能力,对调动检疫犬人才队伍的培养和各直属检验检疫局参与检疫犬项目的积极性具有重要意义。2011年,首届全国检疫犬技能大赛于北京举办,共有18个直属检验检疫局的32条检疫犬参加大赛引来众多媒体关注,向外界生动展现了我国检疫犬事业的发展水平,成为向公众普及检疫法规教育的重要渠道之一。

三、效果及发展趋势

从2001年检疫犬首次投入应用,到2011年首届全国检疫犬技能大赛,十年间我国检疫犬队伍从无到有,从小到大,从弱到强,取得了诸多成绩。

一是充实查验力量,守卫了国门安全。截至2012年年末,已有21个直属检验检疫局应用了212条检疫犬于进出境旅邮检查验,分布于57个旅邮检口岸,其中包括36个空港口岸、12个陆路口岸、3个海运口岸和6个邮检现场。面对日益繁重的旅邮检工作,尤其是历次重大国际活动如奥运会、世博会保障期间,检疫犬一次次用出色的表现令非法携带的动植物及其产品无所遁形。检疫犬作为"人-机-犬"综合查验体系的支柱力量,也已成为"国门新卫士"。

二是提升疫情截获率,增强了执法威慑。2011年,全国检疫犬共截获禁止进境物32651批次,占应用口岸总截获量24.5%,其中截获有害生物1128批次,占应用口岸总截获有害生物数量的11.7%。陕西、重庆、湖北检验检疫局的检疫犬禁止进境物截获率达到70%以上。广东检验检疫局从越南入境旅客行李中截获违禁携带的鸭蛋,经过检测发现含有高致病性禽流感病毒,这也是我国首次应用检疫犬在旅检口岸截获重大动物疫情。实践证明,检疫犬成功弥补了传统的人工查验和X光机透视检查的不足,有效减少了逃漏检现象的发生,粉碎了不法分子携带禁止进境物蒙混过关的企图。

三是降低开箱比例,加快了通关速度。经过训练的检疫犬,能快速准确地在各种干扰性非目标气味中分辨出禁止进境物的目标气味,尤其对四大类产品(水果、肉制品、水生动物产品、乳制品)的嗅查特别有效。"人-机-犬"综合查验体系提高了查验的覆盖率和检出率,经由检疫犬搜检初筛后再通过X光机透视对比,使有效开箱比例大幅提升并能迅速确定违禁物种类定位其位置,降低了检疫人员的查验难度,缩短旅客等待时间,加快了通关速度。

四是接轨国际先进,扩大了社会影响。我国是继美国、加拿大、澳大利亚、新西兰、日本之后,第六个开展检疫犬应用的国家,受到了社会各界的广泛关注。部分口岸多次接受习近平、吴仪等国家领导人及各地政府领导的视察,还先后接待了美国、韩国、东盟和联合国基金组织成员等10多个国家和国际组织来宾的参观,均获得一致的肯定和表扬。

五是赢得旅客喜爱,树立了工作形象。十年推广应用,检疫犬温顺可爱又积极搜寻的身影频频出现在从世界各地涌入国门的人潮中,赢得了广大旅客的喜爱。仅北京检验检疫局就接待过30多家新闻媒体的采访,中央电视台进行了3次专题报道。2011年首届全国检疫犬技能大赛成功举办,中央电视台以"搜检违禁物、小狗显神通"为题的报道,国内多家知名媒体的系列报道、门户网站的频频转载,掀起了新一轮社会关注旅邮检事业的热潮,检疫犬成为检疫工作的形象大使,为提升公众检疫意识发挥了巨大作用。

随着形势的发展,检疫犬在检验检疫工作中将有更大的发展空间,在检疫犬管理标准化、规范化、信息化和科学化方面要更上一层楼。国家质检总局在"十二五"规划中已明确,将进一步加强检疫犬工作的管理,统一规范全系统检疫犬的使用和管理;加强检疫犬的繁育和驯化;加大资金投入,加强检疫犬基础设施建设,加大对驯导员的培养和使用,进一步加强队伍建设。

第四节 进出境旅邮检宣传制度

进出境旅邮检宣传是指选择一定进出境旅邮检法规知识和工作信息，运用一定的宣传媒介，对执法对象施加影响，从而使执法对象的心理和行为向检验检疫部门预期的方向发展变化的过程。

进出境旅邮检工作以自然人为工作对象，从应运而生之时便始终面对着如何提高监管对相关法规熟悉和知晓程度的命题。随着经济全球化的不断深入、国际交往的日益频繁和我国人民生活水平的不断提升，往来于我国和世界主要国家、地区的旅客和邮寄物数量均增长迅速，但公众对进出境旅邮检法规知识的认知程度和遵守意识并没有表现出随之同步增长的趋势，在这大背景下，进出境旅邮检宣传已成为应对繁重查验任务，提高把关成效的最有力途径，并发展成为开展进出境旅邮检工作的重要手段和依托。

一、制度背景

对进出境旅邮检法规和工作的宣传几乎随该项工作同时出现，从最初仅依靠检疫工作人员口口相传，到后来出现的各种印刷品，直至借助各种新媒体而出现的宣传形式。美国、欧盟、澳大利亚、新西兰等国家和地区经过多年的不懈宣传，已逐步打造出了旅邮检工作的品牌效应。如新西兰处初产业部每年在各电视台招标制作时长约1min左右的公益宣传短片反复播放，制作费完全由中标方承担，中标方则可通过投放广告方式盈利，实现双赢。澳大利亚农渔林业部与海关等部门一起授权影视节目制作商制作了一档边境安全专题栏目定期在电视台播出，深受公众的欢迎。如此丰富的宣传手段成功营造了极具影响力和亲和力的宣传氛围，极大提升了整个社会对旅邮检工作的参与度和认知度。

我国进出境旅邮检宣传工作也经历了类似的发展的历程，并在近年来呈现出宣传方式、宣传手段、宣传对象等各方面日渐丰富的趋势。一方面建立了以中央电视台为主要阵地的宣传机制，广泛对进出境法规和工作知识进行宣传。另一方面极大丰富了宣传材料的种类，先后设计、印发了多款的宣传海报、宣传折页、宣传纪念品。更创造性地开展了国门生物安全进校园活动，重点选择学生群体进行宣传教育，利用学生的巨大辐射带动作用营造知法守法，自觉抵制和打击生物安全不法行为的社会氛围。

二、主要内容

1. 积极丰富宣传材料

主要利用《中华人民共和国禁止携带、邮寄进境动植物及其产品名录》发布等契机，国家质检总局和各直属检验检疫局设计印制了一大批宣传纪念品，包括宣传折页、宣传海报、宣传动画片、宣传纪念品如雨伞、扇子、文具等，这些宣传品被张贴和发放于口岸旅邮检现场、各国使领馆签证处等处，并通过邮政部门和旅游中介部门的协作配合，进一步传递到游客、旅游业和邮政业从业者以及寄递人的手中。

2. 广泛利用新闻媒体

主要利用中央电视台为主要阵地，建立信息报送和反馈机制，号召各口岸积极收集重要截获信息和工作动态，制作专题节目和新闻加以播送，通过新闻媒体的巨大传播作用，向公众宣传法规知识，潜移默化地提高公众对进出境旅邮检法规的认知程度和自觉遵守意识。

3. 注意发布官方声音

主要利用国家质检总局官方发布权威和便民信息，一方面设定专题警示信息发布各口岸截获信息，提醒公众进境前务必关注中国关于禁止携带、邮寄进境动植物及其产品的法律规定，避免遭受不必要的损失，并为共同保护我国生态环境安全、农业生产安全和人民身体健康贡献力量。另一方面利用中秋节、端午节等中华民族的特色节日，发布温馨提示，告知旅客和投递者国外在进出境旅游检方面的法规变化。

4. 全面展示工作成效

推动口岸建立成效展示室并向公众开放，全面展示进出境旅邮检一线截获的各类禁止进境物、外来有害生物和珍稀物种资源，并完全公开向社区、学习和联检单位开放。

5. 深入开展专题活动

利用开办趣味课堂、设置专题展览、邀请学生参观、进行检疫犬搜寻查验表演等多种方式，增加学生与国门生物安全工作的接触机会，增进学生对国门生物安全知识和法规的认知程度与自觉遵守意识，增强学生实践动手能力，共同防范动植物疫病疫情和外来有害生物传入，共同保护我国物种资源与生物多样性。

6. 特别聚焦特定人群

定期专题为邮政工作人员和出境游行业从业人员开展专题讲座与培训。

三、 效果及发展趋势

经近年来持续不断地宣传和积累，进出境旅邮宣传工作取得了巨大的成功。一是广泛普及了法规知识，社会公众对进出境旅邮检法规，特别是对《中华人民共和国禁止携带、邮寄进境的动植物及其产品名录》所列条款，知晓度显著提高。二是牢固树立了执法形象，通过一个个触目惊心的案例报道，在社会公众甚至是国家相关部门中树立了科学高效的执法形象，为改善执法环境，争取工作资源提供了有力素材，国务院食安办曾因中央电视台报道江苏南京邮办截获非法邮寄黄粉虫进境案例专门联系国家质检总局了解详细情况。三是成功营造了积极氛围，随着公众知晓度的提高，口岸执法环境得到极大改善，绝大部分旅客和投递人对检疫执法工作均表示支持和理解。

今后的宣传工作的重点仍然在于建设统一形象，提升公众认知。通过发布行业标准，规范各旅检口岸法规公告栏、检疫投弃箱、检疫犬工作提示牌、禁止进境物和有害生物展示柜等宣传设施的建设，打造统一的全国旅邮检形象，并统筹印刷、制作检疫须知投放到旅邮检口岸、使领馆或提供给交通工具承运人和邮政部门，提升公众的认知度，自觉遵守检疫法规。未来需要积极调动一切力量，对与之相关的机构、人员开展持续、广泛的宣传与交流，最大范围争取关注、理解与配合，形成齐抓共管、和谐共赢的良好氛围。

第五节 进出境旅邮检人才培养制度

高素质的执法人员才能展示良好的国门形象，一流的执法队伍才能创造一流的成绩。面对迅速增长的查验任务和紧迫的疫情传入形式，做好进出境旅邮检人才队伍建设，大幅度提升旅邮检工作团队的战斗能力，这既是我们所面临的紧迫任务，也是增强进出境旅邮检执法把关能力最有效的途径。进出境旅邮检工作所需查验处理的动植物及其产品数量多、品类杂、速度要求快、技术含量高，其中还涉及许多珍稀生物物种资源的鉴定工作，对从业人员的专业能力提出更高要求。经过多年努力一支斗志昂扬、业务精湛、结构合理、充满活力的高素质专业队伍正在形成，为不断推进社会主义生态文明建设奠基。

一、制度背景

对进出境旅邮检人才队伍的培养在国外早已开展多年，许多国家都形成了自己的特色。如新西兰规定从事旅邮检工作须经过严格的岗前和在岗培训课程，一些重要的技术岗位如 X 光机操作人员须经过初级产业部 100h 的专业培训并取得从业资质证书后方可上岗工作，此后还须每年接受一次常规复训考核和不定期抽查，只有通过者才能继续从事这项工作。而澳大利亚则注重对多能型旅邮检人才的培养，要求工作人员按检验、管理和审查分类，定期在旅、邮、货三个不同的查验现场进行轮岗，从事管理和审查的检疫官员同理，在保持队伍活力的同时极大增强了应对不同领域紧急事件的能力。

我国近年来也大力加强了进出境旅邮检人才队伍的培养建设，编制了一批极具针对性和指导性的参考教材，举办了多起专业技术培训班，邀请发达国家专家前来授课，并为表现优异的技术专家提供出国考察学习机会，丰富的教育培训资源不但练就了旅邮检工作者全面扎实的查验技能，也令其能适应不断变化的检疫形式，真正担负起保卫国门安全的神圣职责。

二、主要内容

1. 开办培训班，提供教育资源

认真收集并分析进出境旅邮检管理人员和基层一线工作人员的培训需求，举办相关专业领域的培训班，如近年来先后开班的"旅邮检法规知识和专业技术培训班"和"检疫犬使用和管理培训班"，在课程设计和师资力量上下人力气，不但邀请国家质检总局的法规、通关业务主管授课，还积极争取到新西兰、台湾等国家和地区以及国内公安部的专家授课。同时，每次培训班举办之前，都会针对培训需求进行书面调研并组织专家召开培训教材审稿会，严格把关教材质量，使之更贴近于基层旅邮检工作的所想、所需、所急。这些举措极大地提升了培训质量，既为旅邮检工作培养储备了人才，也及时发现、吸收并推广了世界范围内旅邮检工作的好经验、好做法。

2. 印发书籍，丰富学习材料

一方面注意收集各口岸在日常检疫查验过程中的典型案例，定期通过印发如《进出境旅客携带物、邮寄物检疫工作典型案例》的形式加以推广应用，促进工作流程规范化的同时，共同学习和提高。另一方面注意对专业参考书籍的印发，如《进出境旅客携带物、邮寄物检疫工作法规汇编》《出入境人员携带物检疫管理办法释义》等，为工作人员学习法律知识、熟悉法律规定、应用法律办案提供积极有益的辅助学习材料。

3. 开办论坛，拓宽交流途径

在国家质检总局官网开辟了旅邮检知识学习论坛，交流日常截获信息和工作心得，同时积极推行各口岸开展内容丰富的网络培训和专业技能竞赛，不断丰富培训方法和内容。

4. 创造条件，建立激励机制

对于表现优异的邮检工作人员，给予更多参与邮检法规、标准、政策制定和国内外交流培训的机会。先后组织系统内进出境旅邮检工作专家赴澳大利亚、新西兰、韩国、台湾等国家和地区进行学习交流。

三、效果及趋势

经过近年来始终坚持的人才强检战略以及多重形式的培养锻炼，进出境旅邮检人才队伍呈现出如下可喜的变化：一是年龄结构上从"老龄化"转向"青年化"，改变了过去部分口岸进出境旅邮检队伍年龄结构明显偏大的不合理现象，大力引进并科学配置了一大批兽医、植保、食品安全及相关专业的青年人才，给整个队伍注入了一股活力与冲劲。二是学历水平上从"低层次"转向"高层次"，一批具有硕士、博士学位的专业人才补充进入进出境旅邮检队伍，更多技术能力与把关查验实践有效地结合起来，使专业知识迅速转化为生产力。三是工作能力上从"守摊型"转向"开拓型"，得益于国家质检总局为人才队伍所提供的丰富培训资源和对外合作机会，各口岸旅邮检工作人员在信息处理能力、解决问题能力、创造能力和决策能力方面都有了极大提升，激发了队伍的创造思维，开拓了工作新思路，涌现出许多创造性开展工作并收到良好成效的事例。四是在工作态度上从"等靠型"转向"自觉型"，通过培训制度所营造的积极工作氛围极大激发了进出境旅邮检人才队伍的奋斗热情，各口岸纷纷开展多种形式的技术练兵和再教育活动，并充分保证旅邮检优秀人才的成长空间，并逐渐营造出锻炼有机会、干事有舞台、发展有空间的和谐工作环境，大大激发了邮检工作人员的奋斗热情。

今后培训工作的重点在于构建培训体系，强化技术执法。为检疫人员设计完整的旅检人才培养计划，通过设计岗前和在岗培训课程，提供远程教学或轮岗机会，使检疫人员能迅速完成初级、中级培训，并可根据需要选修高级课程（如濒危保护物种鉴定、法规或行业标准制修订等），构建旅检人才梯队，强化旅检技术执法。我们还将进一步发挥人才对进出境旅邮检工作发展的引领和支持作用，把能力突出、业务熟练、富有改革创新精神的优秀人才选拔到旅邮检工作的领导岗位上来，并继续加大对人力资源培养的投入，继续积极为优秀的旅邮检工作人员创造交流和深造机会。

第六节　进出境旅邮检协作制度

近年来，随着出国旅游热的兴起以及跨境电子商务的迅猛发展，国家之间边界的自然阻隔作用被不断弱化，守护好国门生物安全再也不是哪一个国家政府能够独立完成的。同时，进出境旅邮检工作的内涵与职责不断延伸，工作内容逐渐扩大。党的十八大明确提出了关于大力推进生态文明建设和建设美丽中国的新部署，这需要更多部门参与进来，打造由农业、林业、环保、边检、邮政、海关、检验检疫等多部门参与的协作机制。

一、制度背景

出于对口岸风险的共识，许多国家都意识到守护好国门生物安全越来越难以独立完成，在开展进出境旅邮检工作的过程中都注重加强务实合作，联合自强。新西兰初级产业部与海关、海事局、劳工部、公安部、国家安全局联合成立了新西兰口岸信息收集中心（ITOC）。信息中心监控新西兰全国口岸的货物和人员出入境情况，并实现了各部门的信息共享、政令统一和人员互通。各成员单位在信息中心内部的信息资源共享率可达95%，极大提升了各部门的信息收集和应对能力。对外合作方面，新西兰坚持查验前置的理念，先后向澳大利亚、加拿大、韩国和阿根廷等国家输送了优秀的检疫犬资源，同时为其提供了训导员的培训，用以保证这些国家能帮助新西兰查验其前往新西兰的旅客。

我国的进出境旅邮检协作机制之前一直停留在各口岸层面，各地依据地方工作实际与海关、邮政等协作单位签订合作备忘录，以确保相关工作的顺利实施，对外合作也以口岸层级为主。2009年后，协作机制的建设得到飞速的发展，进出境旅邮检工作利用各国检验检疫部门所签订的SPS协议框架，取得了诸多合作成果，并逐步开始了对国内外工作资源的整合利用。

二、主要内容

1. 与国内外检验检疫机构协作

大陆地区已先后与美国、加拿大、欧盟、澳大利亚、新西兰、日本、韩国等国家和我国台湾地区开展了旅邮检合作与交流，先后组织专家团队访问澳大利亚、新西兰、韩国、我国台湾开展技术交流与培训，充分汲取旅邮检工作的先进经验。同时，与欧盟消保总司就加强进出境旅邮检合作进行了多轮磋商，并最终在中欧SPS框架下形成关于加强进出境旅邮检合作的联合声明，在第八次中欧高层会议上由国家质检总局局长支树平与欧方代表签署。

2. 与重要国际组织协作

通过国际组织的平台作用，争取工作资源。如国家质检总局已利用IPPC和OIE年度会议的契机，向大会提出了关于建立统一的进出境旅邮检国际措施标准的建议，说明了随着航空客流的持续增长以及物流行业的深刻变革，由一国独立完成国门生物安全工作面临的巨大困难，阐述了通过国际组织平台建立统一的旅邮检措施标准的重要意义，并介绍了中国检验检疫部门在此领域积累的执法经验以及牵头建立相关国际措施标准的意愿。相关措施标准得到与会代表的支持与赞许。

3. 与全国人大代表、政协委员协作

通过人大代表和政协委员的社会影响和发声渠道争取工作资源。如2013年两会期间，十二届全国政协委员徐金记起草了《关于希望国家进一步重视和支持进出境旅邮检工作的提案》，全国政协将该提案交由国家质检总局主办，并增加海关总署、财政部、国家邮政局为会办单位，要求提出答复意见。提案提出后，在社会上引起广泛关注和强烈反响，在极大地宣传了旅邮检工作重要意义的同时，为争取更多资源推动旅邮检工作发展奠定了基础。

4. 与国内相关部门协作

与相关部门协作方面，我国一方面重点加强与海关总署的协作配合，先后签订下发《关于加强口岸旅检现场工作的合作方案》和《关于口岸旅检现场关检合作工作有关事项的通知》，实现了对查验模式、申报制度和检查合作的优势互补与资源整合，提升了执法查验的针对性和有效性。另一方面我国全面加强与相关单位的协作配合，与国家邮政局召开联合监管座谈，积极参与寄递渠道安全保障协作机制联席会议；与中国邮政集团公司开展联合调研，先后推动北京、天津、厦门、浙江、山东等重点地区邮检机构的设立与进驻；与国家林业局配合开展

CITES 公约履约工作,并受到缔约国大会表彰;与国家旅游局共同开展进出境旅邮检法规宣传,有效扩大宣传渠道等。

三、 效果及趋势

中国的进出境旅邮检工作将充分整合现有协作资源与渠道,推动建立国内、国外统一的进出境旅邮检多部门协作机制,加强新形势下与各国、各部门的沟通交流和紧密配合,共同营造安全、和谐、便捷的口岸环境。

第十章

进境植物检疫审批

第一节 概述

一、检疫审批的概念

所谓检疫审批，是国家质检总局和有关农、林业行政主管部门依照《中华人民共和国进出境动植物检疫法》（以下简称《动植物检疫法》）及其实施条例和有关法规的规定，对输入境内的植物、植物产品进行审查，并最终决定是否允许进境的过程。

二、检疫审批的目的、意义和重要性

通过检疫审批，国家质检总局和国家农、林业行政主管部门可以在宏观上对引进植物种子、种苗及其他繁殖材料、植物产品进行控制和管理，对引进单位进行技术指导，让货主或其代理人了解我国的检疫要求，在对外谈判时做到心中有数，以便在签订合同时将我国的检疫要求列入合同，使国外检疫机关在出境检疫时有依据，使供货商及早组织符合要求的货物，避免不符合要求的货物运到我国。对进境植物及其产品实施检疫审批，不仅可以起到限制可能带有检疫性有害生物的植物及其产品等进境，达到防止检疫性有害生物传入的目的，而且也可以减少盲目引进、重复引进的现象，避免因此而造成损失，对我国农林业的健康发展切实起到保护作用。

第二节 检疫审批的依据

进境植物检疫审批的法律法规依据包括《动植物检疫法》及其实施条例的相关条款，国家质检总局、农业部和国家林业局制定的有关规定。具体有：《动植物检疫法》第十条规定，"输入动物、动物产品、植物种子、种苗及其他繁殖材料的，必须事先提出申请，办理检疫审批手续"；第二十八条规定，"携带、邮寄植物种子、种苗及其他繁殖材料进境的，必须事先

提出申请，办理检疫审批手续"；《动植物检疫法实施条例》第九条规定，"输入动物、动物产品和进出境动植物检疫法第五条第一款所列禁止进境物的检疫审批，由国家动植物检疫局或者其授权的口岸动植物检疫机关负责"、"输入植物种子、种苗及其他繁殖材料的检疫审批，由植物检疫条例规定的机关负责"。《植物检疫条例》第十二条规定，"从国外引进种子、苗木，引进单位应当向所在地的省、自治区、直辖市植物检疫机构提出申请，办理检疫审批手续。但是，国务院有关部门所属的在京单位从国外引进种子、苗木，应当向国务院农业主管部门、林业主管部门所属的植物检疫机构提出申请，办理检疫审批手续。具体办法由国务院农业主管部门、林业主管部门制定"。可以参考国家质检总局发布的《进境动植物检疫审批管理办法》等。

根据《动植物检疫法》及其实施条例相关条款规定，农业部先后制定了《中华人民共和国进境植物危险性病、虫、杂草名录》《中华人民共和国进境植物检疫禁止进境物名录》（农业部第72号公告，附录一）。1997年国家动植物检疫局制定发布了《中华人民共和国进境植物检疫潜在危险性病、虫、杂草名录（试行）》，作为《中华人民共和国进境植物危险性病、虫、杂草名录》的补充。2007年5月29日，农业部公布《中华人民共和国进境植物检疫性有害生物名录》（第862号公告，附录二），取代之前的《中华人民共和国进境植物危险性病、虫、杂草名录》和《中华人民共和国进境植物检疫潜在危险性病、虫、杂草名录（试行）》，其中检疫性有害生物共435属、种。之后，农业部和国家质检总局相继发布联合公告，增加扶桑绵粉蚧（联合公告第1147号）、向日葵黑茎病（联合公告第1472号）、木薯绵粉蚧（联合公告第1600号）、异株苋亚属（联合公告第1600号）、地中海白蜗牛（联合公告第1831号）、白蜡鞘孢菌（联合公告第1902号）为进境植物检疫性有害生物。2012年2月24日，农业部、国家质检总局又联合发布《中华人民共和国禁止携带、邮寄进境的动植物及其产品名录》（联合公告第1712号，附录三）取代之前名录。目前，现行有效的名录包括：《中华人民共和国进境植物检疫性有害生物名录》（农业部第862号公告）及之后增加的六属、种检疫性有害生物；《中华人民共和国进境植物检疫禁止进境物名录》（农业部第72号公告）；《中华人民共和国禁止携带、邮寄进境的动植物及其产品名录》（农业部、国家质检总局联合公告第1712号）。

第三节　检疫审批机关和检疫审批的范围

进境植物检疫审批机关包括国家质检总局、农业部、国家林业局及其授权的下属机构。根据《动植物检疫法实施条例》第九条规定，输入植物产品、禁止进境物的检疫审批，由国家质检总局或者其授权的直属检验检疫局（以下称直属局）负责；输入植物种子、种苗及其他繁殖材料的检疫审批，由植物检疫条例规定的机关即农业部、国家林业局负责。

植物检疫审批的范围是根据《动植物检疫法》第5条、第10条、第11条、第28条和第29条的规定而确定的。具体来讲，凡通过贸易、科技合作、交换、赠送、援助等方式输入或通过携带、邮寄进境的植物及部分植物产品，需事先提出申请，办理检疫审批手续；因科学研究等特殊需要引进国家规定的禁止进境物，也要事先提出申请，报国家质检总局并获得批准后，方可入境。前一种情况的审批就是习惯上所讲的审批，也称一般审批；后一种情况的审批则称之为特许审批。

根据国家质检总局、农业部和国家林业局的现行规定，具有审批权的机关有国家质检总局或其授权的直属局，农业部和各省、自治区、直辖市农业厅（局），以及国家林业局和省、自治区、直辖市林业厅（局）。

一、国家质检总局或其授权的直属局的审批范围

（一）特许审批范围

因科学研究等特殊需要而引进的国家禁止进境的植物病原体（包括菌种、毒种等）、害虫及其他有害生物、土壤、植物病虫害流行的国家和地区的有关植物、植物产品和其他检疫物。

（二）一般审批范围

粮食油料薯类如小麦、大麦、稻谷、玉米、高粱、大豆、油菜籽、木薯干等；植物源性饲料如麦麸、米糠、豆粕、玉米酒糟粕、饲草等；新鲜水果及茄科蔬菜（番茄、茄子、辣椒果实）；烟叶；植物栽培介质等。

二、国家农业主管部门的审批范围

农业主管部门的审批执行机构是农业部全国农业技术推广服务中心及各省、自治区、直辖市农业厅（局）植物检疫（植保植检）站（农业技术推广服务中心），负责从国外引进《中华人民共和国进境植物检疫禁止进境物名录》以及濒危种类以外的农业种子、种苗及其他繁殖材料的审批，包括粮谷类、棉花、油料、糖料、麻、桑、茶、烟、水果、蔬菜、中药材、花卉、牧草（含草坪草）、绿肥、热带作物等农业植物的种子、苗木、块茎、球茎、鳞茎、接穗、砧木、试管苗等。

三、国家林业主管部门的审批范围

林业主管部门的审批执行机构是国家林业局植树造林司和省、自治区、直辖市林业厅（局）林业有害生物防治检疫管理办公室负责从国外引进林木种子、种苗及其他繁殖材料以及所有濒危植物种子、种苗及其他繁殖材料的检疫审批。

第四节 检疫审批的办理条件和原则

一、办理检疫审批的条件

按照《动植物检疫法实施条例》的有关规定，只有符合下列条件，方可办理进境检疫审批手续。具体是：

(1) 输出国或者地区无重大植物疫情。
(2) 符合中国有关动植物检疫法律、法规、规章的规定。
(3) 符合中国与输出国家或者地区签订的有关双边检疫条约，包括检疫协定、检疫议定书、检疫会谈备忘录等。

二、办理检疫审批应遵循的原则

（1）办理检疫审批的单位或个人应当是具有经营权的法人或对外签约者。受委托代办检疫审批手续的代理人在办理审批手续时须同时提交委托书并承担相应的义务和法律责任。

（2）检疫审批手续应当在贸易合同或者协议签订前办妥。

规定在贸易合同或者协议签订前办妥检疫审批手续主要有两个目的：一是避免进口商未经检疫机关批准，盲目签订有关植物、植物产品的贸易合同，导致货物到达口岸后不能进境而造成损失。二是审批机关在办理检疫审批时，对进口植物、植物产品提出检疫要求，这些检疫要求须在贸易合同或协议中订明。检疫审批机关依照国家法律、法规进行检疫审批，如果买卖双方签订的贸易合同中检疫相关条款与审批要求不一致，必须服从于审批决定，造成毁约、经济纠纷或损失，由货主自负。

第五节　检疫审批的办理程序

一、国家质检总局及其下属机构的办理程序

质检系统办理检疫审批采用网上办理方式，由直属局受理申请并进行初审，国家质检总局审核并做出审批决定。对于特定的植物产品，国家质检总局可以授权直属局直接作出审批决定。审批期限为从受理申请之日起20个工作日。

（一）申请

申请单位在《审批系统》网上提交电子申请表，并提交书面材料或在审批系统提交书面材料的电子文本。

需要提交的材料根据申请审批的产品种类而异。例如粮食油料和薯类，需要提交加工存放单位所在地检验检疫机构出具的《进口粮食检疫初审联系单》、申请单位与加工存放单位签订的加工存放协议；植物源性饲料类，需要提交农业部颁发的《进口饲料和饲料添加剂产品登记证》复印件和饲料成分说明；特许审批物，需要提交申请单位的书面申请报告，说明其数量、用途、引进方式、进境后的防疫措施，以及科研立项批准文件复印件和使用地直属局出具的申请单位考核报告。

（二）受理和初审

直属局收到网上申请和相关材料后，对照相关规定进行初审。初审符合要求的，上报电子材料至国家质检总局。

（三）审核和批准

国家质检总局审核后做出是否准予许可的决定，并在网上审批系统发出指令。

申请单位网上提交申请后，可随时在《审批系统》查询审批进程。根据需要，申请单位可向受理申请的直属局领取纸质《进境动植物检疫许可证》，或直接在《审批系统》打印许可证《报检预核销单》作进境报检使用。

二、 农业主管部门的办理程序

农业部及各省、自治区、直辖市农业厅（局）根据审批权限分别进行审批。各省、自治区、直辖市农业厅（局）在一定的限量范围内进行审批。农业部门的检疫审批也开始采用网上办理方式。其审批时限为15个工作日。

（一）申请

申请人向办理机构提出申请并提交所需材料，包括：《引进国外植物种苗检疫审批申请书》；经农业部批准的《进（出）口农作物种子（苗）审批表》；种苗引进后隔离试种或集中种植计划；首次引种的（从未引进或连续三年没有引进），需提供引进种苗原产地病虫害发生情况说明；再次引种的，需出具种植地省级植物检疫部门签署的《进境植物繁殖材料入境后疫情监测报告》。

（二）受理和初审

受理窗口人员收到申请人递交的《引进国外植物种苗检疫审批申请书》及相关材料后，对申请材料进行初审，材料齐全的予以受理。

（三）审核评估

审批主管部门根据国家有关规定对申请材料进行审查，必要时组织专家进行评审或风险分析。

（四）审批决定

审批主管部门根据审查结果提出审批意见，报经主管审批后办理批件。

三、 林业主管部门的办理程序

国家林业局及各省、自治区、直辖市林业厅（局）根据审批权限分别进行审批。各省、自治区、直辖市林业厅（局）在一定的限量范围内进行审批。林业部门的检疫审批也采用网上办理方式。其审批时限为20个工作日。

（一）申请

申请人向国家林业局提出申请，提交以下材料：

(1)《引进林木种子、苗木及其他繁殖材料检疫审批申请表》（见附录二）；

(2) 首次引进时，申请人应提交企业工商营业执照（原件、复印件）；

(3) 引种地引种植物病虫害发生情况；

(4) 种植地不在北京的，应提供种植地所在省的省级森林植物检疫机构同意引种并负责引种后监管的证明材料；引进国内已有分布或引种而拟引种种植地省没有的林木种子、苗木及其他繁殖材料的，需提供种植地省级林业主管部门组织开展的风险评估报告；

(5) 如果引种产地和引进的植物是国家林业局林业有害生物检验鉴定中心发布的有重大危险性有害生物发生地区，其引进植物又是寄主植物的，应出具引种产地官方检疫机构出具的当地疫情情况说明；

(6) 属于政府、团体、科研、教学部门交流、交换、科研用途引种的，应提供相关证明材料。

（二）风险评估

引进国内没有分布或引种的种苗，以及引进国内已有分布或引种但属于首次从该引种国引进的林木种子、苗木及其他繁殖材料的，国家林业局组织开展风险评估；

(三) 审批决定

审查合格的，由国家林业局向申请人核发引种审批证书；审查不合格的，由国家林业局书面通知申请人并说明理由，告知复议或诉讼权利。

第十一章

进境植物检疫

第一节 概述

外来有害生物随植物、植物产品和其他检疫物的传播给人类留下了不少历史教训。

1845年发生在爱尔兰的马铃薯晚疫病大流行，就是突出的一例。马铃薯原产于南美洲，由于品质优良，十分适合人们食用。19世纪30年代，它被大量引进到欧洲和北美，并很快成为人们的主食。特别是在爱尔兰，马铃薯更是大量种植，几乎成为当地唯一的粮食作物。晚疫病病原发生在南美洲，它可以在马铃薯块茎上过冬，一遇上气候适宜，马上就生成大量的菌丝体，造成马铃薯腐烂，同时生成孢子再次侵染。引种初期，尽管晚疫病造成马铃薯几度减产，但由于人们对发病原因一无所知，也就归于天命，虽也撒些草木灰加以防治，但终不能解决问题。1845年，在爱尔兰，从马铃薯出苗后就遇上了连雨天，正是适合晚疫病菌繁殖的气候条件，马铃薯的叶子全长上了一层白霜，没等到收获，马铃薯就全部枯死了。当年爱尔兰人由于缺少其他粮食，病饿而死的不下100万人，有几万人陆续逃往美国。欧洲其他国家当年也是晚疫病重发年，但由于没造成绝产，并且对马铃薯的依赖不如爱尔兰人大，状况稍好些。

棉红铃虫也曾造成另一个大悲剧。它是世界六大害虫之一，最先于19世纪末在印度被发现。它通过棉花贸易于1903年和1913年先后传入埃及和墨西哥，1917年由墨西哥传入美国。1911—1935年间，许多国家从埃及引种长绒棉种子，使得棉红铃虫迅速扩散和蔓延。到1940年，该害虫已侵入到全世界79个种棉国家中的71个，其中包括我国。棉红铃虫普遍造成棉花减产1/5~1/4，中美洲一些国家减产更高达1/3~1/2。埃及棉花产量由原来的每公顷570kg，1916年已降到390kg，在1904—1920年间，年平均损失棉花一半以上；同时因品质下降，价格下跌的损失，更无法计算。

甘薯是人们喜欢种植的作物，既可作粮食食用，又可作工业原料，原产于美洲。甘薯黑斑病在亚洲首先经引种传到日本。日本育成的"冲绳一号"薯种，是一个易感甘薯黑斑病的薯种。日本在侵华战争期间，把这个品种向我国东北地区推广，并随着日军向我国华北等地的侵占，甘薯黑斑病也随之向全国扩散，造成大面积减产。新中国建立后，政府对甘薯黑斑病的防治十分重视，曾将其列为全国十大病害之一，通过逐渐改换其他品种，疫情有所减轻，但至今仍无法根除。该病在20世纪60年代，全国估计每年损失鲜薯仍在500万t以上。甘薯黑斑病菌不但造成减产，还能刺激甘薯产生对人畜有毒的物质，人畜食后引起中毒，严重时中毒死亡，从而造成更大损失。

一些有毒杂草如毒麦、假高粱、豚草、阿米草、曼陀罗在超量的情况下，会造成严重的人畜中毒后果。一些昆虫如杀人蜂、螺旋蝇、红火蚁以及多种病媒昆虫如库蠓类等，由于其对人类安全构成较大的威胁，也引起了广泛的社会关注。

外来有害生物给我国造成巨大损失。专家估计，我国20世纪70年代发生在林业上的检疫性有害生物如美国白蛾、松材线虫、松突圆蚧，其损失远远超过了大兴安岭1987年发生的森林火灾；我国为控制其扩展蔓延，每年投放大量资金。与此同时，为防治外来有害生物大量使用农药，可能引起的环境污染以及对有益昆虫——害虫天敌的伤害而形成恶性循环的后果。按照自然界的规律，动植物（包括昆虫、微生物等所有生物种类）在一定的地理范围内保持生态平衡，如一旦有外来有害生物种类被人为地传到新的地理区域，特别是对于现代化的农场，那里集中种植数量巨大的植物群体，由于新的寄主作物缺乏抗性，加之当地又没有外来有害生物的天敌，其结果会形成毁灭性的疫情流行灾害。据2012年报道，我国50种最具危害性的外来有害生物每年造成约600亿元损失；而2008年，农业部调查认为我国主要外来有害生物对农业造成的损失约500亿元，而据环保部评估，每年外来有害生物造成的损失大概为1000多亿元，相当于国民生产总值的1%以上。

为避免和防范外来有害生物传入，只有采取强制性的法律手段即检疫措施来实现。据资料记载，法国里昂地区在1660年首先制定了铲除小檗并禁止其传入以防止小麦秆锈病的法令，这是最早的植物检疫相关法令。法国基于引种美国葡萄枝条导致葡萄根瘤蚜蔓延，使大面积的葡萄园被毁的惨痛事实，于1872年颁布了禁止从国外输入葡萄枝条的法令。1873年俄国加以仿效。到了19世纪末和20世纪初，运用法律手段来保护本国农牧业生产，使其免受外来有害生物的危害，已为众多国家所采用和接受。

农产品的生产安全成为世界各个国家密切关注的问题。植物检疫作为预防性植物保护措施已被世界各国政府所重视和运用，并将植物检疫作为世界农产品贸易中不可缺少的必要手段。SPS协议，明确要求所有参加国的动植物检疫部门保证其动植物检疫从技术到执法管理要符合国际标准，处理措施开放透明；不应该妨碍贸易，搞非关税壁垒。一个国家在入境检疫方面的法制管理及技术水平，反映其经济技术的水平，也反映其国家的政治地位。

第二节　检疫范围

对通过贸易、科技合作、赠送、援助、交换、携带、邮寄等各种方式入境的植物、植物产品和其他检疫物都应实施植物检疫。

一、植物

"植物"是指栽培植物、野生植物及其种子、种苗及其他繁殖材料等。包括所有栽培、野生的可供繁殖的植物全株或者部分，如植株、苗木（含试管苗）、果实、种子、砧木、接穗、插条、叶片、芽体、块茎、球茎、鳞茎、花粉、细胞培养材料等。为了避免和广义的植物检疫混淆,通常将这部分检疫物统称为种子、苗木(简称种苗)。判断入境物属"植物"还是"植物产品"的范畴,一是根据用途,例如玉米籽粒,生产加工使用的以植物产品对待,种用的以种子对待;二是根据形态,例如观赏植物,虽然没有繁殖的目的,但以活体入境并在之后的使用过程中,仍以活体植物的形态存在,所以归在"植物"的范畴内。

种子、种苗是重要生产资料,也是有害生物远距离传播的主要途径之一。与植物产品相比,它传播有害生物的种类多、数量大、几率高。因为种苗本来就是有害生物的自然传播载体,有完善的传播机制,人为传播只不过延长了传播距离。而且种苗入境后大部分直接进入田间,便于有害生物侵染下一代植物并蔓延。种苗传播和其他传播方式,例如气流传播、昆虫介体传播和土壤传播等相互配合,危险性更大。据测定,某些种传细菌、霜霉菌和锈菌的种子带菌率低至 0.001%,就足以在一个生长季节内酿成病害流行。因此,种苗的检疫具有特殊的重要性,有些国家规定种苗传带特定病原物的允许量为"0"。

因世界性的种苗资源交流和引进,使得原来局限于一定地区的某些检疫性有害生物得以随同引种而扩展传播的教训,无论是国内还是国外都曾有过不少先例。例如,我国 20 世纪 60 年代大批引进罗马尼亚双杂交玉米种子,由于直接用于大田生产从而引起玉米小斑病在华北地区严重泛滥,有的地区甚至绝产。

种苗传带有害生物的优势和造成巨大的潜在危险,使其理所当然地成为检疫工作的重点,对其检疫和监管要比植物产品严格得多。表现在:入境前需要检疫审批,控制入境种苗种类、数量、产地等;要求必须有输出国官方出具的植物检疫证书,有的还需要随附附加声明;需要在指定口岸入境等;检疫严格,除现场检疫和实验室检疫外,大多还要进行期限不一的隔离检疫;检疫处理严格,种苗上有害生物允许阈值低,同一种有害生物出现在种苗上,处理措施要比出现在植物产品上严格得多。

二、 植物产品

植物产品是指来源于植物未经加工或者虽经加工但仍有可能传播有害生物的产品。

植物产品包括:粮谷类(含粮食加工品)、豆类(含各种豆粉)、木材类(含各种木制品、垫木、木箱)、竹藤柳草类、饲料类、棉花类、麻类(含麻的加工品)、油籽类、烟草类、茶叶和其他饮料原料类、糖和制糖原料类、水果类、干果类、蔬菜类(含速冻、盐渍蔬菜和食用菌)、干菜类、植物性调料类、药材类等。

三、 其他检疫物

这部分包括植物性有机肥料、栽培介质、植物性废弃物、土壤和其他可能传带植物有害生物的检疫物。

对易滋生植物害虫或者混藏杂草种子的动物产品如动物皮、毛、骨、粉,装载植物、植物产品和其他检疫物的装载容器、包装物、铺垫材料,来自动植物疫区的运输工具,进境拆解的废旧船舶,有关法律、行政法规、国际条约规定或者贸易合同约定应当实施植物检疫的其他货物、物品,也应实施植物检疫。

第三节 检疫依据及入境条件

一、检疫依据

出入境检验检疫机关依据下列内容实施入境植物检疫：
（1）我国法律法规、标准规定的要求；
（2）我国政府与一些国家政府间签订的植物检疫和植物保护双边协定、协议、备忘录等规定的要求；
（3）《进境动植物检疫许可证》《检疫审批单》等所列要求；
（4）贸易合同中订明的检疫要求。

二、入境条件

（一）植物
（1）提供输出国官方出具的《植物检疫书》和农林业主管部门签发的入境种苗《检疫审批单》；
（2）不带有我国规定的植物检疫性有害生物；
（3）不带有有关协定、协议、备忘录或贸易合同中规定的有害生物；
（4）不带有土壤等禁止进境物。

（二）植物产品
（1）提供输出国官方出具的《植物检疫书》，一些产品需提供《进境动植物检疫许可证》；
（2）不带有我国规定的植物检疫性有害生物；
（3）不带有有关协定、协议、备忘录或贸易合同中规定的有害生物；
（4）不带有土壤等禁止进境物。

第四节 进境植物检疫基本制度

一、检疫准入制度

我国对首次输华的农产品包括植物及其产品实施检疫准入制度。只有准入的农产品才能入境。检疫准入的程序包括：
（1）输出国官方检疫主管部门根据贸易需求，向国家质检总局（以下简称中方）提出书面申请，并说明拟出口具体农产品的名称、种类、用途、进口商信息、出口商信息。
（2）中方根据申请，向输出国提交一份涉及进行该种农产品进口风险分析资料的调查问卷，请输出国答复。

（3）在收到输出国就调查问卷的答复后，中方组织有关专家进行风险分析；在风险分析过程中，如需要，中方将请输出国再补充有关资料；在对以上资料评估的基础上，中方将考虑是否派出专家组赴输出国进行实地考察。

（4）在风险分析工作完成后，中方将考虑是否提出从该国进口该种农产品的检疫议定书草案或入境检验检疫卫生要求，双方就此进行协商。

（5）在双方就议定书或入境检验检疫卫生要求达成一致意见后，按照议定书或卫生要求的规定开展该种农产品的贸易。

二、检疫审批制度

我国规定植物种子、种苗及其他繁殖材料和一些植物产品在进境前必须获得检疫审批。未经检疫审批的货物不允许入境。检疫审批分为一般审批和特许审批。

三、产地检疫或境外预检制度

产地检疫或境外预检是指由输入国国家植物保护机构对输出国进行的检查。检查内容包括：生产制度、检疫处理、查验程序、植物检疫管理、认可程序、检测程序和有害生物监测。经过产地检疫或境外预检的货物，入境时常常只需履行最简化的手续。

我国目前实施产地检疫或境外预检的植物及产品有水果、粮食、饲料、烟叶、种苗等。

四、指定入境口岸制度

指定入境口岸制度是IPPC认可、可以采取的植物检疫措施。但是设定方应提供限制的理由，并且选择的口岸不妨碍国际贸易。指定入境口岸主要是为了能对这些植物及植物产品进行安全彻底地检查，并非所有入境口岸都适合作为植物与植物产品的入境口岸。一般入境口岸需要具备必需资源以进行植物与植物产品检查以及管理有害生物，包括存放样品及标本的存储室、实验室、对受感染材料等进行销毁或消毒的车辆等。在资源、财力或物力有限的情况下，指定有限数量的入境口岸能够使国家主管部门集中有限的可利用资源，从而更好地执行检查任务。

我国目前对进境水果、种苗、粮食等实施了指定口岸制度。指定口岸需具备专业人员、实验室检测条件和能力、口岸设施设备条件以及检疫防疫相关制度等，并经考核批准公布。

五、符合性核查制度

进境时的符合性核查有三项基本内容，即文件核查、货物完整性核查、植物检疫查验和检测等。核查的目的是确定它们是否符合植物检疫法规的规定；核查植物检疫措施在防止检疫性有害生物和限定的非检疫性有害生物传入方面是否有效；发现潜在检疫性有害生物或未预计会随该商品一起传入的检疫性有害生物。符合性核查应尽可能与涉及进境管理的其他机构如海关合作实施，以尽量减少对贸易往来的干扰和对易腐烂产品的影响。

符合性核查包括查验、抽样、实验室检测等。

六、隔离检疫制度

隔离检疫是一种在隔离的环境条件下，对入境后的货物实施的检疫；是利用具有阻止有害生物移动特性的天然屏障，防止有害生物污染或再次感染的风险管理措施。隔离圃检疫是实施入境后检疫的一个重要环节。

隔离检疫圃的一般要求包括：应考虑植物生物学、检疫性有害生物的生物学和可能携带检疫性有害生物的任何媒介的生物学，尤其是其传播和蔓延方式。检疫隔离中成功扣押植物货物，需要防止任何相关检疫性有害生物逃逸，并防止隔离检疫圃以外地区的生物进入圃内或将检疫性有害生物传播到圃外。

隔离检疫圃的具体要求包括：检疫圃可由一个或几个大田、网室、玻璃温室、实验室等设施构成。检疫圃所用设施应根据输入的植物种类及其可能带入的检疫性有害生物决定。国家植物保护机构在确定检疫圃的要求时应考虑所有相关事项如地点、物理和操作要求、废物处理设施、有无对检疫性有害生物进行检测、诊断和处理的适当系统，确保通过检查和审核维持适当程度的隔离。

我国规定，进境植物种子、种苗及其繁殖材料需根据其传带检疫性有害生物的高中低风险，在国家隔离检疫圃、专业隔离检疫圃和地方隔离检疫圃中进行隔离检疫。经隔离检疫的种苗，未被发现检疫性有害生物的才能从检疫圃放行；如被发现检疫性有害生物，则应加以处理或去除有害生物，或销毁。销毁方式包括化学销毁、焚化、高压蒸汽销毁等。

七、监测调查制度

监测是国际植物检疫的一项具体操作措施，是国家官方植物保护组织的一项法定职责；也是一种有效的预防机制。IPPC鼓励政府对有害生物定期进行监测。通过监测获得的信息可用于确定某一区域、寄主或商品中是否具有、分布或不存在有害生物。

监测制度主要有两大类，即一般性监测和特定调查。一般性监测是从存在的许多来源中收集与一个地区有关的特定有害生物的信息，并提供给国家植物保护机构使用的过程。特定调查是在一定时期内，国家植物保护机构为获取一个地区的特定地点有关的有害生物信息而采取的行动，包括有害生物调查、商品或寄主调查、针对性抽样和随机抽样三类内容。

对有害生物的具体监测调查，可以提供有害生物发生的可靠信息。通过对监测和其他信息的追溯，可以发现有害生物的暴发情况。

我国每年会制定外来有害生物监测计划，对检疫性实蝇、有害杂草、舞毒蛾、苹果蠹蛾、马铃薯甲虫、斑翅果蝇、林木害虫、油菜茎基溃疡病菌、向日葵黑茎病菌等进行监测。

八、违规处理及通报制度

紧急行动是国际植物检疫的操作原则，是指在遇到新的或未预料的植物检疫情况时，迅速采取的植物检疫行动。紧急措施的执行应当是临时性的，应尽快通过有害生物风险分析或其他类似审查来评价是否继续采取这些措施，从而确保有技术理由继续采取这些措施。

需采取紧急行动的违规情况包括：未遵守植物检疫要求；被检出检疫性有害生物；文件不符合要求，包括没有植物检疫证书、无法核实植物检疫证书上的修改和涂抹、植物检疫证书信息严重缺失、假冒植物检疫证书；禁止货物；货物中含有禁止物品（如土壤）；无按规定进行处理的证据；多次发生旅客携带或邮寄少量非商业性禁止物品。

采取何种行动因情况而异，应当是与所识别的风险相称的、所需采取的最小行动。行政失误，如植物检疫证书不完整，可以通过与输出国国家植物保护机构联络予以解决；对于其他违规情况，可以采取扣留、处理、销毁、转运等行动。

进口国在入境货物中发现明显违反植物检疫要求的事件，要尽快向输出国通报违规情况和对入境货物采取的紧急行动，不论货物是否需要植物检疫证书。通报应说明违规的性质，使输出国可以进行调查并做出必要的纠正。进口国可要求输出国报告这类调查的结果。通报的目的只应是促进国际合作，预防限定性有害生物的输入和或扩散，帮助调查违规原因，防止违规事件再次发生。

通报的信息应包括通报编号、日期、进口国和输出国国家植物保护机构的名称、货物名称和首次行动日期、采取行动的理由、关于违规和紧急行动性质的信息和采取的植物检疫措施。

第五节　进境植物检验检疫一般工作程序

一、受理报检

对货主或其代理人提供的以下报检单证进行完整性、有效性和一致性审核：入境货物报检单；《进境动植物检疫许可证》（适用于水果、粮食等国家质检总局规定需要审批的植物及植物产品）《引进种子、苗木检疫审批单》或《引进林木种子、苗木和其他繁殖材料检疫审批单》（适用于种子、苗木和其他繁殖材料）；输出国家或地区官方植物检疫证书；产地证书；品质证书（适用于粮食等）；卫生证书（适用于粮食、水果等）；贸易凭证；提单或装箱单；农业转基因生物安全证书（适用于转基因产品）；代理报检委托书（适用于代理报检时用）等。

二、现场检验检疫

（一）核查货证是否相符，制定植物检验检疫方案

（1）审核报检单证，确认货证是否相符。
（2）根据国家植物检验检疫规定及输出国家或地区疫情发生情况，制定检验检疫方案。
（3）确定现场检验检疫时间、地点、人员。

（二）现场查验

（1）检查运输工具及集装箱底板、内壁及货物外包装有无有害生物，发现有害生物并有扩散可能的应及时对该批货物、运输工具和装卸现场采取必要的防疫措施。
（2）检查货物有无水湿、霉变、腐烂、异味、杂质、虫蛀孔、活虫、土壤和鼠类等，情况严重的，应对现场进行拍照或录像。
（3）检查植物性包装材料、铺垫材料是否符合我国进境植物检疫要求。
（4）按规定抽取样品，需进行实验室检验检疫的，应填写送样单并及时将样品连同现场发现的可疑有害生物一并送实验室检验检疫。

三、实验室检验检疫

（一）植物检疫

对送检样品和现场发现的可疑有害生物，按照国家标准、行业标准和有关有害生物鉴定资料进行检疫鉴定。

（二）安全卫生检验

对食用、饲用植物产品如水果、粮食、饲料等的送检样品按国家卫生标准及有关规定进行安全卫生项目检验。目前采取安全卫生风险监控的方式、按一定批次比例对货物实施一般监控和重点监控。

（三）品质检验

列入《实施检验检疫的进出境商品目录》的进口植物及其产品，按照国家技术规范的强制性要求进行检验；尚未制定国家技术规范强制性要求的，可以参照国家质检总局指定的国外有关标准进行检验。未列入目录的进出口产品申请品质检验的，按合同规定的检验方法进行；合同没有规定检验方法的按我国相关检验标准进行检验。

（四）转基因符合性检测

对于申报为转基因产品或非转基因产品的植物及产品，如大豆、玉米、油菜籽、苜蓿干草、番木瓜等，按照不同比例实施转基因监控，重点针对我国未批准的转基因品系。

四、隔离检疫

对于需要隔离检疫的进境种子、种苗及其他繁殖材料，应调运到指定隔离检疫圃实施隔离检疫。隔离期间对其有害生物发生情况进行监测调查。

五、结果评定与出证

（一）检验检疫合格的

检验检疫结果符合要求的，按规定分别出具《入境货物检验检疫证明》《卫生证书》或《检验证书》。

（二）检验检疫不合格的

（1）发现我国进境植物检疫性有害生物、限定的非检疫性有害生物、双边植物检疫协定、协议和备忘录中订明的有害生物、其他有检疫意义的有害生物的，出具《检验检疫处理通知书》，报检人要求或需对外索赔的，出具《植物检疫证书》。

（2）安全卫生检验不合格的，出具《卫生证书》。

（3）品质检验不合格的，出具《检验证书》。

有分港卸货的，先期卸货港检验检疫机构只对本港所卸货物进行检验检疫，并将检验检疫结果以书面形式及时通知下一卸货港所在地检验检疫机构；需统一对外出证的，由卸毕港检验检疫机构汇总后出证。

六、复验

报检人对检验检疫机构的检验结果有异议，可向原检验检疫机构或其上级检验检疫机构申请复验。

七、检验检疫处理

（1）对检疫不合格且有有效检疫除害处理方法的植物及产品，监督有资质的单位对其进行检疫除害处理。对检疫不合格且无有效检疫除害处理方法的，作退运、销毁或转口处理。

(2) 安全卫生项目或品质检验不合格的，按有关规定、标准要求进行处理。
(3) 转基因检测不合格的，作退运或销毁处理。

八、检验检疫监管

（1）检验检疫机构对进境植物及其产品的装卸、运输、储存、加工过程实施监督管理，对种子、种苗及其他繁殖材料的隔离检疫过程实施监督管理。

（2）装卸、运输、储存、加工单位在入境口岸检验检疫机构管辖区内的，由入境口岸检验检疫机构负责监管，并做好监管记录。运往入境口岸检验检疫机构管辖区以外的，由指运地检验检疫机构负责进行监管；入境口岸检验检疫机构应及时通知指运地检验检疫机构。

（3）检验检疫机构可以根据需要，在进境植物及其产品的装卸、运输、储存、加工场所及其周边实施外来有害生物监测。

（4）从事进境植物及其产品检疫除害处理业务的单位和人员，必须经检验检疫机构考核认可。检验检疫机构对检疫除害处理工作进行监督。

（5）检验检疫机构根据工作需要，视情况派检验检疫人员对输出植物及其产品的国家或地区进行产地疫情调查和装运前预检。

九、信息上报

凡在进境植物和植物产品中发现有害生物或有毒有害物质或其他不符情况的，应按要求上报。

十、归档

检验检疫完毕，应及时将在整个检验检疫过程中形成的文案资料整理归档：对现场、实验室拍摄的图片、影像等资料及有害生物标本妥善保存。

第十二章

出境植物检疫

第一节 概述

一、出境植物检疫的概念

出境植物检疫是指对贸易性和非贸易性的出境植物、植物产品及其他检疫物（以下简称出境检疫物）实施的检疫。出境检疫物在离境前由出入境检验检疫机构依据《中华人民共和国进出境动植物检疫法》及其实施条例规定，实施检疫，使其符合我国参加的国际公约组织的要求，符合进境国家的植物检疫规定，符合双边植物检疫协定的有关条款，以维护我国对外贸易信誉。

二、出境植物检疫发展历程

出境植物检疫工作是随着国际贸易形势的变化和我国对外贸易的发展而发展的。20世纪50年代，我国的农产品贸易主要面对东欧、朝鲜等社会主义国家。为保护各自国家农业生产安全，从1954年开始，苏联、朝鲜、阿尔巴尼亚、匈牙利、保加利亚、波兰、前民主德国等国家分别与我国签署了政府间《关于农作物检疫和防止病虫害的协定》，规定了我国出口的农产品必须经官方植物检疫机构检疫，并出具植物检疫证书。随着我国对外贸易逐步扩大，农业部于1980年3月要求各口岸动植物检疫机构对出口植物及其产品的检疫，原则上根据进口国的要求执行；出口的植物性加工品或某些非植物性产品，有感染病虫可能的，如出口单位申请，也可进行检疫。在此基础上1982年6月，国务院发布了《中华人民共和国进出口植物检疫条例》，对出口植物检疫做了进一步的规定，即"出口植物及其产品，凡有检疫要求的出口单位或其代理人应事先向口岸动植物检疫机构报检。经检疫合格的，签发检疫证书；经检疫发现有应检病虫的，不准出口或经除害处理后出口。对于被污染的场地、仓库、运输工具、铺垫材料等亦要进行处理"。这一法规使出境植物及其产品的受检率逐年提高，有力地促进了出境植物检疫工作。但出境植物及其产品的检疫仍未完全纳入法制化管理，有些贸易单位为了逃避支付检疫费用，常有人为瞒报或不报检的现象，使得我国出口植物及其产品运到目的港后，因无我官方检疫机构出具的检疫证明而被销毁、拒绝入境、作除害处理等事件不断发生，给国家造成损失。

随着世界各国对保护本国农业和生态环境意识的加强，普遍对进出境植物检疫进行了立法。为了适应国际惯例和从根本上改变这一混乱局面，1991年10月30日全国人大常委会第22次会议审议通过的《中华人民共和国进出境动植物检疫法》和1997年1月1日实施的《中华人民共和国进出境动植物检疫法实施条例》，正式将出境植物检疫变成了法律条款加以实施，使出境植物检疫工作进入了一个崭新的阶段。

三、 出境植物检疫对外贸发展的促进作用

出境植物检疫在农产品的出口贸易中，发挥着不可替代的保护和促进作用。在国际贸易中，农产品贸易始终是一个较为敏感的灰色禁区，发达国家寻求将本国农产品推向国际市场的同时，他们常采取颁布严厉的检疫法律法规和制定苛刻的植物检疫标准等措施，保护其国内农产品市场和防止植物检疫性有害生物侵入。

20世纪80年代以来，出境农产品的植物检疫工作发生了以下变化。一是输入国要求输入农产品附有植物检疫证书的国家增多；二是一些国家的植物检疫要求也趋向具体化，有的要求条件极为苛刻。

我国农产品要走向国际市场，除了需要产品本身具有质量优势外，还需要植物检疫部门的技术和信誉作保证，以化解其他国家的进口限制措施。最典型的例子就是成功对日本出口哈密瓜。日本政府视中国为瓜实蝇疫区，长期禁止中国哈密瓜进口，通过中日两国植物检疫专家长期艰苦的技术合作与调查论证后，终于使日本国政府修改了检疫法规中的有关条款，解除了禁止进口中国新疆哈密瓜的禁令，使中国新疆哈密瓜顺利进入日本市场。我国植物检疫部门通过加强科学研究，主动与国外检疫部门合作和谈判，20世纪80年代中后期以来，先后打破了日本、美国、加拿大、新西兰、澳大利亚、马来西亚、以色列等国对我国出口农产品的限制，使我国的哈密瓜、荔枝、龙眼、稻草垫、盆景、鸭梨、苹果、蒜苗、富贵竹、蝴蝶兰等进入了国际市场，对促进我国农产品出口和外向型农业的发展起到重要作用。

四、 出境植物检疫发展前景

随着世界经济一体化进程的不断加快，出境植物检疫在农产品出口贸易中的作用显得越加重要。植物检疫部门能够充分发挥自身的优势，积极为我国农产品打入国际市场创造条件。一方面按照国际通行的质量体系管理模式和国外的植物检疫要求，对农业生产进行指导，建立符合国外植物检疫和卫生要求的优质、高产、无病、低毒的农产品生产体系。这是目前农业发达国家所推行的一种检疫监控模式。另一方面通过与国外植物检疫部门的多边、双边检疫谈判，加强我国农产品出口的解禁工作，不断解除一些国家对进口我国农产品的限制。

我国是一个农业大国，农产品在整个外贸出口货物中占相当的比重。随着我国外贸事业的发展，农产品输往的国家和地区已由20世纪50年代的10多个发展到目前世界五大洲几乎所有国家和地区，我国的农产品生产正在走向产业化、标准化、多样化和国际化，出口农产品仍有极大的潜力尚待开发。植物检疫部门在出境农产品的检疫工作中，要严格把关，认真履行国际检疫义务，积极配合外贸工作；外贸部门也要和检疫部门加强合作，积极配合出境植物检疫工作，将会有更多的农产品走向国际市场。

第二节 出境检疫物的范围和种类

一、 出境检疫物的范围

出境检疫物包括：贸易性的出境植物、植物产品及其他检疫物（商品）；作为展览、援助、交换、赠送等的非贸易性的出境植物、植物产品及其他检疫物（非商品）；以上出境植物、植物产品及其他检疫物的运输工具、装载容器、包装物及铺垫材料。

二、 主要出境检疫物种类

（1）植物 是指栽培植物、野生植物及其种子、种苗和其他繁殖材料等。植物种子、种苗和其他繁殖材料是指栽培或野生的可供繁殖的植物全株或者部分，如植株、苗木（含试管苗）、果实、种子、砧木、接穗、插条、叶片、芽体、块根、块茎、鳞茎、球茎、花粉、细胞培养材料等。

（2）植物产品 是指来源于植物未经加工或虽经加工但仍有可能传播有害生物的产品，如粮食、豆、棉花、油、麻、烟草、籽仁、干果、鲜果、蔬菜、中药材、木材、饲料等。

（3）其他检疫物 植物性有机肥料、栽培介质、植物性废弃物、土壤和其他可能传带植物有害生物的检疫物；以及易滋生植物害虫或者混藏杂草种子的动物产品如动物皮、毛、骨、粉，装载植物、植物产品和其他检疫物的装载容器、包装物、铺垫材料，有关法律、行政法规、国际条约规定或者贸易合同约定应当实施植物检疫的其他货物、物品。

（4）货主要求实施检疫的其他物品。

第三节 出境检疫物的检疫依据

《动植物检疫法实施条例》第三十四条明确规定，输出植物、植物产品和其他检疫物的检疫依据为：
（1）输入国家或者地区和中国有关动植物检疫规定；
（2）双边检疫协定；
（3）贸易合同中订明的检疫要求。

第四节 出境植物检疫基本制度

一、 出口农产品生产经营企业注册登记制度

从2008年4月1日起，国家质检总局将所有出口植物及其产品的种植、加工、包装、存

放单位纳入注册登记范围，全面实施注册登记制度。未经注册登记企业生产加工的所有植物及其产品不得出口。

目前实行注册登记的企业按产品种类主要分为以下几类：水果果园和包装厂；种苗花卉及其生长介质生产经营企业；竹木藤柳草及其制品生产经营企业；粮食及植物性饲料、饲料添加剂生产经营企业；其他植物产品（烟草等）生产经营企业；以及木质包装标识加施企业等。每类植物及其产品的注册登记条件不同。

二、属地管理制度

生产经营企业出口植物及其产品应向注册登记所在地分支检验检疫机构报检。检验检疫机构对辖区的注册登记企业实施检验检疫监管。

三、分类管理制度

根据风险评估结果，对出口植物及产品进行风险分级；通过对企业的生产能力、规模、出口量及产品合格率等评估、考核，又将企业分为一类、二类、三类三个类别。根据不同企业类别、不同产品风险采取不同的监管模式和查验频率、比例。

四、关键控制点管理制度

针对植物及其产品的种植、生产、加工、包装、储存、中转、发运等各个环节，根据产品的不同特点，查找产品质量的关键控制点，并对关键点实施强化管理。

五、溯源管理制度

要求出口企业建立产品原、辅料的进货、使用台账以及产品生产、加工及出口的台账，达到产品从生产至出口的溯源目的。企业应如实记录原辅料名称、规格、数量、供货商、进货时间等内容；建立并执行进货检查验收、索证索票、购销台账制度；审验生产供货企业的经营资格、产品的合格证明等；如实记录生产加工过程，建立出口台账等。

六、农业投入品使用管理制度

通过对种植、加工过程中使用的种苗、农药、化肥、保鲜剂、消毒剂等投入品的监管，以及对出口植物及其产品产地环境的监测，要求符合质量安全要求，督促生产经营企业建立投入品进货核查和使用的记录。

七、企业第一责任人制度

明确出口植物及其产品的生产经营企业是产品质量安全的第一责任人。要求生产经营企业熟悉掌握进口国家和地区质量安全卫生要求，建立质量安全保障体系，保证其生产经营的产品符合进口国或地区的要求。检验检疫机构同时加强对企业生产经营活动的指导和监管。

八、企业诚信制度

根据企业生产经营情况建立和公布出口植物及其产品的生产经营企业良好记录和不良记录。对良好记录生产经营企业，采取简便措施；对不良记录生产经营企业，加大抽查频率和抽样比例,按规定处罚不良行为,甚至取消其出口资格。

第五节　出境植物检验检疫一般工作程序

一、受理报检

对货主或其代理人提供的以下报检单证进行完整性、有效性和一致性审核:出境货物报检单;合同或信用证;代理报检委托书(适用于代理报检)等。

二、现场检验检疫

(一) 制定检验检疫方案

按照下列检验检疫依据制定检验检疫方案:①政府及政府主管部门间双边植物检疫协定、协议、备忘录等规定的检验检疫要求;②中国法律、法规规定的检验检疫要求;输入国家或地区检疫要求和强制性检验要求;贸易合同或信用证订明的其他检验检疫要求。

确定现场检验检疫时间、地点和方法。

(二) 现场检验检疫

(1) 核对货证　核对货物堆放货位、唛头标志、批次代号、数量、质量和包装等是否与有关单证相符。

(2) 环境检查　首先检查堆存环境是否清洁无污染,是否受有害生物侵染,检查货物及包装和铺垫材料有无活虫及害虫排泄物、蜕皮壳、虫卵、虫蛀为害痕迹等,发现有害生物时,将有害生物送实验室作进一步鉴定。

(3) 货物检验检疫

①外观检查:打开货物包装,通过肉眼或手持放大镜,直接观察货物有无活虫、软体动物、杂草籽或病斑、蛀孔等有害生物的为害状;有无掺杂使假、发霉、腐败变质、土块及其他质量明显低劣的情况。

②过筛检查:根据不同的货物特点,采用不同孔径的规格筛进行筛检,在筛下物和筛上物中仔细检查活虫、菌瘿、杂草籽、掺杂物、杂质等。

③剖开检查:需要时,可用解剖刀或剪子剖开受害的可疑部分,检查虫体、菌核、菌瘿或品质情况等。

④倒包检查:按规定从抽样件中取一定数量进行倒包检查,仔细检查包装内货物的品质等情况,检查缝隙有无隐藏活虫等。

对于种子、种苗及其他繁殖材料,检疫时要特别注意是否带有土壤。根据需要,可依据不同输入国家或地区的要求、植物种类的生物学特点,提前到生长期田间或在产地装运前检查。

(4) 取样送检　按有关标准或规定抽取样品,加施样品标识。填写送样单送实验室检验检疫鉴定。

(5) 填写《现场检验检疫记录单》。

三、实验室检验检疫

（一）检疫

对送检的有害生物，有标准规定的，按照有关国家、行业标准进行检疫鉴定；无标准规定的，按生物学特性、形态特征及参照有关有害生物鉴定资料进行检疫鉴定。

（二）安全卫生项目及品质项目检验

依据输入国家或地区强制性检验要求、我国法律法规规定的检验要求及贸易合同或信用证约定的检验检疫依据对相关项目进行检验。对安全卫生项目进行安全风险监控。

（三）样品保存

由实验室按有关规定负责样品保存，一般样品保存6个月（易腐易烂的样品除外）。

四、结果评定出证与检验检疫处理

（1）检验检疫合格的　符合输入国家和地区的植物检疫要求、安全卫生项目检测标准、双边植物检疫协定、协议、备忘录及贸易合同或信用证中有关检验检疫要求的，允许出境，并按需要出具《植物检疫证》《卫生证书》《检验证书》等单证。

（2）检验检疫不合格的　不符合输入国家和地区的植物检疫要求、安全卫生项目检测标准、双边植物检疫协定、协议、备忘录及贸易合同或信用证中有关检验检疫要求的，但经有效方法处理并重新检验检疫合格的，允许出境，并按需要出具《植物检疫证书》《卫生证书》《检验证书》等单证；无有效方法处理的，签发《出境货物不合格通知单》，不准出境。

（3）对检疫不合格、总局规定或输入国、货主要求进行除害处理的，要采取相应方法进行除害处理。在进行相应除害处理后，出具相关证书。

（4）出境货物检验有效期最长不超过2个月，检疫有效期一般为21d，北方部分地区冬季可酌情延长至35d。

五、复验

如果报检人对检验检疫机构的检验结果有异议，可向原检验检疫机构或其上级检验检疫机构申请复验。

六、检验检疫监管

（1）检验检疫机构对辖区内注册登记的出境植物及产品的生产、加工、仓储企业进行监管。

（2）检验检疫机构对辖区内货物装卸、运输、储存、加工过程进行监管。

（3）检验检疫机构对出境有具体检验检疫要求的植物、植物产品，需按要求对植物生长期病虫害进行监测调查。

（4）对国外的违规通报情况进行调查反馈。

七、信息上报

凡在出境植物和植物产品中发现进口国关注的有害生物、有毒有害物质或其他不符情况的，应按要求上报。

八、归档

检验检疫完毕,应及时将在整个检验检疫过程中形成的文案资料整理归档;将现场、实验室拍摄的图片、影像等资料及有害生物标本妥善保存。

第十三章

过境植物检疫

第一节 概念

过境植物检疫是指对由境外启运，通过我国境内继续运往境外的植物、植物产品和其他检疫物（以下简称"检疫物"）及其包装容器、包装物和运输工具实施检疫和必要的检疫处理。过境植物检疫是动植物检疫执法行为中的一项重要内容，它具体地体现了一个国家的主权和尊严。

过境植物检疫适用于：经陆路通过我国境内直接过境运输的检疫物；入境后在我国口岸经改换其他运输工具并直接从入境口岸运出境外的检疫物；由船舶或飞机装运入境，由原运输工具装运出境的通运检疫物；以及属于欧亚大陆桥方式的国际集装箱过境运输的检疫物。

第二节 过境植物检疫的意义和作用

过境植物检疫是国家为防止植物检疫性有害生物随过境植物、植物产品和其他检疫物传入国内，保护国内农、林业生产安全而采取的一种手段，它不亚于入境植物检疫对防止植物检疫性有害生物传入国内的重要意义。过境植物检疫的作用主要有：

（一）**防止植物检疫性有害生物传入，保护农、林业生产安全**

过境的植物、植物产品和其他检疫物，虽然不在国内的某个城镇卸载、停放，但过境物品在我国境内长时间、长距离运输，加之温湿度变化及其他环境因素的影响，会给植物检疫性有害生物的传播创造良好的时机和条件。如欧洲国家运往越南，或中国香港运往朝鲜的植物、植物产品，其所经路线贯彻我国大江南北；再如美国经天津新港运往蒙古国的植物产品，途经我国主要的农、牧业区，一旦植物检疫性有害生物传入，将对我国的农牧业生产带来不可估量的损失。因此，过境植物检疫对防止检疫性有害生物传入，对保护国内农、林业生产安全，对维护国家主权都具有极其重要的作用。

（二）**履行国际义务，促进国际贸易**

在当今世界，发展国际贸易、开展科技协作，是促进国际物资交流、推动世界经济发展不可缺少的手段。由于地理条件的限制,各国或地区间的贸易往来不可能都是直接相通,而需要经其他国家或地区才能完成,因而产生了在其他国家或地区过境的问题。一个国家或地区向另一个国家或地区运送物资,在对我国国家主权和安全不构成损害和威胁时,我们将按国际惯例给予方便。过境的植物、植物产品和其他检疫物在符合我国有关检疫要求的条件下,可以获得过境许可。因此,过境植物检疫是促进国际贸易发展的一个重要环节,也是我们履行国际义务的一个重要方面。

第三节　过境植物检疫程序

一、受理报检

过境检疫物到达入境口岸时,由承运人或押运人向入境口岸检验检疫机构报检,需要提供的材料有:货运单;输出国家或地区官方出具的植物检疫证书;其他相关证明文件或资料。检验检疫机构对报检单证进行完整性、有效性和一致性审核。

二、现场检疫

(1) 对原装运输工具过境的,查验运输工具或包装、装载容器的外表有无破损、撒漏,是否附着土壤、害虫及杂草籽等有害生物。

(2) 更换运输工具的,全面查验原运输工具上有无过境检疫物的残留物及植物性铺垫物,检疫物的装载容器、包装物有无破损、撒漏或感染害虫等有害生物。

(3) 对现场检疫中截获的害虫、杂草籽等有害生物送实验室进行检疫鉴定,及时出具检疫结果报告单。

三、签证放行

(1) 经检疫未发现检疫性有害生物和限定的非检疫性有害生物,双边植物检疫协定、协议、备忘录中订明的有害生物,或经风险评估认为具有检疫意义的其他有害生物,装载过境检疫物的运输工具或包装物、装载容器完好无损、无撒漏的,出具《植物转口检疫证书》,准予过境。出境口岸检验检疫机构不再检疫。

(2) 经检疫发现上述有害生物,出具《检验检疫处理通知书》。有有效除害处理方法的,除害处理合格后,出具《植物转口检疫证书》,准予过境;无有效除害处理方法的,不准过境。

(3) 经检疫发现装载过境检疫物的运输工具或包装物、装载容器破损、撒漏或有可能造成途中撒漏的,入境口岸检验检疫机构应要求当承运人或押运人采取密封和其他检疫处理措施,合格后,出具《植物转口检疫证书》,准予过境;无法采取密封等措施的,不准过境。

(4) 过境检疫物签证放行后,由入境口岸检验检疫机构及时向出境口岸检验检疫机构通报有关情况。

四、检疫监管与出境放行

(1) 过境期间,准予过境的检疫物,未经检验检疫机构批准,不得拆开包装或卸离运输工具。

（2）过境检疫物到达出境口岸时，由出境口岸检验检疫机构核查装载过境检疫物的运输工具或包装物、装载容器破损、撒漏情况以及过境检疫物的数量，符合检疫要求的，准予出境；不符合检疫要求的，经检验检疫机构调查没有产生严重后果并采取补救措施后，准予出境。否则，不准出境。

五、信息上报

发现有害生物或其他违规情况的，应及时按规定上报。

六、归档

检疫完毕后，应将报检资料、现场检疫记录单、实验室检疫报告单、植物转口检疫证书等有关单证进行归档，并妥善保存相关图片、影像等资料及有害生物标本。

第十四章

植物、植物产品检疫鉴定

第一节　概述

　　检疫鉴定是检验检疫物是否附带、混杂、污染有害生物，并对发现的有害生物进行种类鉴定，为判定检疫物是否合格或为做检疫处理提供科学依据。检疫鉴定力求准确、快速，这一工作的技术性、政策性强，必须认真按照有关检疫规程和鉴定技术的标准、方法进行。

　　检疫鉴定主要对现场检疫取回的代表样品和病、虫、杂草籽样本，在实验室作进一步检验鉴定。检验鉴定的方法和技术，因病不同、虫、杂草的种类和不同的植物、植物产品而异。常采用下列一种或几种方法进行检验鉴定：过筛检验、解剖检验、透视检验、染色检验、同工酶电泳检验、比重检验、漏斗分析检验、洗涤检验、直接镜检、分离培养和接种检验、吸水纸检验、荧光显微检验、切片检验、萌发检验、试植检验、鉴别寄主接种检验、噬菌体检验、血清学检验、免疫电镜检验以及近年来分子生物学技术在植物病原体检测鉴定中的应用方法，如单克隆抗体技术、聚合酶链式反应技术（Polymerase chain reaction，PCR）等。对病、虫、杂草种类的检验鉴定，应结合有害生物的分布、寄主、主要鉴定特征、生活习性、传播途径等。具体检验方法可参考《中国进出境植物检疫手册》第七章"检疫性有害生物的检验与鉴定"，及有关检疫鉴定的标准和资料。根据现场和室内检验，对检出的病、虫、杂草最后做出正确的种名鉴定。本章介绍植物病、虫、杂草的常用检验方法。

第二节　昆虫检验

一、直接检验

　　取样携回室内进行过筛检验，按种子粒形状和大小，选用不同孔径的规格筛。

　　将需用的筛层，按筛孔大小顺序套好（小筛孔放在下面），将样品放入上层选筛内（不宜过多，约达筛层高度的2/3），套上筛盖，电动或手动回旋转动一定时间后，按筛层将筛上物和筛下物分别倒入白瓷盘中检查，检出昆虫和螨类，同时还可检出虫粒、病粒、杂草籽和其他夹杂物。若检查时室温低于10℃，最下层筛出物须在20~30℃条件下处理15~20min，促使害虫活动，再进行检查。必要时计算含量。

$$计算公式：含量/(g/kg) = \frac{1000 \times 发现数量}{试样质量/g}$$

二、隐蔽害虫的检验

1. 染色检查

用不同的化学药品进行染色，根据颜色程度区分有无害虫，并鉴别害虫种类。如检查粮粒中隐蔽的谷象、米象等可将样品放在铁丝网中，先在30℃水中浸1min，再移入1%高锰酸钾溶液中1min，然后用清水冲洗或用过氧化氢硫酸液洗涤20~30s。在扩大镜下挑粒面有直径约0.5mm左右黑斑点的籽粒，再进行剖检。豆类可用1%碘化钾或2%碘酒染色1~1.5min，再移入0.5%氢氧化钠或氢氧化钾溶液中20~30s，取出用水冲洗30s，如粒面有1~2mm直径的黑圆点，则内部可能隐藏豆象。

表14-1　　　　　　　　昆虫检验的过筛规格

品种	筛径规格/mm	层数	备注
花生、玉米、大豆、豌豆、蓖麻籽	3.5~2.5~1.5	1~3	圆孔筛
小麦、大麦、高粱、大米	1.75×2.0 或 2.5~1.5	1~2	长孔或圆孔筛
谷子、芝麻、苏籽、小米	2.0~1.0	1~2	圆孔筛
面粉	42目		绢筛或铜丝筛

2. 相对密度检查

根据有害籽粒和正常籽粒相对密度不同，用盐溶液漂检。检查谷象可将种子倒入2%硝酸铁溶液搅拌，静置后被害粒浮在表面。检查豆象可用18.8%的食盐水漂检。相对密度检查亦适用于检出线虫瘿、菌核和杂草籽等。

3. 解剖检查

对有明显被害状、食痕或有可疑症状的种子、果实以及其他植物产品进行剖开检查。

4. 软X光机检验

将样品摊成薄薄一层，放在软X光机工作台上或铺在胶带纸上，通过透视和摄影，检查可疑种子内的隐蔽害虫，检出率和检查效率均较高。

5. 饲养检查

将样品定量后置温箱内，定温在25~26℃条件下饲养3~5d或更长时间，测定害虫含量并鉴定虫种。

第三节　螨类检验

除可过筛检查外，还可利用螨类喜湿、怕干、畏热的习性，用螨类分离器，以电热加温的方法检出籽粒中的螨类。将样品均匀平铺在分离器的细铜丝纱盘上，厚度5mm左右，使盘面温度保持在43~45℃，经20min后详细检查盘下玻璃板（板四周要预先薄涂甘油）上的螨类，并计算其含量。

第四节 杂草籽检验

粮谷和种子样品过筛后检取筛上物和筛下物中的杂草种子（果实），目测或借助解剖镜观察，根据其外观形态特征，诸如形状、大小、颜色、斑纹、种脐以及附属物特征等进行鉴定。应充分注意地理环境、植物本身的遗传变异和种子成熟度等因素对种子外部形态的影响。必要时，将种子浸泡软化后解剖检查其内部形态、结构、颜色、胚乳的质地和色泽以及胚的形状、尺度、位置、颜色、子叶数目等特征。采用上述方法尚不能鉴定的，可进行幼苗鉴定，检查其萌发方式以及胚芽鞘、上胚轴、下胚轴、子叶和初生叶的形态。幼苗期的气味和分泌物有时也有重要鉴定价值。必要时，还应进行种植观察，观察花果特征。

第五节 植物病原真菌的检验

（一）直接检验

以肉眼或借助手持扩大镜、实体显微镜仔细观察种子、苗木、果实等被检物的症状。种子类先过筛，检出变色皱缩粒和菌核、菌瘿以及其他夹杂物。发现明显症状后，挑取病菌制片镜检鉴定。有些带菌种子需用无菌水浸渍软化，释放出病菌孢子后才得以镜检识别。

带病种子可能表现出霉烂、变色、皱缩、畸形等多种病变，种子表面产生病原菌的菌丝体，微菌核和繁殖体。例如，大豆紫斑病（*Cercospora kikuchii*），带病种子生紫色斑纹，种皮微裂纹；灰斑病（*C. sojina*），病籽生圆形至不规则形病斑，边缘暗褐色，中部灰色；霜霉菌（*Peronospora manschurica*），病粒生溃疡斑，内含大量卵孢子。玉米干腐病（*Diplodia zeae*），带病种子变褐色，无光泽，表面生白色菌丝和小黑点状分生孢子器。

种子过筛后可检出夹杂的菌瘿、菌核、病株残屑和土壤，都需仔细鉴别。小麦被印度腥黑穗菌侵染后，籽粒局部受害，生黑色冬孢子堆，而普通腥黑穗病菌和矮腥黑穗病菌为害则使整个麦粒变成菌瘿。形成菌核的真菌很多，常见的有麦角属（*Claviceps* spp.）、核盘菌属（*Sclerotinia* spp.）、小菌核属（*Sclerotium* spp.）、葡萄孢种（*Botrytis* spp.）、丝核菌属（*Rhizoctonia* spp.）、轮枝孢种（*Verticillium* spp.）、核瑚菌属（*Typhula* spp.）以及其他真菌。菌核可据形状大小、色泽、内部结构等特征鉴别。

直接检验在室内检验中常用作培养检验之前的预备检查。检出的病瘿，常需作形态观察检测。

（二）洗涤检验

用于检测种子表面附着的真菌孢子，包括黑粉菌的厚垣孢子、霜霉菌的卵孢子、锈菌的夏孢子以及多种半知菌的分生孢子等。

洗涤检验的操作程序如下：

洗脱孢子：将一定数量的种子样品放入容器内并加入定量无菌水或其他洗涤液，振荡 5~10min，使孢子脱离种子，转移到洗涤液中。

离心富集：将孢子洗涤液移入离心管，低速离心（1000~1500r/min）3~5min，使孢子沉积在离心管底部。

镜检计数：弃去离心管内的上清液，加入一定量无菌水或其他浮载液，使沉积在离心管底部的孢子重新悬浮，取悬浮液，镜检。滴加在血球计数板上，用高倍显微检查孢子种类并计数，据此可计算出种子的带菌量。

孢子生活力测定：用常规孢子萌发测定法、分离培养法、红四氯唑染色法判定孢子死活。

（三）荧光显微检验

主要适用于检测腥黑粉菌病瘿中冬孢子自发荧光反应等。如用荧光显微观测法判别小麦矮腥（*Tilletia contraversa* Kuhn）和小麦网腥［*Tilletia caries*（DC）Yul］冬孢子。其程序为：

（1）从菌瘿上刮取少许冬孢子粉至洁净的载玻片上，加适量蒸馏水制成孢子悬浮液，然后任其自然干燥；

（2）在干燥并附着于载玻片的孢子上加一滴无荧光浸渍油（Nd = 1.516），加覆盖片；

（3）置于激发滤光片 485nm、屏障滤光片 520nm 的落射荧光显微镜下，检测孢子的自发荧光；

（4）每视野照射 2~5min，以激发孢子产生荧光，并在此时开始计数。全过程不得超过 3min。此外，荧光显微观测法也适用于检查向日葵种子是否带有向日葵霜霉病菌菌丝体（或吸器）。

（四）萌发检验

主要适用于鉴别进口小麦中小麦矮腥和小麦网腥等。鉴于小麦矮腥病瘿和小麦网腥病瘿萌发生理特点不同，如需进一步鉴定病原，可根据小麦矮腥病菌在 15℃~17℃ 时不萌发，在 5℃ 光照下需 3~5 周萌发，而小麦网腥在以上两种温度下经 1~2 周后均可萌发的情况，来区别鉴定病原。

（五）吸水纸培养检验

主要用于检测在培养中能产生繁殖结构的多种种传半知菌，包括交链孢属（*Alternaria* spp.）、离蠕孢属（*Bipolaris* spp.）、葡萄孢属（*Botrytis* spp.）、尾孢属（*Cercospora* spp.）、芽枝孢属（*Cladosporium* spp.）、弯孢霉属（*Cruvularia* spp.）、炭疽菌属（*Colletotrichum* spp.）、德氏霉属（*Drechslera* spp.）、镰刀菌属（*Fusarium* spp.）、捷氏霉属（*Gerlachia* spp.）、茎点霉属（*Phoma* spp.）、喙孢霉属（*Rhynohosporium* spp.）、壳针孢属（*Seporia* spp.）、匍柄霉属（*Stemphylium* spp.）和轮枝孢属（*Verticillium* spp.）等属种传真菌。

通常用底部铺有三层吸水纸的塑料培养皿或其他适用容器作培养床。先用蒸馏水湿润吸水纸，将种子按适当距离排列在吸水纸上，再在一定条件下培养，对多数病原真菌，适宜的培养温度为 20~30℃，每天用近紫外光灯或日光灯照明 12h。培养 7~10d 后检查和记载种子带菌情况，检查时，用两侧照明的实体显微镜逐粒种子检查。本法依据种子上真菌菌落的整个形象，即"吸水纸鉴别特征"来区分菌种类。检查时应特别注意观察种子上菌丝体的颜色、疏密程度和生长特点、真菌繁殖结构的类型和特征。例如，分生孢子梗的形态、长度、颜色和着生状态，分生孢子的形状、颜色、大小、分隔数，在梗上的着生特点等。在疑难情况下，需挑取孢子制片，用高倍镜作精细地显微检查和计测。

吸水纸培养检验法简便、快速，可在较短时间内检查大量种子，是许多种传半知菌检验的适宜方法，但不能用于检测在培养中不产生有性繁殖体的种类。另外，植物营养器官的发病部位未产生真菌繁殖体时，常用吸水纸保湿培养诱导孢子产生，以确切地诊断鉴定。

（六） 琼脂培养基培养检验

主要用于病植物中病原真菌的常规分离培养，以获得病原菌纯化培养，进行种类鉴定，也适用于快速检验生长迅速且生成特定培养特征的种传真菌。常用的琼脂培养基有马铃薯葡萄糖琼脂培养基、麦芽浸汁琼脂培养基、燕麦粉琼脂培养基等。在检测特定种类的病原真菌时，还可选用适宜的选择性培养基。

用琼脂培养基法检验种子带菌时，种子先用 1~2% 次氯酸钠溶液或抗生素表面消毒 3~5min，然后植床于培养基平板上，在适宜温度和光照下培养 7~10d 后检查。为便于检测大量种子，多用手持放大镜从培养皿两面观察，依据菌落形态、色泽来鉴别真菌种类，必要时挑取培养物制片，用高倍显微镜检查。有些种传真菌在培养中生成特定的营养体和繁殖体结构，可用于快速鉴定。例如，带有蛇眼病菌（*Phoma betae Frank*）的甜菜种球，植床于含 50 mg/kg 24-D 的 1.6% 水琼脂培养基平板上，在 20℃，不加光照的条件下培养 7d 后移去种子，用实体显微镜由培养皿背面观察菌落，可见由菌丝分化的膨大细胞团。带有颖枯病菌（*Septoria nodorum Berk*）的小麦种子用马铃薯葡萄糖琼脂培养基在 15℃ 和连续光照的条件下培养 7d 后，种子周围形成大量分生孢子器。

（七） 种子分部透明检验

主要用于检测大、小麦散黑穗病菌，谷类与豆类霜霉病菌等潜藏在种子内部的真菌。

该法先用化学方法或机械剥离方法分解种子，分别收集需要检查的胚或种皮等部位，经脱水和组织透明处理后，镜检菌丝体和卵孢子。以检测大麦种子传带的散黑穗病菌为例，其操作过程如下：先将种子在加有锥虫蓝的 5% 氢氧化钠溶液中浸泡 22h，再将浸泡过的种子用 60~65℃ 的热水冲击或小心搅动，使种胚分离，并用孔径分别为 3.5、2.0 和 1.0mm 三层套筛收集种胚。种胚用 95% 乙醇脱水 2min，再转移到装有乳酸酚和水（3:1，*V/V*）混合的漏斗中，胚漂浮在上部，夹杂的种子残屑沉在底部并通过连在漏斗下端的胶管排出。纯净的种胚用乳酸酚煮沸透明 2min，冷却后用实体显微镜检查并计数含有散黑穗菌菌丝体的种胚，计算带菌率。再如大豆疫霉菌以卵孢子和菌丝体存在于种皮内部，种子检验时应检查种皮里是否带有疫霉菌卵孢子，其检验方法是将大豆种子在 10% KOH 或自来水中浸泡一夜，取出剩下种皮后，在解剖镜下制片，然后在显微镜下检查是否见到大豆疫霉菌卵孢子。

（八） 生长检验

供试材料种植在经过高压蒸汽灭菌处理或干热灭菌的土壤、沙砾、石英砂或各种人工基质中，在隔离场所和适宜条件下栽培，根据幼苗和成株的症状鉴定。检测种子传带的真菌还可用试管幼苗症状检验法，即在试管中水琼脂培养基斜面上播种种子，在适宜条件下培养，根据幼苗症状，结合病原菌检查，确定种传真菌种类。生长检验花费时间长，使其应用受到限制。

（九） 免疫技术检验

用真菌的完全细胞、菌丝体或孢子、破碎的细胞、细胞的液体过滤液或固体培养物浸提液以及纯化的蛋白质、酶、毒素和多糖等为抗原物质，与特异性抗体结合并通过一定的指示剂表现出这种特异反应,达到检测目标菌的目的。常用的方法主要是酶联免疫吸附法。此外还有放射免疫吸附法、点免疫法、试纸法、免疫印渍法、免疫荧光技术等。抗原选择的是否得当,是决定这种检测技术成功的关键。

PCR 在病原真菌鉴定方面也有应用,如采用 PCR 技术来鉴别小麦样品中是否带有小麦印腥黑穗病菌等。

第六节　植物病原细菌的检验

(一) 直接检验

植物细菌病害有软腐、环腐、萎蔫、溃疡、疮痂、枝枯、叶斑、组织增生(瘿瘤、须根)等多种症状。叶片上病斑常呈水渍状,上有细菌溢脓。病部切片镜检可见细菌溢。检验甘薯瘟(*Pseudomonas solanacearum*),可选取可疑薯块未腐烂部位,取一小块变色维管束组织,制片镜检,若有细菌溢出现,结合症状特点,可诊断为甘薯瘟。检验马铃薯环腐病菌(*Corynebacterium michiganense* pv. *sepedonocum*),尚需挑取病薯维管束的乳黄色菌脓涂片,革兰氏染色测定呈现阳性反应。某些病原细菌侵染的种子可能表现症状。例如,菜豆普通疫病(*Xanthomonas campestris* pv. *phaseoli*),病种子种脐部变黄褐色。感染溃疡病菌(*Corynebacterium michiganense* pv. *michiganense*)的辣椒种子瘦小变褐色。白色种皮的菜豆种子在紫外光照射下发出浅蓝色的荧光,表明可能受到晕蔫病菌(*Pseudomonas syringae* pv. *phaseolicola*)侵染。但是,并非所有带菌种子都表现症状,直接检验有很大的局限。即使表现症状的种子,仍需用较精密的方法进一步鉴定。

(二) 细菌分离培养法

常用普通营养培养基、鉴别性培养基或选择性培养基分离纯化提取到的细菌。在鉴别性培养基上,目标细菌菌落有明确的鉴别特征,选择性培养基则促进目标菌生长,而抑制其他微生物生长。如:检测菜豆种子传带晕蔫病菌(*P. syringae* pv. *phaseolicola*),可将提取液系列稀释后分别在金氏 B 培养基平板上涂布分离,在 25℃ 和无光条件下培养 3d 后,在紫外光或近紫外光照射下有蓝色荧光的菌落,为假单胞杆菌,可能是晕蔫病菌,需选择典型菌落作进一步的鉴定。检测甘蓝黑腐病病原细菌时,提取液在蛋白胨肉汁淀粉琼脂培养基在检出的黄色菌落上滴加鲁戈尔试液,若菌落周边培养基不被染色,则表示淀粉已被水解,该菌落可能为目标菌,再用生物学方法或血清学方法鉴定。

(三) 生理生化测定

用细菌培养物接种于特定的培养物或检测管,通过产酸、产气、颜色变化等反应,检测细菌的耐盐性、好氧或厌氧性、对碳素化合物的利用和分解能力、对氮素化合物的利用和分解能力、对大分子化合物的分解能力等,达到鉴别的目的。如梨火疫病菌(*Erwinia amylovora* (Burrill) Winslow et al.)属兼性厌氧,在葡萄糖、半乳糖、果糖、蔗糖和甲基葡萄糖苷、海藻糖中产酸不产气,不能利用木糖和鼠李糖,水解明胶,不水解酪蛋白,不还原硝酸盐,不产生吲哚和二氧化硫。

Biolog 细菌自动化鉴定系统是美国研制的一种专门用于细菌鉴定的专家系统,该系统将细菌生理、生化过程的检测与先进的计算机管理手段有效地结合起来。应用时只需将经过纯化后的病原细菌制成菌悬液，再接种到反应板上，4~24h 便可得到准确的鉴定结果。该系统的使用，在很大程度上简化了传统的细菌鉴定程序。目前应用 3.70 版数据库软件可鉴定 567 种 G 菌和 256 种 G + 菌。

（四）致病性测定

用植物病部的细菌溢或分离纯化的细菌培养物接种寄主植物，检查典型的症状。例如，鉴定甘蓝黑腐病黄单胞杆菌时，用针刺接种甘蓝叶片中肋的切片，切片置于 1.5% 水琼脂平板上，在 28℃ 和黑暗无光条件下培养 3d。如确系该菌，则接种部位软腐、维管束褐变。致病性测定是一种辅助鉴定方法，多用于验证分离菌的致病性以排除培养性状与病原菌相近的腐生菌。

（五）过敏性反应测定

用接种寄主植物的方法测定细菌培养物的致病性要花费较长的时间，用过敏反应鉴定，只需 24~48h，便能区分病原菌和腐生菌。烟草是最常用的测定植物。取待测细菌的新鲜培养，制成细菌悬浮液，用注射器接种。注射针头由烟草叶片背面主脉附近插入表皮下，注入菌悬液。若为致病细菌，1~2d 后，注射部位变为褐色过敏性坏死斑块，叶组织变薄变褐，具黑褐色边缘。

（六）噬菌体检验

噬菌体是感染细菌的病毒，能在活细菌细胞中寄生繁殖，破坏和裂解寄主细胞。在液体培养时，使混浊的细菌悬浮液变得澄清，在固体平板上培养时，则出现许多边缘整齐、透明光亮的圆形无菌空斑，称为"噬菌斑"，肉眼即可分辨。噬菌体法的主要优点是简便、快速，能直接用种子提取液测定。缺点是非目标菌多量存在时敏感性较差，噬菌体的寄生专化性和细菌对噬菌体的抵抗性都可能影响检验的准确性。

（七）血清学（鉴定）

检验最常用的血清学检验方法是玻片沉淀法和琼脂双扩散法，近年趋向于利用荧光抗体法和酶联免疫吸附法。

荧光抗体法（Fluorescent antibody technique） 先将荧光染料与抗体以化学方法结合起来形成标记抗体，抗体与荧光染料结合不影响抗体的免疫特性，当与相应的抗原反应后，产生了有荧光标记的抗体抗原复合物，受荧光显微镜高压汞灯光源的紫外光照射，便激发出荧光。荧光的存在就表示抗原的存在。荧光抗体法有直接法和间接法两种。直接法是将标记的特异抗体直接与待查抗原产生结合反应，从而测知抗原的存在。间接法是标记的抗体与抗原之间结合有未标记的抗体。国内用间接法检测玉米种子传带的玉米枯萎菌（*Erwiniaste wartii*），该法先将种子提取液在载玻片上涂片，火焰固定后滴加目标菌抗血清，在 38℃ 条件下培养 30min 后，用磷酸缓冲液冲洗玻片，晾干后再滴加羊抗兔 IgG 荧光抗体（异硫氰酸荧光黄标记的羊抗兔－球蛋白，用葡聚糖凝胶 G－25 过滤层析法除去游离荧光素制成），培育、冲洗、晾干后用荧光显微镜检查。

（八）生长检验

常用幼苗症状检验法，即将种子播种在湿润吸水纸上或水琼脂培养基平板上，根据幼芽和幼苗症状做出初步诊断，然后接种证实病部细菌的致病性或作进一步的鉴定。检验甘蓝种子传带黑腐病菌（*Xanthomonas campestris* pv. *campestris*） 的 Srinivasan 方法为用 200mg/kg 的金霉素浸种 3~4h 后，播种于培养皿内的 1.5% 水琼脂平板上，在 20℃ 和黑暗条件下培养 8d，用实体显微镜观察幼芽和幼苗的症状。带菌种子萌发后芽苗变褐色、畸形矮化，迅速腐烂，表面有细菌溢脓，由子叶边缘开始形成"V"型褐色水渍状病斑。幼苗症状检验需占用较大空间，花费较长时间，难以检测大量种子。有时发生真菌污染，症状混淆，难以鉴定。带有细菌的种子还可能丧失萌发能力，从而逃避了检验。在检疫中生长检验多作为初步检验或预备检验。

（九）分子生物学检验

近些年来，分子生物学技术被越来越多的应用于植物病原的检验。应用 PCR 可以非常简便快速地从微量生物材料中以体外扩增的方式获取大量的遗传物质，并有极高的灵敏度和显著的专一性，从而大大地提高了对 DNA 分子的检测能力。由于这一技术具有快速简便、灵敏度高、特异性强的优点，故而在各个领域包括植物检疫方面得到广泛应用和迅速发展，并成为现代分子克隆技术的基本手段。随机扩增多态 DNA（RAPD）是以 PCR 为基础发展起来的一项 DNA 水平上的大分子多态检测技术，由于无需专门设计的 RAPD 扩增反应引物，所以其应用范围更加广泛。E. J. A Blackmore 等曾利用 RAPD 制作 DNA 探针，成功地完成了对玉米枯萎菌的检测和鉴定工作。此外，分子生物学技术还被广泛地应用于病毒鉴定、线虫鉴定、昆虫分类等方面。

第七节 植物病原病毒的检验

（一）直接检验

带毒种子或其他植物材料表现明显症状，能以肉眼和手持扩大镜直接识别的实例甚少，大豆花叶病毒（Sowbane mosaic virus）侵染的大豆种子有以种脐为中心的放射形黑褐色斑纹，豌豆种传花叶病毒（Pea seedborne mosaic virus）造成种皮变色和开裂，蚕豆色病毒（Brod bean stain virus）使蚕豆种子产生坏死斑。但是，种子症状仅表示母株受到病毒侵染，而不一定表明胚内有病毒侵染，从而不一定传毒。

（二）生长检验

种子、苗木需在实验室内或防虫温室内适于植物生长与症状表现的条件下栽培，在生长期间根据症状检出病株。种子带毒可根据幼苗症状作初步鉴定，但仅适用于苗期有特征性症状的少数寄主——病毒组合。例如，检验莴苣种子传带莴苣花叶病毒（Lettuce mosaiv virus），大麦种子传带大麦条纹化叶病毒（Barley stripe mosaic virus），菜豆种子传带菜豆普通花叶病毒（Bean common mosaic virus）等。通常单凭症状难以做出诊断，这是因为病毒症状常与其他病原微生物引起的症状，甚至与缺素症相混淆，病毒症状还因品种和病毒株系不同而有较大变化，以及可能发生潜伏侵染等，这些均限制了生长检验的应用。

（三）指示植物鉴定

种子、苗木带毒以及在生长期检验中所发现的潜伏侵染的可疑病株，常用接种指示植物的方法予以鉴定。鉴定时多用病植物汁液、种子浸渍液或种子研磨制成的提取液摩擦接种指示植物，依据指示植物症状鉴定病毒种类。种传病毒的带毒率很低，对于危险性的病毒即使指示植物鉴定得出阴性结果，仍需采用血清学方法或电镜观察作进一步鉴定，使用指示植物鉴定法时要正确选择指示植物，适时接种。不同的环境条件对指示植物的表征有很大影响，甚至会表现隐症。

（四）血清学检验

血清学检验的依据是抗原与抗体反应的高度特异性，在具备高效价抗血清情况下，血清学方法不需要复杂的设备，便于推广使用。常用的血清检验方法有以下几种：

1. 沉淀反应测定

含有抗原的植物汁液与稀释的抗血清在试管中等量混合，孵育后即可产生沉淀反应，在黑暗的背景下可见絮状或致密颗粒状沉淀。为节省抗血清，提出了许多改进方法，如微滴测定法（Micro–drop method），玻璃毛细管法（Glass capillary method）等，这些方法都适用于检疫检验中的病毒检索，但是灵敏度较低。

2. 琼脂扩散法

将加热融化的琼脂或琼脂糖注入培养皿中，冷却后形成凝胶平板，在板上打孔，孔的直径为 0.3~0.4cm，两孔间距 0.5cm，然后将待测植株种子提取液和抗血清加到不同的孔中。测定液中若有抗原存在，则抗原、抗体同时扩散，相遇处形成沉淀带。经典的琼脂扩散法只适于鉴定能在凝胶中自由扩散的球形病毒。杆形和线形病毒粒子大于琼脂网径时，就不能在琼脂中自由扩散。加入 SDS 后，使病毒蛋白质外壳破碎，即克服这一缺陷而适用于多种形状的病毒。在检验大麦种子传带大麦条纹花叶病毒时，有人将剥离的种胚压碎后直接测定；在检测大豆花叶病毒和豌豆黑眼花叶病毒时，用幼苗胚轴切片供测，均取得较好的结果。在检疫检验中，琼脂双扩散法可用作常规病毒检索方法，该法灵敏度较高。用豆科植物种子提取液测定时，常出现非特异性沉淀，这可能是因为豆科种子富含凝集素（Lectin）的缘故。

3. 乳胶凝集法

用致敏乳胶吸附抗体制成特异性抗体致敏乳胶悬液，它与抗原反应后，乳胶分子吸附的抗体与抗原结合，凝集成复杂的交联体，凝集反应清晰可辨。检查大麦种子传带大麦条纹花叶病毒时，可取 1 周龄大麦幼苗嫩尖的榨取汁测定。

4. 酶联免疫吸附法

该法是用酶作为标记或指示剂进行抗原的定性、定量测定。直接酶联法用特异性酶标抗体球蛋白检出样品中的抗原。操作时，先将等测抗原置入微量反应板凹孔中培育，在吸附抗原后洗涤，保留吸附孔壁的抗原，随后加入特异性酶标记抗体，经洗涤后保留与抗原相结合的酶标抗体，形成抗原抗体复合物，再加酶的底物形成有色产物，用肉眼定性判断或用酶标仪定量测定。间接酶联法利用抗家兔或鸡球蛋白的山羊抗体与酶结合制备的酶标记抗体，只要制备出抗原的家兔特异抗血清，不需要再制备酶标记抗体就可用以检出抗原。国内多用辣根过氧化物酶标记。操作时先将待测抗原吸附于微量反应板孔壁上，培育一定时间后洗涤，加入特异性抗血清，经培育和洗涤后再加入羊抗兔酶标抗体，最后加入酶的底物，并及时观察结果。酶联法已成功地用于检测包括种传病毒在内的多种病毒，其灵敏度高，有些病毒的质量浓度低至 0.1 μg/mL 也能被检测出来，用种子提取液供测，效率高，可快速检测大量种子。该法有高度的株系专化性，可能将某些病毒感染的材料误判为健康的。

5. 免疫电镜法

该法将病毒粒体的直接观察与血清反应的特异性结合起来检测病毒。现已用于检测多种作物种子传带的各类病毒。该法对抗血清质量的要求不甚严格，能使用效价较低或混杂有非特异性（寄主）抗体的抗血清，另外，该法灵敏度高，特异性范围较宽，无严格的病毒株系专化性,尤适于种传病毒检验。从干种子磨粉用缓冲液悬浮起,到透射电镜观察的整个操作过程最快只需 1.5h。

6. 分子生物学检验

用于病毒检测的技术主要有核酸分子杂交技术和聚合酶链式反应(PCR)。

分子杂交技术是基于病毒 RNA 或 DNA 链之间碱基互相配对的基本原理,是对病毒基因组的分析和鉴定。因此,具有灵敏度高,特异性强的特点。在病毒及类病毒的鉴定工作中愈来愈被广泛应用。通过一定的技术,制备带有标记物的目标病毒检测探针,和待检 RNA 或 DNA 进行核酸链之间碱基的特异配对,形成稳定的双链分子,然后通过放射性自显影或液闪计数来检测标样的核苷酸片段,达到检测目的。

PCR 是一种体外快速扩增特定的 DNA 片段的技术。根据目标病毒的核酸序列合成特异性的两个 3′端互补寡核苷酸引物(其他生物同理),在 Taq 聚合酶的作用下,以假定目标检测物的核酸为模板,从 5′→3′进行一系列 DNA 合成,由高温变性、低温退火和适温延伸三个反应组成一个周期,循环进行扩增 DNA。目标 DNA 的出现,间接目标病毒的存在。PCR 的检测灵敏度可达到 1×10^{-15} 水平。

第八节 植物寄生线虫的检验

(一) 直接检验

适用检验固着在植物体内或以休眠状态生存于植物组织内线虫,如粒瘿线虫(*Anguina*)、根结线虫(*Meloidogune*)、胞囊线虫(*Heterodera*)、水稻干尖线虫等。

首先以肉眼和手持放大镜仔细检查种子,检出畸形、变色、干秕种子以及夹杂的土粒杂质等,作进一步检查。小麦粒瘿线虫(*Anguina tritici*)和剪股颖粒线虫(*A. agrostis*)都使寄主子实形成虫瘿。水稻茎线虫(*Ditylenchus angustus*)侵染的病粒变褐色,颖部不闭合,谷形瘠细或成为空谷。无性繁殖材料从根系到茎、叶、芽、花等部位均应仔细检查,要特别注意根、块茎等部位有无根结、瘿瘤,根部有无黄色、褐色或白色针头大小的颗粒状物,须根有否增生,根部是否有斑点、斑痕等症状,块根、块茎是否干缩龟裂和腐烂,叶、茎或其他组织有否肿大、畸形等症状。病材料可用浸泡、解剖和染色等方法检出线虫。可疑种子放入培养皿内,加入少量净水浸泡后,在解剖镜下剥离颖壳,挑破种子检查有无线虫。根、茎、叶、芽或其他植物材料洗净后切成小段置于培养皿内加水浸泡一定时间后,在解剖镜下解剖检查植物组织中有无线虫。检查水稻茎线虫可将病粒连颖及米粒在室温(20~30℃)下加灭菌水浸泡 4~12h,振荡 10min,低速(1500r/min)离心 3min,弃去离心管内的上清液,吸取沉淀物制片镜检。

(二) 染色检验

适于检验植物组织中的内寄生线虫。烧杯中加入酸性品红乳酸酚溶液,加热至沸腾,加入洗净的植物材料,透明染色 1~3min 后取出用冷水冲洗,然后转移到培养皿中,加入乳酸酚溶液褪色,用解剖镜检查植物组织中有无染成红色的线虫。

(三) 分离检验

将病原线虫由寄主体内、土壤或其他载体中分离出来,再鉴定种类。

1. 改良贝尔曼漏斗法

此法适于分离少量植物材料中有活动能力的线虫。基本装置是一个直径适当的漏斗，漏斗颈末端接一段乳胶管，用弹簧夹把管子夹住。漏斗放置在支架上，其内盛满清水。把检验的植物材料洗掉泥土后，切成0.5cm长的小段，放在纱布中包起来，轻轻地浸入漏斗内。线虫从植物组织中逸出，经纱布沉落到漏斗颈底，经12h或过一夜后，打开弹簧夹使胶管前端的水流到玻皿内，镜检线虫。

2. 过筛检验法

本法用于从大量土壤中分离各类线虫。将充分混匀的土壤样品置于不锈钢盆或塑料盆中，加入2~3倍的冷水，搅拌土壤并振碎土块后过20目筛，土壤悬浮液流入第二个盆中并喷水洗涤筛上物，弃去第一个盆中和筛上的剩余物，第二个盆中的土壤悬浮液经1min沉淀后再按上法过150目筛，从筛子背面将筛中物冲洗到烧杯中，盆中土壤悬浮液再继续过325目和500目筛。筛中物收集在烧杯中静置20~30min，线虫沉积底部，弃去上清液，将沉积物转移到玻皿内镜检或吸取线虫鉴定。

3. 漂浮分离法

本法利用干燥的线虫胞囊能漂浮在水面的特性分离土壤中的马铃薯金线虫（*Globodera rostochiensis*）和各种胞囊线虫（*Heterodera*）。

芬威克漂浮法利用称为芬威克罐的装置进行分离。使用时先将漂浮筒注满水，并打湿16目筛和60目筛。风干的土壤经6mm筛过筛并充分混匀后取200g土样，放在16目筛内用水流冲洗，胞囊和草屑漂在水面并溢出，经簸箕状水槽流到底部60目筛中，用水冲洗底筛上的胞囊于瓶内，再往瓶内注水但不溢出，静置10min，胞囊即浮于水面，然后轻轻倒入铺有滤纸的漏斗中过滤，胞囊附着在滤纸上，滤纸晾干后，放在双目解剖镜下观察。

简易漂浮法适于检查少量含有胞囊的土样。该法用粗目筛筛去风干土土样中的植物残屑等杂物，称取50g筛底土放在750mL三角瓶中，加水至1/3处，摇动振荡几分钟后再加水至瓶口，静置20~30min，土粒沉入瓶底，胞囊浮于水面，把上层漂浮液倒于铺有滤纸的漏斗中，胞囊沉着在滤纸上，再镜检晾干后的滤纸。

第十五章

转基因植物产品检验检疫

第一节 概述

转基因生物，又称改性活生物体、遗传饰变生物，常见英文缩写为 GMOs（Genetically Modified Organisms）。

（一）有关转基因的几个定义

转基因技术：指用人工分离和修饰过的外源基因导入生物体的基因组中，从而使生物体的遗传性状发生改变的技术，包括外源基因的克隆、表达载体构建、重组 DNA 导入受体细胞，受体细胞的筛选以及目的基因的检测和表达等。

转基因生物是指利用基因技术改良的生物体，即为了达到特定的目的而将 DNA 进行人为改造的生物，包括转基因微生物、转基因植物和转基因动物，目前批准商业化生产的转基因产品主要是转基因植物及其加工品。

转基因食品是以转基因生物为直接食品或原料加工生产的产品，它可以是活体的，也可以是非活体的。生活中最常见的几种转基因食品包括：大豆及以大豆为原料的制品如豆腐、豆油等，玉米、大米、番茄、马铃薯等。

（二）转基因产品的类型

按转基因的功能大致可以分为以下五类：

1. 增产型

农作物增产与其生长分化、肥料、抗逆、抗虫害等因素密切相关，故可转移或修饰相关的基因达到增产效果。

2. 控熟型

通过转移或修饰与控制成熟期有关的基因，可以使转基因生物成熟期延迟或提前，以适应市场需求。最典型的例子是延缓成熟速度，不易腐烂，好贮存。

3. 高营养型

许多粮食作物缺少人体必需的氨基酸，为了改变这种状况，可以从改造种子贮藏蛋白质基因入手，使其表达的蛋白质具有合理的氨基酸组成。现已培育成功的有转基因玉米、土豆和菜豆等。

4. 保健型

通过转移病原体抗原基因或毒素基因至粮食作物或果树中，人们吃了这些粮食和水果，相当于在补充营养的同时服用了疫苗，起到预防疾病的作用。有的转基因食物可防止动脉粥样硬化和骨质疏松。一些防病因子也可由转基因牛羊奶得到。

5. 新品种型

通过不同品种间的基因重组可形成新品种，由其获得的转基因食品可以在品质、口味和色香方面具有新的特点。

第二节　进境检验检疫

货主或者其代理人在办理进境报检手续时，应当在《入境货物报检单》的货物名称栏中注明是否为转基因产品。申报为转基因产品的，除按规定提供有关单证外，还应当提供农业行政主管部门签发的《农业转基因生物安全证书》。

对于实施标识管理的进境转基因产品，检验检疫机构应当核查标识，符合农业转基因生物标识审查认可批准文件的，准予进境；不按规定标识的，重新标识后方可进境；未标识的，不得进境。

对列入实施标识管理的农业转基因生物目录（国务院农业行政主管部门制定并公布）的进境转基因产品，如申报是转基因的，检验检疫机构应当实施转基因项目的符合性检测，如申报是非转基因的，检验检疫机构应进行转基因项目抽查检测；对实施标识管理的农业转基因生物目录以外的进境动植物及其产品、微生物及其产品和食品，检验检疫机构可根据情况实施转基因项目抽查检测。检验检疫机构按照国家认可的检测方法和标准进行转基因项目检测。

经转基因检测合格的，准予进境。如有下列情况之一的，检验检疫机构通知货主或者其代理人作退货或者销毁处理：（1）申报为转基因产品，但经检测其转基因成分与批准文件不符的；（2）申报为非转基因产品，但经检测其含有转基因成分的。

进境供展览用的转基因产品，须获得法律法规规定的主管部门签发的有关批准文件后方可入境，展览期间应当接受检验检疫机构的监管。展览结束后，所有转基因产品必须作退回或者销毁处理。如因特殊原因，需改变用途的，须按有关规定补办进境检验检疫手续。

第三节　过境检验检疫

过境的转基因产品，货主或者其代理人应当事先向国家质检总局提出过境许可申请，并提交以下资料：①填写《转基因产品过境转移许可证申请表》；②输出国家或者地区有关部门出具的国（境）外已进行相应的研究证明文件或者已允许作为相应用途并投放市场的证明文件；③转基因产品的用途说明和拟采取的安全防范措施；④其他相关资料。

国家质检总局自收到申请之日起 270d 内作出答复，对符合要求的，签发《转基因产品过境转移许可证》并通知进境口岸检验检疫机构；对不符合要求的，签发不予过境转移许可证，并说明理由。

过境转基因产品进境时，货主或者其代理人须持规定的单证和过境转移许可证向进境口岸检验检疫机构申报，经检验检疫机构审查合格的，准予过境，并由出境口岸检验检疫机构监督其出境。对改换原包装及变更过境线路的过境转基因产品，应当按照规定重新办理过境手续。

第四节　出境检验检疫

对出境产品需要进行转基因检测或者出具非转基因证明的，货主或者其代理人应当提前向所在地检验检疫机构提出申请，并提供输入国家或者地区官方发布的转基因产品进境要求。

检验检疫机构受理申请后，根据法律法规规定的主管部门发布的批准转基因技术应用于商业化生产的信息，按规定抽样送转基因检测实验室作转基因项目检测，依据出具的检测报告，确认为转基因产品并符合输入国家或者地区转基因产品进境要求的，出具相关检验检疫单证；确认为非转基因产品的，出具非转基因产品证明。

第十六章 植物检验检疫处理

第一节 检疫处理概述

植物检验检疫处理是针对检疫危险性有害生物，对不符合检疫要求的检疫物（应检物）进行除害防疫的有效手段，是植物检验检疫的重要环节。检疫处理有化学药剂熏蒸、热处理、冷处理、速冻处理、辐照处理和药剂浸渍或喷雾处理等方法。

目前国内外在检验检疫中应用最广的是化学药剂熏蒸处理法。在熏蒸杀死害虫的过程中，导致害虫死亡的最重要因素是温度、害虫接触药剂浓度和害虫在这一浓度药剂中的暴露时间。在温度不变的情况下，起决定作用的是害虫接触的药剂浓度和暴露时间的乘积，简称浓度时间积。先进国家在使用溴甲烷进行熏蒸处理时，都以溴甲烷的浓度时间积作为熏蒸处理的标准，采用这样的标准化熏蒸方法进行检验检疫处理才能获得安全稳定的处理效果。

第二节 植物检疫处理原则和要求

一、对入境植物、植物产品检疫处理原则和要求

确定检疫处理原则时，应考虑下列两种状况：

1. 植物危险性病、虫、杂草的分布、危害及传播途径等状况

（1）对具毁灭性或潜在极大危险性的植物危险性病、虫、杂草，与危险性次之种类的处理区别；

（2）对目前我国尚无分布的植物危险性病、虫、杂草，与国内已有局部发生的种类的处理区别；

（3）对通过输入植物、植物产品传带几率高的植物危险性病、虫、杂草，与传带几率相对较低种类的处理区别。

2. 传播植物危险性病、虫、杂草的寄主植物、植物产品状况

（1）对作为国家重要种质资源或主要农作物、经济作物的种子、种苗等繁殖材料与生产用种子、种苗，在处理原则上应有不同；

（2）对非繁殖材料（即植物产品），应从产品经济价值、来源国或地区以及传带病虫害的种类及其危险性等状况，在处理原则上应有不同。

总的原则应根据有害生物综合评估，并结合具体检疫实践，最终确定应采取的检疫处理原则。

二、进境植物检疫危险性病、虫、杂草名录所列有害生物检疫处理原则

1. 有害生物的类型

根据有害生物的发生分布情况、危害性和经济重要性及在植物检疫中的重要性等，有害生物可以区分为：

（1）非限定的有害生物（Non-Regulated pest，NRP）：广泛发生或普遍分布的有害生物，在植物检疫中没有特殊的意义。如：青霉菌、曲霉菌、镰刀菌等。

（2）限定性有害生物（Regulated pest，RP）：少数危险性很大，有的虽有分布，但官方已采取控制措施，属于控制范围的有害生物。包括检疫性有害生物和限定的非检疫性有害生物。

检疫性有害生物（Quarantine pest，QP）：指对某一地区具有潜在经济重要性，但在该地区尚未存在或虽存在但分布不广泛，并正由官方控制的有害生物。

限定的非检疫性有害生物（Regulated non-quarantine pest，RNQP）一种存在于种植材料上，危及这些植物的原定用途而产生无法接受的经济影响，因而在输入国和地区受到限制的非检疫性有害生物。

2. 有害生物处理原则

（1）经检疫发现输入植物、植物产品和其他检疫物感染限定性有害生物的，其整批作除害处理，经除害处理合格的，准予进境；

（2）无有效除害处理方法的，作退回或销毁处理。

植物检疫处理应符合检疫法律法规的有关规定，有充分的法律依据。在必须采取检疫处理措施时，应保证：

（1）处理方法使处理所造成的损失降低到最小；

（2）处理方法应完全有效，能彻底杀灭或灭活有害生物，防止危险性有害生物的传播、扩散和定殖；

（3）处理方法应当安全可靠、不造成中毒事故、残留低、对环境污染小；

（4）处理方法应尽量不降低植物、植物繁殖材料的存活和繁殖能力，尽量减少对植物产品或相关产品的品质的影响；

（5）处理方法应符合国家环境保护、食品卫生、农药管理等其他相关的法律法规；

（6）在能达到相同处理效果的情况下，可以使用不同的方法进行处理；

（7）遵守其他可能影响除害处理效果的要求。

三、具体检疫处理要求

植物检疫处理是植物检疫工作的重要组成部分，旨在杀灭、灭活有害生物，或使有害生物

丧失繁殖能力，或丧失活力，其目的是为了防止有害生物的传入传出、定殖和/或扩散。植物检疫处理是官方行为或官方授权的行为，是受法律、法规制约的行为。

植物检疫处理措施与常规植物保护措施不同。植物检疫处理是依照法律法规的要求、检验检疫部门规定，由检验检疫机构监督并强制执行要求彻底铲除目标有害生物，而常规植保措施则把有害生物控制在经济危害水平以下。下列情况之一需作退回或销毁处理：

（1）输入"进境植物检疫禁止进境物名录"中的植物、植物产品，未事先办理特许审批手续的；

（2）经现场或隔离检疫发现植物种子、种苗等繁殖材料感染检疫性有害生物或限定的非检疫性有害生物，无有效除害处理方法的；

（3）输入植物、植物产品经检疫发现检疫性有害生物，无有效除害处理方法的；

（4）输入植物、植物产品，经检疫发现病虫害，危害严重并已失去使用价值的。

下列情况之一需作熏蒸、消毒、冷热等除害处理：

（1）经检疫发现输入植物、植物产品中含有植物危险性有害生物，有有效方法除害处理的；

（2）经隔离检疫发现输入植物种子、种苗等繁殖材料含有植物危险性有害生物，有条件可除害的；

输入植物产品、生产用种子、种苗等繁殖材料，能通过限制措施达到防疫目的，采用下列限制措施处理：

①转港；

②改变用途；

③限制使用范围、使用时间、使用地点；

④限制加工地点、加工方式、加工条件等。

（3）发现《中华人民共和国进境植物检疫性有害生物名录》之外，对农、林、牧、渔业有严重危害的其他有害生物，参照上述原则处理。

四、对出境植物、植物产品检疫处理

输出植物、植物产品或其他检疫物，经检疫不符合检疫要求的要作除害处理。无法进行除害处理或经除害处理不合格的不准出境。输出植物、植物产品或其他检疫物，经检疫发现一般生活害虫的，根据输入国有关检疫要求或贸易合同、信用证的有关规定，作除害处理或不准出境。

五、检疫处理的程序和方式

（1）检疫处理的程序：依照《中华人民共和国出境动植物检疫法》和第17条等有关规定，对进出境植物、植物产品或其他检疫物，经检疫发现有危险性有害生物的，由出入境检验检疫机构根据检疫结果，对不合格的进出境检疫物签发《检疫处理通知单》，通知货主或其代理人在出入境检验检疫机构的监督和技术指导下作除害、退回或销毁处理。经除害处理合格的，准予入境、出境、过境。《检疫处理通知单》是检疫处理措施的书面指令。

（2）具体的处理方式有：除害、转关卸货、改变用途、限制使用、截留、封存、退回、销毁等，其中截留、封存是过渡性处理方式。

第三节 检疫除害处理的技术和方法——化学处理方法

在检疫处理中常用的化学处理方法有熏蒸处理、防腐处理和化学农药处理等。

一、熏蒸处理

熏蒸处理的主要熏蒸剂及其使用如下：

1. 溴甲烷（Methyl bromide）（MB）

俗名：溴代甲烷（Bromomethane），分子式 CH_3Br。

（1）特性　溴甲烷是一种无色、无味、非易燃熏蒸剂。气体相对密度在0℃时为3.27，沸点3.6℃，微溶于水。

（2）使用　溴甲烷具有良好的穿透性能、扩散迅速、一般植物能容忍、对昆虫毒性高等特性，所以是植物检疫较好的熏蒸剂。溴甲烷在较广泛的温度范围内有效，其横向和向下扩散迅速，向上扩散缓慢，为确保最初熏蒸气体的迅速分布，应辅以风扇或鼓风机环流。对常压熏蒸室的熏蒸，开始15min必须使室内空气循环，以确保良好的分布。对真空熏蒸，全部熏蒸期间，气体环流应该不断，在大多数情况下，必须用专门设备使溴甲烷气化。

通常，温度升高会增加熏蒸剂的效果。如处理温度有明确规定，应随温度的变化，调整熏蒸剂量或熏蒸时间。对植物而言，需要高湿度，处理时的湿度可以通过放置湿的泥炭藓或木丝，或者使墙壁和地板增湿。活的生长植物或幼嫩植物应避免直接接触空气流。熏蒸种子时，不应增加湿度。

（3）穿透力和通风　熏蒸前，应该去掉容器的外包装，用非渗透性材料制成的容器应打开。打开顶部的非渗透或半渗透结构的容器，处理后应侧放，以利通风。牛皮纸和瓦楞纸板能被溴甲烷迅速渗透，不需要去掉和打开。玻璃纸、塑料胶片和上腊的、柏油层压防水纸、某些道林纸不能被溴甲烷迅速渗透，制作严密的木箱也不能被迅速穿透。若是吸附性强的包装材料，则有可能降低容器内溴甲烷的浓度。

以溴甲烷为熏蒸剂，不应使用铝制仪器和设备，因为液态溴甲烷与铝会发生反应而爆炸。溴甲烷的定量可以在特殊的玻璃量筒分配器中进行，或用商业用的台秤称量。

（4）漏气和气体浓度测定　由于熏蒸剂的蒸汽压力大于外部大气压，密闭室内的气体会溢出。正常的扩散也使气体通过洞穴、裂缝或其他薄弱区域向外扩散，这既降低熏蒸效果，也很危险。溴甲烷在浓度不低于$0.068g/m^3$时，可被卤化物检漏器迅速测定。操作时，为了更容易观察到颜色的变化，可尽量使火焰保持缓慢。检测器可以测定低于$2g/m^3$的浓度。更高的浓度可用热导分析仪或其他气体分析仪进行测定。

用丙醇或丙烷作为燃料，以紫铜丝置于火焰上的测卤灯，仍不失为溴甲烷检漏的简便有效的仪器。当空气有溴甲烷存在时，测卤灯火焰的颜色反应如表16-1所示：

溴甲烷处理植物后，至少不能在48h内将植物放在阳光下或强烈通风场所。不应弄湿植物叶子，但植物可能需洒水或用潮湿材料覆盖，以防止植物萎蔫或损伤。

表 16 – 1　　　　　　　　　　　　　测卤灯火焰的颜色反应

空气中溴甲烷浓度/（g/m³）	火焰颜色反应
0	无反应
0.04	火焰边缘微淡绿色
0.08	火焰边缘淡绿色
0.12	火焰淡绿色
0.40	火焰中等绿色
0.80	火焰深绿色、边缘蓝色
2.00	火焰蓝绿色
4.00	火焰深绿色

（5）吸附　溴甲烷的实际浓度决定熏蒸处理的效果。除漏气外，最初引起溴甲烷浓度降低的原因，是密闭室内农产品或材料的吸附。吸附可能是表面吸附、物理吸附和化学吸附。吸附率不与时间一致，一般开始迅速，然后变得缓慢。某些农产品可能达到部分饱和点，然后出现正常吸附率（曲线）。对溴甲烷有强烈吸附作用的农副产品，应特注意测定熏蒸时溴甲烷的实际浓度，以保证达到要求的最低浓度。像常见的地毯背衬、芳香调料、马铃薯淀粉、木炭、樱桃李、橡胶（天然的或绉橡胶）、桂皮、阿月浑子坚果、蛭石、可可垫料、塑料废料、木制品（半成品）、硬纸板（绝缘纤维板）、羊毛（原毛、纺毛除外）等物品，均对溴甲烷有强烈的吸附作用。

（6）残留　溴甲烷熏蒸处理，可能影响鲜果和蔬菜的贮藏期限及植物和种子的活力。供人和动物食用的农产品会有化学残留。本文所列的处理标准是根据美国、澳大利亚、新西兰、欧洲和地中海植物保护组织成员国提出和推荐的，经此标准处理后，化学残留在一般情况下不会超过这些国家所公认的安全标准。

溴甲烷可能对含硫量高的农产品熏蒸后产生不正常气味，一般不推荐使用溴甲烷熏蒸处理的物品有：奶油、猪油、脂肪（不在气密罐头中的）；骨粉；木炭；炉渣砖或混凝土和炉渣混合制成的砖；毛皮、毡、马鬃品、羽毛枕头、粗绒衬垫、牦牛小地毯；含破布成分高的书写纸和其他含硫量高的纸、用纸浆造纸印成的杂志及报纸；碘盐、含硫或其化合物的盐砖；皮革制品，特别是小山羊皮制品；照相药品（不包括照相胶片或 X 光胶片）；橡胶制品，尤其是海绵橡皮、泡沫橡皮及再生橡胶，包括枕头、体垫、橡胶图章、装潢家具；银色发光纸；黄豆粉、麦面、其他高蛋白面粉、发酵粉；毛织品，尤其是安哥拉毛、软纱毛和毛线衫、黏胶纤维和人造纤维。

（7）毒性与安全　溴甲烷对人和动物有毒。由于溴甲烷没有警告气味，因此人和动物容易暴露在溴甲烷中。应避免皮肤接触液体溴甲烷，否则会引起严重水泡。液体溴甲烷还可通过人体皮肤被吸收。衣服和鞋袜溅污溴甲烷后应尽快脱去，接触溴甲烷部位应用水彻底冲洗。实施溴甲烷熏蒸时，严格禁止单独操作，应两人或更多人共同作业（所有的熏蒸剂都如此）。准备好安全防护设备，包括防毒面具和适用的滤毒罐等，以防意外。溴甲烷是累积性中毒的。

2. 磷化氢（Phosphine）

其他名称：Hydrogen phosphide，分子式 PH_3。

(1) 特性　磷化氢是一种无色气体，沸点 -87.4℃，微溶于水，相对密度 1.214，与某些金属有化学反应，能腐蚀铜、铜合金、黄铜、金和银，因而磷化氢能损坏电子及电器设备、房屋设备及某些复写纸和未经冲洗的照相胶片。磷化氢的燃烧极限在空气中为 1.7%。它不会与被处理农产品发生不可逆化学反应。对推荐使用磷化氢处理的农产品，不会产生不正常气味或发生变质。正常情况下，磷化氢具有一种大蒜或碳化钙气味，但在某些条件下可以不产生气味。

(2) 使用　磷化氢常用于防治动植物产品和其他贮藏品上的昆虫，很少有关于使用磷化氢防治有生命植物、水果及蔬菜上的害虫的报道。对大多数害虫，长时间暴露于低浓度磷化氢下比短期暴露于高浓度下更为有效，这也不会影响大多数种子的萌发。

常用检测管测定磷化氢浓度，不能使用卤化物检测仪或其他火焰指示器测定，不能用热导分析仪测定。真空熏蒸使用这一熏蒸剂不安全，也不能在温度低于 4.4℃ 使用。磷化氢防治害虫效果随昆虫种类不同而变化，某些昆虫如皮蠹属（*Trogoderma* spp.）和象虫属（*Sitophilus* spp.）被认为对磷化氢具有高的耐受性，螨类的某些种类或在某一生活期对普通剂量磷化氢具有耐药力。

(3) 熏蒸时注意的问题　磷化氢帐幕熏蒸基本类似溴甲烷熏蒸，但也有某些不同：不必进行强制性环流；使用熏蒸剂时应戴上保护性手套，如手术用手套；规定数量的片剂、丸剂、药袋等，应放在浅盘或纸片上并推入帐幕下，或者在布置帐幕时均匀地分布于货物中；注意货物与货物之间不要相互接触；为方便起见，可延长熏蒸期；磷化氢对聚乙烯有渗透作用，一般使用厚 0.15~0.21mm 的高密度聚乙烯薄膜作熏蒸帐幕；拆除帐篷和检测磷化氢残留时应戴防毒面具。

(4) 磷化铝制剂的特性　磷化氢气体是由磷化铝制剂与大气中的水蒸气经水解作用形成的。磷化铝制剂中的氨基甲酸酯首先分解，形成二氧化碳和氨这两种保护气体。磷化铝与空气中水分发生反应，放出磷化氢气体。二氧化碳和氨保护气体稀释放出的磷化氢，释放二氧化碳、氨和磷化氢气体时，片剂体积膨胀，外表由亮灰绿色变为白色，最终剩下约比最初体积大 5 倍的灰白色小灰堆，小灰堆主要成分是氢氧化铝，可能含有微量的磷化铝，熏蒸后必须予以清除。一般认为粮仓或其他货仓处理后，残留在粮食中的微量磷化铝与其他粮食渗混，是无害的。

(5) 贮藏　磷化铝制剂在原包装完整无缺和按厂商推荐的方法储藏时，其储藏时间是无期限的，存放应在远离生活区和办公区、凉爽通风的地方，存放温度不能超过 38℃（100F）。由于磷化铝制剂可能在容器内与水分冷凝，所以不应冷藏。

(6) 残留处理　集中收集磷化氢熏蒸后的残灰，放入干桶或干燥容器里并移到露天下，然后移入 6~16L、装有一半水和 120mL（半杯）洗衣粉的容器里，彻底搅动。残灰形成某种气体，引起水沸腾，当沸腾停止、残留物下沉底部时，可以把它倒入排水沟或屋外，这种混合物不再有毒，决不能把残灰直接倒入厕所。残灰处理过程中应佩戴防毒面具。

厂商提供的容器和用于制剂一次性使用的盘子及纸张，可按前述方法浸泡处理，然后将废物倒掉。与其他杀虫剂容器的处理一样，或者浸泡在已加了异丙醇的类似物的水中，然后处理废物。非一次性使用的盘子，用洗涤剂冲洗后保存，装磷化铝的容器应销毁，不能重复使用。

(7) 平地贮藏熏蒸　饲料、谷物、棉种和类似产品可用磷化氢进行散装熏蒸。熏蒸可在仓库、农村贮藏室、火车车厢、大篷货车或类似熏蒸室里进行。散装谷物也可以在帐篷内熏蒸。

（8）探查　丸剂或片剂放置后，4h 内开始产生气体，丸剂和片剂的放置和帐篷的覆盖必须在这个时间内完成。在熏蒸结束前，要特别注意监测磷化氢气体浓度，如果未达到规定要求，必须采取纠正性措施，以保证熏蒸杀虫的有效性。

（9）散装货物的通风　不发火花的电风扇，可用于磷化氢熏蒸后货物的通风。磷化氢尽管消散迅速，但散装货物至少需要通风2h后，工作人员才能进入贮存场地。

3. 硫酰氟（Sulphuryl flouride）（SF）

分子式 SO_2F_2

（1）特性　硫酰氟是一种无色、无味的压缩气体，沸点 -55.2℃，不燃，不爆，化学性质稳定，不溶于水，具有高的蒸汽压力，在空气中的相对密度为2.88。

（2）使用　硫酰氟对昆虫除卵外的所有虫态都是剧毒的，但对许多昆虫的卵即使是在高浓度下也都具有耐力。硫酰氟对金属、塑料、纸张、皮革、布料、照相器材和其他许多材料均无腐蚀反应，被农产品的吸收较溴甲烷小，而且能迅速地解除吸收。硫酰氟的挥发无需辅助热源，但对植物是有毒的，不适用于有生命植物、水果或蔬菜的熏蒸。硫酰氟对大多数种子的萌发基本没有影响。在21℃以下，硫酰氟的效力迅速下降。

（3）熏蒸　通常，硫酰氟的帐篷熏蒸操作规程同溴甲烷。硫酰氟熏蒸可以在土壤（除松散的沙子外）上进行，但土壤应充分湿润，甚至湿润范围超出封闭的四周。为了保证熏蒸剂在整个密闭范围内的完全分布，需要良好的空气环流。整个熏蒸期应监测熏蒸剂的浓度，以确保不发生泄漏。不要用计量分药器计量硫酰氟，因为硫酰氟有高的蒸汽压力，用计量分药器计量是不安全的。计量硫酰氟，可用商用台秤计量盛药钢瓶的质量减少来计算。某些热导分析仪可检测硫酰氟的有效浓度。新鲜干燥剂必须与热导分析仪一起使用，同时不得用含苏打石棉的滤器吸收硫酰氟气体中的水分。

（4）毒性与安全　目前，尚没有硫酰氟中毒的解毒剂。应用硫酰氟熏蒸杀虫，必须严格遵守操作规程。硫酰氟不能用来处理食品和食品原料。

4. 其他熏蒸剂

还有环氧乙烷（Ethylene）、二硫化碳（Carbon disulphide）、氢氰酸（Hydrocyanic acid）、氯化苦（Chloropiorin）等。

二、熏蒸处理的主要设施、附属设备和需要仪器

1. 熏蒸室结构

建造常压熏蒸室时，首先考虑的是尽可能地使其达到密闭。此外必须安装气流循环系统，以便使药剂在熏蒸室内均匀分布。每次熏蒸期间，熏蒸室必须保持良好密闭状态，并保持熏蒸剂循环。

建筑材料可根据熏蒸农产品的类型及采用的处理方法来选择。通常用机械或小车装卸较重的农产品，则需用重型金属构件、砖砌或金属板等材料建造熏蒸室。合理的做法是根据预期目的、按照最适宜方法建造熏蒸室。

为了对熏蒸剂进行计量，使其蒸发、循环和排出，还需一些辅助设备，这类设备应根据熏蒸室的容积大小选择。当所用熏蒸剂的剂量相对较少时，常用带刻度的分药器计量。使用大量

熏蒸剂时，最常用的办法是按质量计算。

将溴甲烷放置在熏蒸室外的气发器投入室内，气发器由一个螺旋状的金属和一个热源组成。熏蒸剂的充分蒸发，保证了熏蒸剂更有效的扩散及穿透性，避免产生雾滴伤害农副产品，特别是伤害新鲜水果，降低杀虫效果。

由鼓风机等组成的循环系统是熏蒸剂均匀分布的必要设备。

根据天气条件和需要熏蒸农产品的种类，有条件时熏蒸室可安装加热和冷却设备。温度控制的规定一般不是强制性的，当熏蒸时有必要控制温度时可以使用控温设备，在设计和建造熏蒸室过程中应考虑到这点。

设计和建造熏蒸室的基本要求：
①必须按规定保证一定的气密程度，并在每次使用中都保持良好密闭状态；
②必须配备有效的气体循环和排放系统；
③必须备有分散熏蒸剂的有效系统；
④必须提供合适的固定装置，以便进行压力渗漏检测和气体浓度取样；
⑤应备有自动记录温度计；
⑥为了保证熏蒸的有效性或避免农产品受害，应尽可能备有加热和制冷装置。以上所列要求主要是解决熏蒸室本身的有效性。

（1）密闭结构　熏蒸室内壁不能被熏蒸剂穿透，接口必须焊接或用密封材料处理，门和通风道必须配有合适的垫圈和垫片，导线、温度计、管道系统、用作压力渗漏接测试的连接器等的所有开口都必须是密封的。

熏蒸室的内壁，无论是金属、水泥、混凝土及贴砖，还是用胶合板装修，都必须涂上环氧树脂、贴上尼龙塑料或在底层刷上沥青，这样处理后可以降低内壁对熏蒸剂的吸附作用。降低吸附作用是维持气体浓度的一个重要因素。

砖石结构熏蒸室，混凝土砌块的层与层之间灰浆应结合好，内壁表面涂1~2cm厚硬质水泥并使表面光滑坚实。用混凝土浇筑的结构，表面也应光滑和坚实。

熏蒸室门结构，门可从顶部或侧面用合页安装。安装在熏蒸室顶部的门很少出现下垂现象，如果门安装在侧面应使用冰箱合页。沿门的周围必须装上高质量的氯丁（二烯）橡胶垫圈，还必须使用一致的垫圈以求获得最佳密闭效果。有条件的地方，用国际标准集装箱门作为熏蒸室门，是很理想的。

（2）循环与排气系统　排气设备应能以每分钟最低排气量相当于熏蒸容积的三分之一的速率排气，鼓风机气流速度每分钟应使室内的气体几乎循环一遍，小型熏蒸室只需一台旋转式鼓风机就能形成通常所需要的气流运动。为了获得气体有效的分布，大型熏蒸室可选用旋转式或鼠笼式风扇，这种风扇有助于混合气体从输送管道直接分散到地面附近，并能使气流穿过堆垛顶部。某些熏蒸剂，应使用无火花防爆型循环设备。排气管应高于附近的建筑物，按照当地环保部门的要求安装。

（3）熏蒸剂的气化系统　熏蒸剂必须以气态进入熏蒸室，溴甲烷进入熏蒸室前需气化，气发器是熏蒸剂气化的装置。最常见的气发器由铜管盘曲成螺旋状制成，并浸没在盛有水温保持在60~70℃的水浴内。因为经气发的熏蒸剂必须在熏蒸室内与空气很好的混合，所以要把熏蒸剂的出口安装在气体循环系统（或气体搅拌系统）的适当位置上。

（4）压力渗漏检测及药剂取样设备　常压熏蒸室在密闭期间内必须避免药剂漏出，因此，所有熏蒸室都必须检验,并要进行压力渗漏试验。为了用鼓风机或其他方法导入空气以提高室内气压,有必要在熏蒸室内开一个孔。熏蒸室内压力大小用开臂式压力计根据液面差测出,室内压力从 50mm 高液态石蜡降至 5mm 所需的时间应至少为 22s,计时期间必须关掉鼓风机。为确保熏蒸室所具有的性能,批准使用后仍需进行周期性的压力渗漏测试。压力检测记录为 22~29s 时,熏蒸室应每隔 6 个月重新检查一次,记录为 30s 或更长时间时,应每年重新检查一次。那些在规定时间内不能达到所需压力的熏蒸室则可认为存在渗漏现象,对于这种情况,熏蒸室的操作人员可用烟雾剂或其他装置探测渗漏的具体部位。另外,还应开设一个孔安放药剂取样管,取样管孔的内径通常为 12~16mm 的铜管,而用于开臂式位差压力计孔的外径则为 6.35mm。

2. 熏蒸室的附属设备

(1) 电力系统　根据操作的需要,环流装置、照明、空间加热、冷冻机、挥发器及实验室设备都需要电力,熏蒸室电力负荷中心至少要有四个电流断路器(保险丝):环流装置两套;照明、挥发器及实验室设备一套;加热、冷冻设备一套;消防装置。

为了从远处输送电力,要用导线将电力传送到附近地区。在熏蒸室外面要有照明系统,因为在装卸货物和熏蒸时用到的危险显示器,以及处理过程中用到的其他设备都需要。在熏蒸室的外面要有几个适合的通风口,用于操作热导分析仪、试验装置和其他需要。安放在熏蒸室外面的发电机,可以为熏蒸室内的气体环流、加热或制冷提供能量。

(2) 气体输入系统　熏蒸剂分配系统由供气罐、输送管和气发器组成,这一系统的设计因使用的熏蒸剂类型而异。在溴甲烷和氢氰酸两种气体都使用的情况下,需要有各自的单独的分配系统。熏蒸剂是通过由供气罐伸出的粗 5mm 钢管和塑料管输入熏蒸室的,塑料管必须不受熏蒸剂的影响,且能经受住熏蒸剂的压力。排气口附近的管子必须有数个开口孔,以排散熏蒸剂的气体。溴甲烷输送管应安装在熏蒸室的最高处。

少量的熏蒸剂一般是按容积测量的,即使在联结供气罐与挥发器之间的输气线上装有带刻度的分药器。对大量的熏蒸剂,是将供气罐放在台秤上,熏蒸剂的用量是通过罐内失去质量来测定的。挥发器是由一个铜管组成,铜管浸在热水中,使用时水温度 60~70℃,输送管放在环流气流中,有很大的空气流动,因此该器必须放在电扇或鼓风机的前面。

(3) 环流系统　熏蒸室内需要加强气体环流,以便气体分布均匀,从而使室内货物的各个部分都能接受到同样浓度的熏蒸剂。各种环流方法都可使用,在常压熏蒸室内的环流速度,应当是在 1~3min 内室内熏蒸剂分布基本均匀。熏蒸室内的环流风扇电动机必须是防爆的。

在空的熏蒸室内应该进行循环试验,确定它的循环性能。试验可用导热分析仪按以下程序进行:①在室内四角和空间中央放置直径 0.6cm 的聚乙烯管,吸取气体样品;②关闭熏蒸室,输入用量为 32g/m³ 的溴甲烷;③启动环流系统;④输入气体后 2min,在五个取样点上获取导热分析仪的读数;⑤如果读数相似,则电风扇或鼓风机的安装比较满意;⑥如果读数相差显著,则将室内的气体清除,需重新安装环流系统,以取得较好的气体分布效果,必要时使用挡板改变空气流动的方向;⑦如果读数仍不相近,有必要对熏蒸室重复试验和再次调整。

(4) 排气系统　排气系统应设计得与熏蒸室内的空气环流一样,能用以将熏蒸室内气体排到外面空气中去。当阀门打开后,能通过排气管直接将气体排出,并能在熏蒸时关紧垫片。在排气过程中,输气管上也要有个新鲜空气的送气口。排气管应通过熏蒸室和建筑物上面顺畅地延伸出去,每分钟的排气量应相当于熏蒸室体积的 1/4~1/2。当熏蒸室能与外面大气直接通风时，排气管就可以不用了。排气鼓风机可以安装在熏蒸室内对着门的位置上。要在发动机的上方建造一个舱口，这舱口可以向外打开，关上时有垫片可以保持密封。通风时要将熏蒸室的门部分打开，以保证进入新鲜空气，排空熏蒸剂。室外排气管与鼓风机连接时，一定要有一个能转动的门阀，并要能紧紧地与垫片密封。

（5）加热和制冷系统　在植物性材料熏蒸以前，必须达到处理温度，即必须符合处理方法中允许的温度范围。货物的温度太低，必须加温后才能处理，冷冻的货物也要加温。熏蒸室内空气温度也要达到处理的温度。

熏蒸室要装有热水管和热气管，或者安有条状加热器。明火及暴露的电线圈是不能使用的，因其有可能使熏蒸剂发生分解。加热器要装在电扇及鼓风机后面，以免直接影响气体升温效果。热水管和蒸汽管要安装在表面，并围着熏蒸室墙内呈水平安装。加温器通过装在熏蒸室外面的恒温器控制。

在热带地区，熏蒸室内需要装有冷却装置，这一地区被熏蒸物品大部分为易受高温损害的幼嫩植物和材料。冷却设备的大小，需根据熏蒸室的空间和所装货物的形状、数量来决定。冷却器的推动器和冷却线圈装在熏蒸室内，散热的发动机装在外面。

3. 熏蒸剂气体浓度测定的主要仪器

（1）卤化物检漏仪　卤化物检漏仪常用于检查非易燃含卤素气体。在熏蒸消毒方面，被广泛用来探查用溴甲烷和二溴乙烯熏蒸时的漏气情况。这种检漏仪可在卤化物浓度很低的情况下使用，使用较为简便，除了检测熏蒸棚里漏气情况外，还可以用来测定熏蒸的货物中是否存有残余气体，以确定其是否可以进行装卸。在有风的情况下，可能操作困难，强光下难以辨认火焰的颜色变化。这种仪器用于测定溴甲烷浓度还不够准确，但它是方便查漏的有效仪器。

①操作原理：卤化物检漏仪的工作原理是，当周围空气中存在有机卤化物气体时，卤化物受火焰加热分解再与铜出现火焰颜色反应。火焰颜色由绿向蓝变化，表明空气里的气体浓度在增加，高浓度时火焰会熄灭。当铜片被加热到桃红色后，将火焰调整到能维持铜丝保持粉红色的最低程度。

为防止发生爆炸危险，勿在磷化氢、环氧乙烷、二硫化碳气体存在时使用卤化物检漏仪。卤化物检漏仪不能用来测定硫酰氟，因为这种卤化物气体与铜丝的火焰颜色反应不易用眼睛鉴别。

②用卤化物检漏仪测定溴甲烷浓度。

③保养：铜丝或做成的筒环必须保持清洁，否则，即使在无卤气存在的情况下，火焰也会显出绿色。必要时，可从火焰管中拆下铜丝将其清洁。由于反复使用会使铜环老化，因此，当铜环出现凹坑或变形时应随时更换。

（2）国产 XK – Ⅱ 型熏蒸气体检测仪　XK – Ⅱ 型熏蒸气体检测仪主要由电源部分、气路系统包括采样泵、热导池和显示部分等组成。该仪器所用的外部电源为 220V 交流电，内部电源为 12V 直流电。当内部电池充满电后，在熏蒸现场可连续使用 6~8h。该仪器重约 6kg。

①仪器外部各部分简介

a. 吸气口：位于仪器的后部，为仪器待测样品气的入口，可用内径为 6mm 的聚乙烯塑料管（采样管）与之连接。必要时，还可以将干燥管与该吸气口连接后，再连接聚乙烯塑料管，每次所用聚乙烯塑料管应为干净管，内部无水汽集结。

b. 排气口：位于仪器后部。当在比较封闭的场所测毒时，可用一根直径 6mm 的聚乙烯塑料管与之连接，将毒气排放在熏蒸空间或通风良好的地方。

c. 显示器：用以显示所测熏蒸剂气体的浓度，其显示值的单位为 g/m^3。

d. 对熏蒸剂选择组键：位于仪器前面板的右侧，其左侧分别对应标有溴甲烷、硫酰氟、环氧乙烷和二硫化碳，需要检测哪种熏蒸剂则按下该键。

e. 调零钮：当采样泵工作时，显示器上的读数可能不在零点，检测前用该键调零。

f. 气体流量计：用于显示流过该仪器的被测气体流量，单位为 L/min，规定标准流量值为 1L/min。

g. 气体流量调节钮：用于调节气体的流速大小，使流过该仪器的气体流速稳定在 1L/min 处。

h. 检测按钮：仪器电路系统及热导池的电源开关，当仪器处于较长时间等待时，可以关掉采样泵，而让本开关继续处于开启状态。

i. 气泵按钮：为采样泵的电源开关。

j. 保险丝管：位于仪器后部电源插座中，拉出插座下部的小室就可见其中的保险丝管，插座内还有一个备用管。

②熏蒸剂气体浓度的检测

a. 准备工作

（a）预热　在开始检测之前，打开仪器的气泵及检测电源开关，让仪器运转 3～5min（预热时间长短随温度不同而定，温度越低预热时间相应适当延长）。

（b）气流流速的调整　将仪器流量计的流速调整为 1L/min。

（c）调零　仪器开机预热后若显示值不为零，则可用通过调零钮进行调零。如果通过调零钮不能将仪器的显示调到零，就必须通过下列步骤进行调零：

ⅰ 打开仪器右侧的机箱盖（Ⅰ型机则打开左侧机箱盖），重新放置好仪器。打开电源开关，让仪器预热 10min 左右。

ⅱ 将调零钮向一个方向慢慢旋转至极点，再反方向旋转五圈，使其处于中间位置。

ⅲ 找到仪器内部热导池上部电路板上的灰色池平衡调节钮，慢慢旋转该钮，使仪器显示值为零或接近零。

ⅳ 关掉电源，重新关好机箱盖。打开电源开关，再预热调零。至此整个准备工作结束。

b. 检测

（a）仪器调好后，首先将聚乙烯塑料管的一端同仪器的吸气口连接起来，采样管的另一端插入到检测点内。采样管的内径应为 6mm 的管子，其最长不应超过 30m。当检测时仪器的显示值稳定后，即可记录该值。检测同一批货物的熏蒸剂浓度时，可在检测一点浓度后，直接检测下一点浓度。

（b）环境湿度对仪器的检测值有一定的影响，当检测同一批货物浓度结束后，如仪器运转不能复零，则可将检测结果予以适当修正。当仪器现时为正值，所用检测值减去该正值，反之则加上该负值。

（c）所有检测工作结束后，应使仪器运转一段时间，使仪器复零，然后再关机。

③仪器的校准　所有仪器在出厂前均经过校准，但随着使用次数的增多和时间的延长，仪器的检测准确度将有所变化。为保证仪器检测值的准确，XK-Ⅱ型熏蒸气体浓度检测仪每年至少要进行一次校正（最好请仪器生产厂家进行校准），其方法如下：

打开机器机箱盖。打开仪器电源开关，让仪器预热 30min 以上。

用大的真空干燥器（水容法测出容积），在真空抽气出口处用橡皮塞密封。橡皮塞打孔插入三根铜管（或玻璃管），一根插至真空干燥器的下中部，一根插至上中部，另一根插至中部。用聚乙烯塑料管与其中两根连接，中下部管接仪器吸气口，中上部管接仪器排气口。真空干燥器内放置一袖珍电风扇。真空干燥器接口处加少许凡士林磨封。橡皮塞与铜管及玻璃接口处均用强力胶密封。控制温度在25℃及70%相对湿度条件下，按 $40g/m^3$ 的剂量计算投药量。先将仪器调零，然后将真空干燥器上的聚乙烯塑料管同该仪器吸、排气口连接好。打开风扇电源开关，密封好真空干燥器，注入计算好的熏蒸剂气体的量，待仪器显示值稳定不动后，观察该显示值是否在38~42之间，如果显示值在此范围内，说明该仪器不需要作进一步调整，如果不在该范围内，则应调节对应于该熏蒸剂的放大倍数的调节电位器（在仪器内部电路板上有四个并排的小电位器，每个电位器对应于一种熏蒸剂。不进行仪器校准时，千万不要调节该电位器，否则影响结果的准确性）。

④仪器的维护及保养

a. 仪器在运转过程中，应该轻拿轻放，因为热导池中的热丝元件在加热后，如遇到激烈振动极易损坏，即使是在平时搬运过程中也要轻拿轻放。

b. 每次使用完后及时充电，如长时间不用，也应定时充电。一般应每一至两周充一次电，每次充电时间为12~24h。在每次使用过程中，应节约用电，避免深度放电，以延长蓄电池的使用寿命。有交流电的地方尽量使用交流电。

c. 使用过程中，严禁将水抽入仪器内，以免损坏热导池和采样泵。如发生类似情况，应立即使仪器运转数小时，直到能调零为止。

d. 采样泵开启后，严禁用手及其他物品堵塞仪器后部的吸气口和排气口，以免损坏采样泵。

(3) 进口熏蒸气体浓度显示仪（FUMISCOPE） 导热分析仪是通过测量热敏电阻丝的电阻变化来进行组分浓度检测的。因为当恒量电流通过热敏电阻丝时，导线电阻将受到周围气体成分的影响。气体成分变动，热敏电阻丝的电阻也相应改变。这种分析仪采用的是一种单臂电桥式电路，以此测量由气体在探测丝上经过时引起的不均衡性。许多国际植物检疫组织都用这种仪器测定熏蒸气体的浓度。

①200E型熏蒸气体浓度显示仪：由一个电泵、一只气体流速计、一个导热室和一只电流换算表组成。按下叉簧开关，启动电泵，空气样品可经过流速计和导热室被抽进来，空气样品的流速可拨动刻度盘调至规定值。这种仪器利用导热室将毒气（如溴甲烷）和干燥空气的混合气与纯干燥空气进行比较，其差值转变为电流并显示在电流换算表上。特别是导热室内的探测丝通过恒量电流而加热，通过探测丝周围的气体将探测丝热量传递到室壁上而使探测丝温度降低，室壁温度升高。经过一段时间后，一种平衡温度便产生了。如果毒气的成分发生变化，热量损失也会发生变化，测丝的平衡温度（测丝的平衡电阻）也相应地发生变化。这种电阻的变化在电学上是可以测量的。适当校准后，测量准确度可在5%以内。

作为一种对仪器的敏感部件预防措施，建议在进气管上装上一个玻璃纤维过滤器，以除去灰尘和其他污物。熏蒸作业前，一定要对取样管进行漏气试验，在取样管上接上显示仪之前，要将空气通过取样管抽出，以确定管内是否干净。漏气试验前先启动显示仪，然后用手指按住取样管的后端来完成。如果取样管和连接处是密闭的，流速表上的浮球将降到零点。

船上熏蒸，许多取样管较长，需要将备用泵安装在取样管和显示仪之间。这种备用泵用来加速抽取有代表性的样本。在有读数后,取下取样管,接上另一只管。指针不必回到零点,但在最后一个读数后应回到零点。先是应该彻底消除残余气体,方法是电表指针回到零点,摘去最后一个取样管,让气泵显示仪内抽入几分钟的新鲜空气。

②校准检验:校准气体显示仪可使电流表显示出准确的测量数据。各种气体显示仪在工厂里是经过仔细校准的,一般情况下校准过的显示仪应当保持相当长的使用时间。为确保显示仪能显示出准确的气体浓度读数,每一台显示仪都应每年进行两次校准检验。校准检验按以下步骤进行,在进行校准试验之前,如果显示仪不能调节,可与相似的显示仪相比较。校准检验步骤如下:

  a. 将取样管接通无气体的熏蒸室,将其固定在熏蒸室的中央,并与供试的显示仪相比较;
  b. 进行显示仪升温检验;
  c. 往熏蒸室内输入经过精确计量的溴甲烷;
  d. 当毒气在熏蒸室内完全扩散后,记下显示仪上的读数;
  e. 检验时,需使用新鲜干燥剂,不能用真空装置。如果剂量读数低于100%,则是由于挥发器上测定气体剂量稍有误差,或者是熏蒸室内壁的吸收等原因造成,且仪器的精确度可允许有5%的误差。
  f. 如果气体浓度连续几次的读数都出现在允许范围之外的,清除一下熏蒸室和仪器。另输入相似的剂量,同时确信熏蒸剂已完全地驱散开了。然后,记下重复试验后的读数。如果读数仍不可接受,与厂家联系,陈述一下问题和试验结果。生产者也可能提出一些校正的建议。要不然的话,有必要将仪器返回厂里校正。需要重新校正的仪器都应送回工厂检修。生产者不会将仪器送到别处检修的,因为这具有特殊性能的仪器,对多数维修结构是无能为力的。在运送仪器时,取下电池,包装起来,里面至少垫上6.67cm厚的软垫,然后用航空快件运送。

(4)检测管的分析:像气体显示仪这样的导热分析仪器是用来测定溴甲烷、环氧乙烷、二硫化碳混合物和某些其他熏蒸剂浓度的,磷化氢及那些不能用导热分析仪测定的其他熏蒸剂可用检测管测定。货物及包装物里的残余气体浓度也可用它来测定。

定量的特种泵是用来抽取待测定的混有毒气和空气的样品,一般抽取100mL。抽出的样品经过一只或两只监测管,并在管内与试剂产生反应而形成色斑。色斑的长度与有毒气体的浓度成正比。色斑长度的测量,可用校准用刻度记录纸或简单的通过在玻璃管壁上的刻毒来测定。制造的毒气检测管,管内的试剂是定量的,而且每条管的口径都是一致的。为获得某些读数需要两管以上连接时,无需另增加试剂。仪器附有详细的操作说明。

每种熏蒸剂都有专门的检测管。检测管应在冷藏室内保存,以增加使用期限。每天使用前,气泵应根据其附带的说明书进行试验,必要时要进行检修。

三、 其他化学处理方法

1. 防腐处理

检疫处理中的防腐处理多用于木质材料的除害处理。国内外木材防腐处理中常用的防腐剂,根据其介质和有效成分可分为焦油型、有机溶剂型和水溶型三种;其使用方法一般分为两种即表面处理法和加压渗透法。前者只针对木材表面或浅层的有害生物,药效短,是一种暂时性的防护法,还可能造成环境污染;后者是通过一系列抽真空或加压的过程,迫使防腐剂进入木材组织细胞,使防腐剂能与木材紧密结合,从而可达到木材的持久防腐效果。使用防腐剂应注意处理过程中人员的安全、处理过程要全面和彻底以及对防腐处理后的废弃物的处置等几个问题。

2. 化学农药处理

在检疫处理中，常采用化学农药对不能采用熏蒸处理的材料进行灭害处理，根据处理对象的不同而用不同的施药方法，一般有喷雾法、拌种法、种苗浸渍法等。

3. 烟雾剂处理

烟雾剂是利用农药原药、燃料、氧化剂、消燃剂等制成的混合物，经点燃后不产生火焰，农药有效成分因受热而气化，在空气中冷却后凝聚成固体颗粒，沉积到材料表面，对害虫具有良好的触杀和胃毒作用。烟雾剂受自然环境尤其是气流影响较大。

第四节　检疫除害处理的技术和方法——物理学处理方法

一、低温处理

（1）速冻　速冻是在 $-17℃$ 或更低的温度下急速冰冻被处理的农产品，是控制害虫的一种处理方法。这种方法对防治许多害虫有效，常常用于处理那些由于害虫的原因而不能进口的产品，特别是用于处理某些水果和蔬菜。

这种处理方法包括在 $-17℃$ 或更低的温度下预冻，接着按规定在 $-17℃$ 或更低温度下保持一定时间，然后在不能高于 $-6℃$ 温度下保藏。速冻处理需具备满足上述温度处理的冷冻仓和贮藏仓，在冷冻仓内必须设置自动温度记录仪，记录速冻过程中温度的变化动态。

（2）冷处理　冷处理是指应用持续的不低于冰点的低温作为控制害虫的一种处理方法。这种方法对处理携带实蝇的热带水果有效，并已在实践中应用。处理的时间常取决于冷藏的温度。

冷处理通常是在冷藏库内（包括陆地冷藏库和船舱冷藏库）进行。处理的要求包括严格控制处理的温度和处理的时间，这是冷处理有效性的根本条件。

①冷藏库处理：陆地冷藏库和船舱冷藏库必须符合如下条件：制冷设备能力应符合处理温度的要求并保证温度的稳定性；冷藏库应配备足够数量的温度记录传感器，每 $300m^3$ 的堆垛应配备两个传感器，一个用于检测空气温度，二个用于监测堆垛内水果或蔬菜的温度；使用的温度自动记录仪应精密准确，需获得检疫官员认可；冷藏库内应有空气循环系统，使库内各部温度一致。

②集装箱冷处理：具备制冷设备并能自动控制箱内温度的集装箱，可以在运载过程对某些检疫物进行冷处理。为监测处理的有效性，在进行低温处理时，于水果或蔬菜间放置温度传感器，记录运输期间集装箱内水果或蔬菜的温度动态。集装箱运抵口岸时，由检疫官员开启温度记录仪的铅封，检查处理时间和处理温度是否符合规定。

二、热处理

1. 蒸汽热处理

蒸汽热处理是利用热饱和水蒸气使农产品的温度提高到规定的要求，并在规定的时间内使温度维持在稳定状态，通过水蒸气冷凝作用释放出来的潜热，均匀而迅速地使被处理的水果升温，使可能存在于果实内部的实蝇死亡。蒸汽热处理主要用于控制水果中的实蝇。

水果蒸汽热处理设施包括三个部分：产品处理前的分级、清洁、整理车间；产品蒸汽热处理室，产品热处理后的降温、去湿设施；包装车间，这个车间应有防止产品再次遭到感染的设施。蒸汽热处理的主要设施及其功能如下：

（1）热饱和蒸汽发生装置：这一装置应能按规定要求自动控制输出的蒸汽温度，蒸汽的输出量应能使室内的水果在规定时间内达到规定的温度。

（2）蒸汽分配管和气体循环风扇：蒸汽分配管把蒸汽均匀地分配到室内任何一个果品的货位，循环风扇使室内蒸汽处于均一状态，使蒸汽热量均匀地被每个水果吸收。

（3）温度监测系统：温度监测系统包括多个温度传感器，温度传感器均匀分布在室内空间各个点，传感器的探头插入水果的内部，通过温度显示仪可以了解处理过程室内各点水果果肉的温度动态。

检疫官员主要监察处理室内热蒸汽分布的均匀性、温度监测系统的准确性，以及产品处理后防止再感染的有效性。

2. 热水处理

热水处理可防治多种生物，主要有线虫、病害、某些昆虫和螨类，多用于对鳞茎上的线虫和其他有害生物以及带病种子的处理。有些处理方法提倡在热水中加入杀菌剂或湿润剂。福尔马林常常作为杀菌剂与热水混合处理鳞茎，在热水中可以更有效杀死线虫。

3. 干热处理

干热处理一般在烤炉或烤箱里进行，将被处理的物品置于100℃下1h。这种方法的关键是使受处理的材料内部达到特定的温度，并保持到需要的处理时间。当被处理物内部温度达到处理温度时，开始计算处理时间。

干热处理的方法应用有局限性。这种方法可以杀死引起植物病害的病原生物，但受害的植物材料要能承受较高温度处理。饲料和粉碎性的加工产品，可用82.2℃的温度处理7min。

干热处理还没有成功用于生活的植物材料，因为由于水分的损耗可使其受到损害。但甘薯是例外，据报道，将甘薯加热到39.4℃保持30h，可成功清除根结线虫。

用同样的温度和时间，干热处理不如热水处理或蒸汽处理的效果好，因为病原体似乎在水分存在下更易被杀死。

三、辐照处理

水果蔬菜γ射线低剂量辐照处理害虫，能引发害虫不育或延缓死亡，采用低剂量辐照的方法消灭害虫称为低剂量杀虫技术。低剂量杀虫技术应用于实践，大大降低需要的剂量，既降低成本、提高效益，又大大提高辐照对害虫寄主（水果、蔬菜、种子等生活材料）的安全性。辐照杀虫需要时间短（一般仅需20min左右），处理时不需拆包，不受温度影响，对寄主安全，没有残留和环境污染问题，是一种很有前途的杀虫方法。

四、气调技术（CA）

气调技术是通过调节处理容器中的气体成分，给有害生物以一种不适宜其生存的气体环境而达到检疫处理的目的。气调技术长期以来补充应用于储藏谷物的害虫防治，其工作原理是通过降低处理容器中氧气含量和增加二氧化碳的浓度而杀死害虫或减少害虫对谷物或干果的危害。实蝇是世界水果和蔬菜的重要检疫性害虫类群之一,应用气调的方法对实蝇的防除是可行的。

五、 微波加热处理

微波加热是利用电磁场加热电介质,使其内部升温,从而达到灭虫效果。因粮食、食品、植物与昆虫均是介质,当它们处于电场中时,昆虫的内容物可因迅速加热和剧烈振荡而破坏,最终导致死亡。植物、种子和食品也会因过热而导致死亡或质量的变化。微波加热的优点是升温快,介质内部的温度往往比外表高,不像一般的热处理,温度由外向里升高需时较长,处理后的介质无残毒。主要缺点是介质的内容物组成不同和磁场不均匀,导致介质升温不均匀。因此微波处理可用于植物检疫中的少量农副产品的处理,以及旅检中非种用材料的处理。

附录一

中华人民共和国进境植物检疫禁止进境物名录

（1997年7月29日，农业部第72号公告）

禁止进境物	禁止进境的原因 （防止传入的危险性病虫害）	禁止的国家或地区
玉米（Zea mays）种子	玉米细菌性枯萎病菌 Erwinia stewartii（E. F. Smith）Dye	亚洲：越南、泰国 欧洲：独联体、波兰、瑞士、意大利、罗马尼亚、南斯拉夫 美洲：加拿大、美国、墨西哥
大豆（Glycine max）种子	大豆疫病菌 Phytophthora megasperma（D.）f. sp. glycinea K. & E.	亚洲：日本 欧洲：英国、法国、独联体、德国 美洲：加拿大、美国 大洋洲：澳大利亚、新西兰
马铃薯（Solanum tuberosum）块茎及其繁殖材料	马铃薯黄矮病毒 Potato yellow dwarf virus 马铃薯帚顶病毒 Potato mop-top virus 马铃薯金线虫 Glogbdera rostochiensis（Wollen.）Skarbilovich 马铃薯白线虫 Clobodlera Pallida（Stone）Mulvey & Stone 马铃薯癌肿病菌 Syhchytrium endobioticum（Schilb.）Percival	亚洲：日本、印度、巴勒斯坦、黎巴嫩、尼泊尔、以色列、缅甸 欧洲：丹麦、挪威、瑞典、独联体、波兰、捷克、斯洛伐克、匈牙利、保加利亚、芬兰、冰岛、德国、奥地利、瑞士、荷兰、比利时、英国、爱尔兰、法国、西班牙、葡萄牙、意大利 非洲：突尼斯、阿尔及利亚、南非、肯尼亚、坦桑尼亚、津巴布韦 美洲：加拿大、美国、墨西哥、巴拿马、委内瑞拉、秘鲁、阿根廷、巴西、厄瓜多尔、玻利维亚、智利 大洋洲：澳大利亚、新西兰

续表

禁止进境物	禁止进境的原因 （防止传入的危险性病虫害）	禁止的国家或地区
榆属（*Ulmus spp.*）苗、插条	榆枯萎病菌 *Ceratocystis ulmi* （Buisman）Moreall	亚洲：印度、伊朗、土耳其 欧洲：各国 美洲：加拿大、美国
松属（*Pinus spp.*）苗、接穗	松材线虫 *Bursaphelenchus xylophilus* （Steiner &Buhrer）Nckle 松突圆蚧 *Hemiberlesia pitysophila* Takagi	亚洲：朝鲜、日本、香港、澳门 欧洲：法国 美洲：加拿大、美国
橡胶属（*Hevea spp.*）芽、苗、籽	橡胶南美叶疫病菌 *Microcyclus ulei*（P. Henn.）Von Arx.	美洲：墨西哥、中美洲及南美洲各国
烟属（*Nicotiana spp.*）繁殖材料 烟叶	烟霜霉病菌 *Peronospora hyoscyami* de Bary f. sp. tabacia（Adam.）Skalicky	亚洲：缅甸、伊朗、也门、伊拉克、叙利亚、黎巴嫩、约旦、以色列、土耳其 欧洲：各国 非洲：埃及、利比亚、突尼斯、阿尔及利亚、摩洛哥 美洲：加拿大、美国、墨西哥、危地马拉、萨尔瓦多、古巴、多米尼加、巴西、智利、阿根廷、乌拉圭 大洋洲：各国
小麦（商品）	小麦矮腥黑穗病菌 *Tilletia Controversa* Kuehn 小麦印度腥黑穗病菌 *Tilletia indica* Mitra	亚洲：印度、巴基斯坦、阿富汗、尼泊尔、伊朗、伊拉克、土耳其、沙特阿拉伯 欧洲：独联体、捷克、斯洛伐克、保加利亚、匈牙利、波兰（海乌姆、卢步林、普热梅布尔、热舒夫、塔尔诺布热格、扎莫希奇）、罗马尼亚、阿尔巴尼亚、南斯拉夫、德国、奥地利、比利时、瑞士、瑞典、意大利、法国（罗讷—阿尔卑斯） 非洲：利比亚、阿尔及利亚 美洲：乌拉圭、阿根廷（布宜诺斯艾利斯、圣非）、巴西、墨西哥、加拿大（安大略）、美国（华盛顿、怀俄明、蒙大拿、科罗拉多、爱达荷、俄勒冈、犹它及其他有小麦印度腥黑穗病发生的地区）

续表

禁止进境物	禁止进境的原因 （防止传入的危险性病虫害）	禁止的国家或地区
水果及茄子、辣椒、番茄果实	地中海实蝇 *Ceratitis capitata* （Wiedemann）	亚洲：印度、伊朗、沙特阿拉伯、叙利亚、黎巴嫩、约旦、巴勒斯坦、以色列、塞浦路斯、土耳其 欧洲：匈牙利、德国、奥地利、比利时、法国、西班牙、葡萄牙、意大利、马耳他、南斯拉夫、阿尔巴尼亚、希腊 非洲：埃及、利比亚、突尼斯、阿尔及利亚、摩洛哥、塞内加尔、布基纳法索、马里、几内亚、塞拉利昂、利比里亚、加纳、多哥、贝宁、尼日尔、尼日利亚、喀麦隆、苏丹、埃塞俄比亚、肯尼亚、乌干达、坦桑尼亚、卢旺达、布隆迪、扎伊尔、安哥拉、赞比亚、马拉维、莫桑比克、马达加斯加、毛里求斯、留尼汪、津巴布韦、博茨瓦纳、南非 美洲：美国（包括夏威夷）、墨西哥、危地马拉、萨尔瓦多、洪都拉斯、尼加拉瓜、厄瓜多尔、哥斯达黎加、巴拿马、牙买加、委内瑞拉、秘鲁、巴西、玻利维亚、智利、阿根廷、乌拉圭、哥伦比亚 大洋洲：澳大利亚、新西兰（北岛）
植物病原体（包括菌种、毒种）、害虫、有害生物体及其他转基因生物材料	根据《中华人民共和国进出境植物检疫法》第5条规定	所有国家或地区
土壤	同上	所有国家或地区

注：因科学研究等特殊原因需要引进本表所列禁止进境的物品，必须事先提出申请，经国家动植物检疫局批准。

附录二

中华人民共和国进境植物检疫性有害生物名录

（2007年5月29日，农业部公告第862号）

昆虫

1. *Acanthocinus carinulatus* (Gebler)　白带长角天牛
2. *Acanthoscelides obtectus* (Say)　菜豆象
3. *Acleris variana* (Fernald)　黑头长翅卷蛾
4. *Agrilus* spp. (non-Chinese)　窄吉丁（非中国种）
5. *Aleurodicus dispersus* Russell　螺旋粉虱
6. *Anastrepha* Schiner　按实蝇属
7. *Anthonomus grandis* Boheman　墨西哥棉铃象
8. *Anthonomus quadrigibbus* Say　苹果花象
9. *Aonidiella comperei* McKenzie　香蕉肾盾蚧
10. *Apate monachus* Fabricius　咖啡黑长蠹
11. *Aphanostigma piri* (Cholodkovsky)　梨矮蚜
12. *Arhopalus syriacus* Reitter　辐射松幽天牛
13. *Bactrocera* Macquart　果实蝇属
14. *Baris granulipennis* (Tournier)　西瓜船象
15. *Batocera* spp. (non-Chinese)　白条天牛（非中国种）
16. *Brontispa longissima* (Gestro)　椰心叶甲
17. *Bruchidius incarnates* (Boheman)　埃及豌豆象
18. *Bruchophagus roddi* Gussak　苜蓿籽蜂
19. *Bruchus* spp. (non-Chinese)　豆象（属）（非中国种）
20. *Cacoecimorpha pronubana* (Hübner)　荷兰石竹卷蛾
21. *Callosobruchus* spp. [maculatus (F.) and non-Chinese]　瘤背豆象（四纹豆象和非中国种）
22. *Carpomya incompleta* (Becker)　欧非枣实蝇
23. *Carpomya vesuviana* Costa　枣实蝇
24. *Carulaspis juniperi* (Bouchè)　松唐盾蚧
25. *Caulophilus oryzae* (Gyllenhal)　阔鼻谷象

26. *Ceratitis* Macleay 小条实蝇属
27. *Ceroplastes rusci*（L.） 无花果蜡蚧
28. *Chionaspis pinifoliae*（Fitch） 松针盾蚧
29. *Choristoneura fumiferana*（Clemens） 云杉色卷蛾
30. *Conotrachelus* Schoenherr 鳄梨象属
31. *Contarinia sorghicola*（Coquillett） 高粱瘿蚊
32. *Coptotermes* spp.（non-Chinese） 乳白蚁（非中国种）
33. *Craponius inaequalis*（Say） 葡萄象
34. *Crossotarsus* spp.（non-Chinese） 异胫长小蠹（非中国种）
35. *Cryptophlebia leucotreta*（Meyrick） 苹果异形小卷蛾
36. *Cryptorrhynchus lapathi* L. 杨干象
37. *Cryptotermes brevis*（Walker） 麻头砂白蚁
38. *Ctenopseustis obliquana*（Walker） 斜纹卷蛾
39. *Curculio elephas*（Gyllenhal） 欧洲栗象
40. *Cydia janthinana*（Duponchel） 山楂小卷蛾
41. *Cydia packardi*（Zeller） 樱小卷蛾
42. *Cydia pomonella*（L.） 苹果蠹蛾
43. *Cydia prunivora*（Walsh） 杏小卷蛾
44. *Cydia pyrivora*（Danilevskii） 梨小卷蛾
45. *Dacus* spp.（non-Chinese） 寡鬃实蝇（非中国种）
46. *Dasineura mali*（Kieffer） 苹果瘿蚊
47. *Dendroctonus* spp.（valens LeConte and non-Chinese） 大小蠹（红脂大小蠹和非中国种）
48. *Deudorix isocrates* Fabricius 石榴小灰蝶
49. *Diabrotica* Chevrolat 根萤叶甲属
50. *Diaphania nitidalis*（Stoll） 黄瓜绢野螟
51. *Diaprepes abbreviata*（L.） 蔗根象
52. *Diatraea saccharalis*（Fabricius） 小蔗螟
53. *Dryocoetes confusus* Swaine 混点毛小蠹
54. *Dysmicoccus grassi* Leonari 香蕉灰粉蚧
55. *Dysmicoccus neobrevipes* Beardsley 新菠萝灰粉蚧
56. *Ectomyelois ceratoniae*（Zeller） 石榴螟
57. *Epidiaspis leperii*（Signoret） 桃白圆盾蚧
58. *Eriosoma lanigerum*（Hausmann） 苹果绵蚜
59. *Eulecanium gigantea*（Shinji） 枣大球蚧
60. *Eurytoma amygdali* Enderlein 扁桃仁蜂
61. *Eurytoma schreineri* Schreiner 李仁蜂
62. *Gonipterus scutellatus* Gyllenhal 桉象
63. *Helicoverpa zea*（Boddie） 谷实夜蛾
64. *Hemerocampa leucostigma*（Smith） 合毒蛾

65. *Hemiberlesia pitysophila* Takagi　松突圆蚧
66. *Heterobostrychus aequalis*（Waterhouse）　双钩异翅长蠹
67. *Hoplocampa flava*（L.）　李叶蜂
68. *Hoplocampa testudinea*（Klug）　苹叶蜂
69. *Hoplocerambyx spinicornis*（Newman）　刺角沟额天牛
70. *Hylobius pales*（Herbst）　苍白树皮象
71. *Hylotrupes bajulus*（L.）　家天牛
72. *Hylurgopinus rufipes*（Eichhoff）　美洲榆小蠹
73. *Hylurgus ligniperda* Fabricius　长林小蠹
74. *Hyphantria cunea*（Drury）　美国白蛾
75. *Hypothenemus hampei*（Ferrari）　咖啡果小蠹
76. *Incisitermes minor*（Hagen）　小楹白蚁
77. *Ips* spp.（non–Chinese）　齿小蠹（非中国种）
78. *Ischnaspis longirostris*（Signoret）　黑丝盾蚧
79. *Lepidosaphes tapleyi* Williams　芒果蛎蚧
80. *Lepidosaphes tokionis*（Kuwana）　东京蛎蚧
81. *Lepidosaphes ulmi*（L.）　榆蛎蚧
82. *Leptinotarsa decemlineata*（Say）　马铃薯甲虫
83. *Leucoptera coffeella*（Guérin–Méneville）　咖啡潜叶蛾
84. *Liriomyza trifolii*（Burgess）　三叶斑潜蝇
85. *Lissorhoptrus oryzophilus* Kuschel　稻水象甲
86. *Listronotus bonariensis*（Kuschel）　阿根廷茎象甲
87. *Lobesia botrana*（Denis et Schiffermuller）　葡萄花翅小卷蛾
88. *Mayetiola destructor*（Say）　黑森瘿蚊
89. *Mercetaspis halli*（Green）　霍氏长盾蚧
90. *Monacrostichus citricola* Bezzi　桔实锤腹实蝇
91. *Monochamus* spp.（non–Chinese）　墨天牛（非中国种）
92. *Myiopardalis pardalina*（Bigot）　甜瓜迷实蝇
93. *Naupactus leucoloma*（Boheman）　白缘象甲
94. *Neoclytus acuminatus*（Fabricius）　黑腹尼虎天牛
95. *Opogona sacchari*（Bojer）　蔗扁蛾
96. *Pantomorus cervinus*（Boheman）　玫瑰短喙象
97. *Parlatoria crypta* Mckenzie　灰白片盾蚧
98. *Pharaxonotha kirschi* Reither　谷拟叩甲
99. *Phloeosinus cupressi* Hopkins　美柏肤小蠹
100. *Phoracantha semipunctata*（Fabricius）　桉天牛
101. *Pissodes* Germar　木蠹象属
102. *Planococcus lilacius* Cockerell　南洋臀纹粉蚧
103. *Planococcus minor*（Maskell）　大洋臀纹粉蚧

104. *Platypus* spp.（non-Chinese） 长小蠹（属）（非中国种）
105. *Popillia japonica* Newman 日本金龟子
106. *Prays citri* Milliere 桔花巢蛾
107. *Promecotheca cumingi* Baly 椰子缢胸叶甲
108. *Prostephanus truncatus*（Horn） 大谷蠹
109. *Ptinus tectus* Boieldieu 澳洲蛛甲
110. *Quadrastichus erythrinae* Kim 刺桐姬小蜂
111. *Reticulitermes lucifugus*（Rossi） 欧洲散白蚁
112. *Rhabdoscelus lineaticollis*（Heller） 褐纹甘蔗象
113. *Rhabdoscelus obscurus*（Boisduval） 几内亚甘蔗象
114. *Rhagoletis* spp.（non-Chinese） 绕实蝇（非中国种）
115. *Rhynchites aequatus*（L.） 苹虎象
116. *Rhynchites bacchus* L. 欧洲苹虎象
117. *Rhynchites cupreus* L. 李虎象
118. *Rhynchites heros* Roelofs 日本苹虎象
119. *Rhynchophorus ferrugineus*（Olivier） 红棕象甲
120. *Rhynchophorus palmarum*（L.） 棕榈象甲
121. *Rhynchophorus phoenicis*（Fabricius） 紫棕象甲
122. *Rhynchophorus vulneratus*（Panzer） 亚棕象甲
123. *Sahlbergella singularis* Haglund 可可盲蝽象
124. *Saperda* spp.（non-Chinese） 楔天牛（非中国种）
125. *Scolytus multistriatus*（Marsham） 欧洲榆小蠹
126. *Scolytus scolytus*（Fabricius） 欧洲大榆小蠹
127. *Scyphophorus acupunctatus* Gyllenhal 剑麻象甲
128. *Selenaspidus articulatus* Morgan 刺盾蚧
129. *Sinoxylon* spp.（non-Chinese） 双棘长蠹（非中国种）
130. *Sirex noctilio* Fabricius 云杉树蜂
131. *Solenopsis invicta* Buren 红火蚁
132. *Spodoptera littoralis*（Boisduval） 海灰翅夜蛾
133. *Stathmopoda skelloni* Butler 猕猴桃举肢蛾
134. *Sternochetus* Pierce 芒果象属
135. *Taeniothrips inconsequens*（Uzel） 梨蓟马
136. *Tetropium* spp.（non-Chinese） 断眼天牛（非中国种）
137. *Thaumetopoea pityocampa*（Denis et Schiffermuller） 松异带蛾
138. *Toxotrypana curvicauda* Gerstaecker 番木瓜长尾实蝇
139. *Tribolium destructor* Uyttenboogaart 褐拟谷盗
140. *Trogoderma* spp.（non-Chinese） 斑皮蠹（非中国种）
141. *Vesperus* Latreile 暗天牛属
142. *Vinsonia stellifera*（Westwood） 七角星蜡蚧

143. *Viteus vitifoliae*（Fitch） 葡萄根瘤蚜
144. *Xyleborus* spp.（non-Chinese） 材小蠹（非中国种）
145. *Xylotrechus rusticus* L. 青杨脊虎天牛
146. *Zabrotes subfasciatus*（Boheman） 巴西豆象

软体动物

147. *Achatina fulica* Bowdich 非洲大蜗牛
148. *Acusta despecta* Gray 琉球球壳蜗牛
149. *Cepaea hortensis* Müller 花园葱蜗牛
150. *Helix aspersa* Müller 散大蜗牛
151. *Helix pomatia* Linnaeus 盖罩大蜗牛
152. *Theba pisana* Müller 比萨茶蜗牛

真菌

153. *Albugo tragopogi*（Persoon）Schröter var. helianthi Novotelnova 向日葵白锈病菌
154. *Alternaria triticina* Prasada et Prabhu 小麦叶疫病菌
155. *Anisogramma anomala*（Peck）E. Muller 榛子东部枯萎病菌
156. *Apiosporina morbosa*（Schweinitz）von Arx 李黑节病菌
157. *Atropellis pinicola* Zaller et Goodding 松生枝干溃疡病菌
158. *Atropellis piniphila*（Weir）Lohman et Cash 嗜松枝干溃疡病菌
159. *Botryosphaeria laricina*（K. Sawada）Y. Zhong 落叶松枯梢病菌
160. *Botryosphaeria stevensii* Shoemaker 苹果壳色单隔孢溃疡病菌
161. *Cephalosporium gramineum* Nisikado et Ikata 麦类条斑病菌
162. *Cephalosporium maydis* Samra, Sabet et Hingorani 玉米晚枯病菌
163. *Cephalosporium sacchari* E. J. Butler et Hafiz Khan 甘蔗凋萎病菌
164. *Ceratocystis fagacearum*（Bretz）Hunt 栎枯萎病菌
165. *Chrysomyxa arctostaphyli* Dietel 云杉帚锈病菌
166. *Ciborinia camelliae* Kohn 山茶花腐病菌
167. *Cladosporium cucumerinum* Ellis et Arthur 黄瓜黑星病菌
168. *Colletotrichum kahawae* J. M. Waller et Bridge 咖啡浆果炭疽病菌
169. *Crinipellis perniciosa*（Stahel）Singer 可可丛枝病菌
170. *Cronartium coleosporioides* J. C. Arthur 油松疱锈病菌
171. *Cronartium comandrae* Peck 北美松疱锈病菌
172. *Cronartium conigenum* Hedgcock et Hunt 松球果锈病菌
173. *Cronartium fusiforme* Hedgcock et Hunt ex Cummins 松纺锤瘤锈病菌
174. *Cronartium ribicola* J. C. Fisch. 松疱锈病菌
175. *Cryphonectria cubensis*（Bruner）Hodges 桉树溃疡病菌
176. *Cylindrocladium parasiticum* Crous, Wingfield et Alfenas 花生黑腐病菌
177. *Diaporthe helianthi* Muntanola-Cvetkovic Mihaljcevic et Petrov 向日葵茎溃疡病菌

178. *Diaporthe perniciosa* É. J. Marchal　苹果果腐病菌
179. *Diaporthe phaseolorum*（Cooke et Ell.）Sacc. var. caulivora Athow et Caldwell　大豆北方茎溃疡病菌
180. *Diaporthe phaseolorum*（Cooke et Ell.）Sacc. var. meridionalis F. A. Fernandez　大豆南方茎溃疡病菌
181. *Diaporthe vaccinii* Shear　蓝莓果腐病菌
182. *Didymella ligulicola*（K. F. Baker，Dimock et L. H. Davis）von Arx　菊花花枯病菌
183. *Didymella lycopersici* Klebahn　番茄亚隔孢壳茎腐病菌
184. *Endocronartium harknessii*（J. P. Moore）Y. Hiratsuka　松瘤锈病菌
185. *Eutypa lata*（Pers.）Tul. et C. Tul.　葡萄藤猝倒病菌
186. *Fusarium circinatum* Nirenberg et O'Donnell　松树脂溃疡病菌
187. *Fusarium oxysporum* Schlecht. f. sp. apii Snyd. et Hans　芹菜枯萎病菌
188. *Fusarium oxysporum* Schlecht. f. sp. asparagi Cohen et Heald　芦笋枯萎病菌
189. *Fusarium oxysporum* Schlecht. f. sp. cubense（E. F. Sm.）Snyd. et Hans（Race 4 non – Chinese races）　香蕉枯萎病菌（4号小种和非中国小种）
190. *Fusarium oxysporum* Schlecht. f. sp. elaeidis Toovey　油棕枯萎病菌
191. *Fusarium oxysporum* Schlecht. f. sp. fragariae Winks et Williams　草莓枯萎病菌
192. *Fusarium tucumaniae* T. Aoki，O'Donnell，Yos. Homma et Lattanzi　南美大豆猝死综合征病菌
193. *Fusarium virguliforme* O'Donnell et T. Aoki　北美大豆猝死综合征病菌
194. *Gaeumannomyces graminis*（Sacc.）Arx et D. Olivier var. avenae（E. M. Turner）Dennis　燕麦全蚀病菌
195. *Greeneria uvicola*（Berk. et M. A. Curtis）Punithalingam　葡萄苦腐病菌
196. *Gremmeniella abietina*（Lagerberg）Morelet　冷杉枯梢病菌
197. *Gymnosporangium clavipes*（Cooke et Peck）Cooke et Peck　榲桲锈病菌
198. *Gymnosporangium fuscum* R. Hedw.　欧洲梨锈病菌
199. *Gymnosporangium globosum*（Farlow）Farlow　美洲山楂锈病菌
200. *Gymnosporangium juniperi – virginianae* Schwein　美洲苹果锈病菌
201. *Helminthosporium solani* Durieu et Mont.　马铃薯银屑病菌
202. *Hypoxylon mammatum*（Wahlenberg）J. Miller　杨树炭团溃疡病菌
203. *Inonotus weirii*（Murrill）Kotlaba et Pouzar　松干基褐腐病菌
204. *Leptosphaeria libanotis*（Fuckel）Sacc.　胡萝卜褐腐病菌
205. *Leptosphaeria maculans*（Desm.）Ces. et De Not.　十字花科蔬菜黑胫病菌
206. *Leucostoma cincta*（Fr.：Fr.）Hohn.　苹果溃疡病菌
207. *Melampsora farlowii*（J. C. Arthur）J. J. Davis　铁杉叶锈病菌
208. *Melampsora medusae* Thumen　杨树叶锈病菌
209. *Microcyclus ulei*（P. Henn.）von Arx　橡胶南美叶疫病菌
210. *Monilinia fructicola*（Winter）Honey　美澳型核果褐腐病菌
211. *Moniliophthora roreri*（Ciferri et Parodi）Evans　可可链疫孢荚腐病菌

212. *Monosporascus cannonballus* Pollack et Uecker　甜瓜黑点根腐病菌
213. *Mycena citricolor*（Berk. et Curt.）Sacc.　咖啡美洲叶斑病菌
214. *Mycocentrospora acerina*（Hartig）Deighton　香菜腐烂病菌
215. *Mycosphaerella dearnessii* M. E. Barr　松针褐斑病菌
216. *Mycosphaerella fijiensis* Morelet　香蕉黑条叶斑病菌
217. *Mycosphaerella gibsonii* H. C. Evans　松针褐枯病菌
218. *Mycosphaerella linicola* Naumov　亚麻褐斑病菌
219. *Mycosphaerella musicola* J. L. Mulder　香蕉黄条叶斑病菌
220. *Mycosphaerella pini* E. Rostrup　松针红斑病菌
221. *Nectria rigidiuscula* Berk. et Broome　可可花瘿病菌
222. *Ophiostoma novo–ulmi* Brasier　新榆枯萎病菌
223. *Ophiostoma ulmi*（Buisman）Nannf.　榆枯萎病菌
224. *Ophiostoma wageneri*（Goheen et Cobb）Harrington　针叶松黑根病菌
225. *Ovulinia azaleae* Weiss　杜鹃花枯萎病菌
226. *Periconia circinata*（M. Mangin）Sacc.　高粱根腐病菌
227. *Peronosclerospora* spp.（non–Chinese）　玉米霜霉病菌（非中国种）
228. *Peronospora farinosa*（Fries：Fries）Fries f. sp. betae Byford　甜菜霜霉病菌
229. *Peronospora hyoscyami* de Bary f. sp. tabacina（Adam）Skalicky　烟草霜霉病菌
230. *Pezicula malicorticis*（Jacks.）Nannfeld　苹果树炭疽病菌
231. *Phaeoramularia angolensis*（T. Carvalho et O. Mendes）P. M. Kirk　柑橘斑点病菌
232. *Phellinus noxius*（Corner）G. H. Cunn.　木层孔褐根腐病菌
233. *Phialophora gregata*（Allington et Chamberlain）W. Gams　大豆茎褐腐病菌
234. *Phialophora malorum*（Kidd et Beaum.）McColloch　苹果边腐病菌
235. *Phoma exigua* Desmazières f. sp. foveata（Foister）Boerema　马铃薯坏疽病菌
236. *Phoma glomerata*（Corda）Wollenweber et Hochapfel　葡萄茎枯病菌
237. *Phoma pinodella*（L. K. Jones）Morgan–Jones et K. B. Burch　豌豆脚腐病菌
238. *Phoma tracheiphila*（Petri）L. A. Kantsch. et Gikaschvili　柠檬干枯病菌
239. *Phomopsis sclerotioides* van Kesteren　黄瓜黑色根腐病菌
240. *Phymatotrichopsis omnivora*（Duggar）Hennebert　棉根腐病菌
241. *Phytophthora cambivora*（Petri）Buisman　栗疫霉黑水病菌
242. *Phytophthora erythroseptica* Pethybridge　马铃薯疫霉绯腐病菌
243. *Phytophthora fragariae* Hickman　草莓疫霉红心病菌
244. *Phytophthora fragariae* Hickman var. rubi W. F. Wilcox et J. M. Duncan　树莓疫霉根腐病菌
245. *Phytophthora hibernalis* Carne　柑橘冬生疫霉褐腐病菌
246. *Phytophthora lateralis* Tucker et Milbrath　雪松疫霉根腐病菌
247. *Phytophthora medicaginis* E. M. Hans. et D. P. Maxwell　苜蓿疫霉根腐病菌
248. *Phytophthora phaseoli* Thaxter　菜豆疫霉病菌
249. *Phytophthora ramorum* Werres, De Cock et Man in't Veld　栎树猝死病菌
250. *Phytophthora sojae* Kaufmann et Gerdemann　大豆疫霉病菌

251. *Phytophthora syringae*（Klebahn）Klebahn　丁香疫霉病菌
252. *Polyscytalum pustulans*（M. N. Owen et Wakef.）M. B. Ellis　马铃薯皮斑病菌
253. *Protomyces macrosporus* Unger　香菜茎瘿病菌
254. *Pseudocercosporella herpotrichoides*（Fron）Deighton　小麦基腐病菌
255. *Pseudopezicula tracheiphila*（Müller – Thurgau）Korf et Zhuang　葡萄角斑叶焦病菌
256. *Puccinia pelargonii – zonalis* Doidge　天竺葵锈病菌
257. *Pycnostysanus azaleae*（Peck）Mason　杜鹃芽枯病菌
258. *Pyrenochaeta terrestris*（Hansen）Gorenz，Walker et Larson　洋葱粉色根腐病菌
259. *Pythium splendens* Braun　油棕猝倒病菌
260. *Ramularia beticola* Fautr. et Lambotte　甜菜叶斑病菌
261. *Rhizoctonia fragariae* Husain et W. E. McKeen　草莓花枯病菌
262. *Rigidoporus lignosus*（Klotzsch）Imaz.　橡胶白根病菌
263. *Sclerophthora rayssiae* Kenneth，Kaltin et Wahl var. zeae Payak et Renfro　玉米褐条霜霉病菌
264. *Septoria petroselini*（Lib.）Desm.　欧芹壳针孢叶斑病菌
265. *Sphaeropsis pyriputrescens* Xiao et J. D. Rogers　苹果球壳孢腐烂病菌
266. *Sphaeropsis tumefaciens* Hedges　柑橘枝瘤病菌
267. *Stagonospora avenae* Bissett f. sp. triticea T. Johnson　麦类壳多胞斑点病菌
268. *Stagonospora sacchari* Lo et Ling　甘蔗壳多胞叶枯病菌
269. *Synchytrium endobioticum*（Schilberszky）Percival　马铃薯癌肿病菌
270. *Thecaphora solani*（Thirumalachar et M. J. O'Brien）Mordue　马铃薯黑粉病菌
271. *Tilletia controversa* Kühn　小麦矮腥黑穗病菌
272. *Tilletia indica* Mitra　小麦印度腥黑穗病菌
273. *Urocystis cepulae* Frost　葱类黑粉病菌
274. *Uromyces transversalis*（Thümen）Winter　唐菖蒲横点锈病菌
275. *Venturia inaequalis*（Cooke）Winter　苹果黑星病菌
276. *Verticillium albo – atrum* Reinke et Berthold　苜蓿黄萎病菌
277. *Verticillium dahliae* Kleb.　棉花黄萎病菌

原核生物

278. *Acidovorax avenae subsp. cattleyae*（Pavarino）Willems et al.　兰花褐斑病菌
279. *Acidovorax avenae subsp. citrulli*（Schaad et al.）Willems et al.　瓜类果斑病菌
280. *Acidovorax konjaci*（Goto）Willems et al.　魔芋细菌性叶斑病菌
281. *Alder yellows* phytoplasma　桤树黄化植原体
282. *Apple proliferation* phytoplasma　苹果丛生植原体
283. *Apricot chlorotic leafroll* phtoplasma　杏褪绿卷叶植原体
284. *Ash yellows* phytoplasma　白蜡树黄化植原体
285. *Blueberry stunt* phytoplasma　蓝莓矮化植原体
286. *Burkholderia caryophylli*（Burkholder）Yabuuchi et al.　香石竹细菌性萎蔫病菌
287. *Burkholderia gladioli pv. alliicola*（Burkholder）Urakami et al.　洋葱腐烂病菌

288. *Burkholderia glumae* (Kurita et Tabei) Urakami et al. 水稻细菌性谷枯病菌
289. *Candidatus Liberobacter africanum* Jagoueix et al. 非洲柑橘黄龙病菌
290. *Candidatus Liberobacter asiaticum* Jagoueix et al. 亚洲柑橘黄龙病菌
291. *Candidatus Phytoplasma* australiense 澳大利亚植原体候选种
292. *Clavibacter michiganensis subsp. insidiosus* (McCulloch) Davis et al. 苜蓿细菌性萎蔫病菌
293. *Clavibacter michiganensis subsp. michiganensis* (Smith) Davis et al. 番茄溃疡病菌
294. *Clavibacter michiganensis subsp. nebraskensis* (Vidaver et al.) Davis et al. 玉米内州萎蔫病菌
295. *Clavibacter michiganensis subsp. sepedonicus* (Spieckermann et al.) Davis et al. 马铃薯环腐病菌
296. *Coconut lethal yellowing* phytoplasma 椰子致死黄化植原体
297. *Curtobacterium flaccumfaciens pv. flaccumfaciens* (Hedges) Collins et Jones 菜豆细菌性萎蔫病菌
298. *Curtobacterium flaccumfaciens pv. oortii* (Saaltink et al.) Collins et Jones 郁金香黄色疱斑病菌
299. *Elm phloem necrosis* phytoplasma 榆韧皮部坏死植原体
300. *Enterobacter cancerogenus* (Urosevi) Dickey et Zumoff 杨树枯萎病菌
301. *Erwinia amylovora* (Burrill) Winslow et al. 梨火疫病菌
302. *Erwinia chrysanthemi* Burkhodler et al. 菊基腐病菌
303. *Erwinia pyrifoliae* Kim, Gardan, Rhim et Geider 亚洲梨火疫病菌
304. *Grapevine flavescence dorée* phytoplasma 葡萄金黄化植原体
305. *Lime witches' broom* phytoplasma 来檬丛枝植原体
306. *Pantoea stewartii subsp. stewartii* (Smith) Mergaert et al. 玉米细菌性枯萎病菌
307. *Peach X – disease* phytoplasma 桃 X 病植原体
308. *Pear decline* phytoplasma 梨衰退植原体
309. *Potato witches' broom* phytoplasma 马铃薯丛枝植原体
310. *Pseudomonas savastanoi pv. phaseolicola* (Burkholder) Gardan et al. 菜豆晕疫病菌
311. *Pseudomonas syringae pv. morsprunorum* (Wormald) Young et al. 核果树溃疡病菌
312. *Pseudomonas syringae pv. persicae* (Prunier et al.) Young et al. 桃树溃疡病菌
313. *Pseudomonas syringae pv. pisi* (Sackett) Young et al. 豌豆细菌性疫病菌
314. *Pseudomonas syringae pv. maculicola* (McCulloch) Young et al 十字花科黑斑病菌
315. *Pseudomonas syringae pv. tomato* (Okabe) Young et al. 番茄细菌性叶斑病菌
316. *Ralstonia solanacearum* (Smith) Yabuuchi et al. (race 2) 香蕉细菌性枯萎病菌（2号小种）
317. *Rathayibacter rathayi* (Smith) Zgurskaya et al. 鸭茅蜜穗病菌
318. *Spiroplasma citri* Saglio et al. 柑橘顽固病螺原体
319. *Strawberry multiplier* phytoplasma 草莓簇生植原体
320. *Xanthomonas albilineans* (Ashby) Dowson 甘蔗白色条纹病菌
321. *Xanthomonas arboricola pv. celebensis* (Gaumann) Vauterin et al. 香蕉坏死条纹病菌
322. *Xanthomonas axonopodis pv. betlicola* (Patel et al.) Vauterin et al. 胡椒叶斑病菌
323. *Xanthomonas axonopodis pv. citri* (Hasse) Vauterin et al. 柑橘溃疡病菌
324. *Xanthomonas axonopodis pv. manihotis* (Bondar) Vauterin et al. 木薯细菌性萎蔫病菌
325. *Xanthomonas axonopodis pv. vasculorum* (Cobb) Vauterin et al. 甘蔗流胶病菌
326. *Xanthomonas campestris pv. mangiferaeindicae* (Patel et al.) Robbs et al. 芒果黑斑病菌

327. *Xanthomonas campestris* pv. *musacearum* （Yirgou et Bradbury）Dye 香蕉细菌性萎蔫病菌
328. *Xanthomonas cassavae* （ex Wiehe et Dowson）Vauterin et al. 木薯细菌性叶斑病菌
329. *Xanthomonas fragariae* Kennedy et King 草莓角斑病菌
330. *Xanthomonas hyacinthi* （Wakker）Vauterin et al. 风信子黄腐病菌
331. *Xanthomonas oryzae* pv. *oryzae* （Ishiyama）Swings et al. 水稻白叶枯病菌
332. *Xanthomonas oryzae* pv. *oryzicola* （Fang et al.）Swings et al. 水稻细菌性条斑病菌
333. *Xanthomonas populi* （ex Ride）Ride et Ride 杨树细菌性溃疡病菌
334. *Xylella fastidiosa* Wells et al. 木质部难养细菌
335. *Xylophilus ampelinus* （Panagopoulos）Willems et al. 葡萄细菌性疫病菌

线虫

336. *Anguina agrostis* （Steinbuch）Filipjev 剪股颖粒线虫
337. *Aphelenchoides fragariae* （Ritzema Bos）Christie 草莓滑刃线虫
338. *Aphelenchoides ritzemabosi* （Schwartz）Steiner et Bührer 菊花滑刃线虫
339. *Bursaphelenchus cocophilus* （Cobb）Baujard 椰子红环腐线虫
340. *Bursaphelenchus xylophilus* （Steiner et Bührer）Nickle 松材线虫
341. *Ditylenchus angustus* （Butler）Filipjev 水稻茎线虫
342. *Ditylenchus destructor* Thorne 腐烂茎线虫
343. *Ditylenchus dipsaci* （Kühn）Filipjev 鳞球茎茎线虫
344. *Globodera pallida* （Stone）Behrens 马铃薯白线虫
345. *Globodera rostochiensis* （Wollenweber）Behrens 马铃薯金线虫
346. *Heterodera schachtii* Schmidt 甜菜胞囊线虫
347. *Longidorus* （Filipjev）Micoletzky （The species transmit viruses） 长针线虫属（传毒种类）
348. *Meloidogyne* Goeldi （non‑Chinese species） 根结线虫属（非中国种）
349. *Nacobbus abberans* （Thorne）Thorne et Allen 异常珍珠线虫
350. *Paralongidorus maximus* （Bütschli）Siddiqi 最大拟长针线虫
351. *Paratrichodorus* Siddiqi（The species transmit viruses） 拟毛刺线虫属（传毒种类）
352. *Pratylenchus* Filipjev（non‑Chinese species） 短体线虫（非中国种）
353. *Radopholus similis* （Cobb）Thorne 香蕉穿孔线虫
354. *Trichodorus* Cobb（The species transmit viruses） 毛刺线虫属（传毒种类）
355. *Xiphinema* Cobb（The species transmit viruses） 剑线虫属（传毒种类）

病毒及类病毒

356. *African cassava mosaic virus*，ACMV 非洲木薯花叶病毒（类）
357. *Apple stem grooving virus*，ASPV 苹果茎沟病毒
358. *Arabis mosaic virus*，ArMV 南芥菜花叶病毒
359. *Banana bract mosaic virus*，BBrMV 香蕉苞片花叶病毒
360. *Bean pod mottle virus*，BPMV 菜豆荚斑驳病毒
361. *Broad bean stain virus*，BBSV 蚕豆染色病毒

362. *Cacao swollen shoot virus*, CSSV　可可肿枝病毒
363. *Carnation ringspot virus*, CRSV　香石竹环斑病毒
364. *Cotton leaf crumple virus*, CLCrV　棉花皱叶病毒
365. *Cotton leaf curl virus*, CLCuV　棉花曲叶病毒
366. *Cowpea severe mosaic virus*, CPSMV　豇豆重花叶病毒
367. *Cucumber green mottle mosaic virus*, CGMMV　黄瓜绿斑驳花叶病毒
368. *Maize chlorotic dwarf virus*, MCDV　玉米褪绿矮缩病毒
369. *Maize chlorotic mottle virus*, MCMV　玉米褪绿斑驳病毒
370. *Oat mosaic virus*, OMV　燕麦花叶病毒
371. *Peach rosette mosaic virus*, PRMV　桃丛簇花叶病毒
372. *Peanut stunt virus*, PSV　花生矮化病毒
373. *Plum pox virus*, PPV　李痘病毒
374. *Potato mop-top virus*, PMTV　马铃薯帚顶病毒
375. *Potato virus A*, PVA　马铃薯 A 病毒
376. *Potato virus V*, PVV　马铃薯 V 病毒
377. *Potato yellow dwarf virus*, PYDV　马铃薯黄矮病毒
378. *Prunus necrotic ringspot virus*, PNRSV　李属坏死环斑病毒
379. *Southern bean mosaic virus*, SBMV　南方菜豆花叶病毒
380. *Sowbane mosaic virus*, SoMV　藜草花叶病毒
381. *Strawberry latent ringspot virus*, SLRSV　草莓潜隐环斑病毒
382. *Sugarcane streak virus*, SSV　甘蔗线条病毒
383. *Tobacco ringspot virus*, TRSV　烟草环斑病毒
384. *Tomato black ring virus*, TBRV　番茄黑环病毒
385. *Tomato ringspot virus*, ToRSV　番茄环斑病毒
386. *Tomato spotted wilt virus*, TSWV　番茄斑萎病毒
387. *Wheat streak mosaic virus*, WSMV　小麦线条花叶病毒
388. *Apple fruit crinkle viroid*, AFCVd　苹果皱果类病毒
389. *Avocado sunblotch viroid*, ASBVd　鳄梨日斑类病毒
390. *Coconut cadang-cadang viroid*, CCCVd　椰子死亡类病毒
391. *Coconut tinangaja viroid*, CTiVd　椰子败生类病毒
392. *Hop latent viroid*, HLVd　啤酒花潜隐类病毒
393. *Pear blister canker viroid*, PBCVd　梨疱症溃疡类病毒
394. *Potato spindle tuber viroid*, PSTVd　马铃薯纺锤块茎类病毒

杂草

395. *Aegilops cylindrica* Horst　具节山羊草
396. *Aegilops squarrosa* L.　节节麦
397. *Ambrosia* spp.　豚草（属）
398. *Ammi majus* L.　大阿米芹

399. *Avena barbata* Brot. 细茎野燕麦

400. *Avena ludoviciana* Durien 法国野燕麦

401. *Avena sterilis* L. 不实野燕麦

402. *Bromus rigidus* Roth 硬雀麦

403. *Bunias orientalis* L. 疣果匙荠

404. *Caucalis latifolia* L. 宽叶高加利

405. *Cenchrus* spp.（non-Chinese species） 蒺藜草（属）（非中国种）

406. *Centaurea diffusa* Lamarck 铺散矢车菊

407. *Centaurea repens* L. 匍匐矢车菊

408. *Crotalaria spectabilis* Roth 美丽猪屎豆

409. *Cuscuta* spp. 菟丝子（属）

410. *Emex australis* Steinh. 南方三棘果

411. *Emex spinosa*（L.）Campd. 刺亦模

412. *Eupatorium adenophorum* Spreng. 紫茎泽兰

413. *Eupatorium odoratum* L. 飞机草

414. *Euphorbia dentata* Michx. 齿裂大戟

415. *Flaveria bidentis*（L.）Kuntze 黄顶菊

416. *Ipomoea pandurata*（L.）G. F. W. Mey. 提琴叶牵牛花

417. *Iva axillaris* Pursh 小花假苍耳

418. *Iva xanthifolia* Nutt. 假苍耳

419. *Knautia arvensis*（L.）Coulter 欧洲山萝卜

420. *Lactuca pulchella*（Pursh）DC. 野莴苣

421. *Lactuca serriola* L. 毒莴苣

422. *Lolium temulentum* L. 毒麦

423. *Mikania micrantha* Kunth 薇甘菊

424. *Orobanche* spp. 列当（属）

425. *Oxalis latifolia* Kubth 宽叶酢浆草

426. *Senecio jacobaea* L. 臭千里光

427. *Solanum carolinense* L. 北美刺龙葵

428. *Solanum elaeagnifolium* Cay. 银毛龙葵

429. *Solanum rostratum* Dunal. 刺萼龙葵

430. *Solanum torvum* Swartz 刺茄

431. *Sorghum almum* Parodi. 黑高粱

432. *Sorghum halepense*（L.）Pers.（Johnsongrass and its cross breeds） 假高粱（及其杂交种）

433. *Striga* spp.（non-Chinese species） 独脚金（属）（非中国种）

434. *Tribulus alatus* Delile 翅蒺藜

435. *Xanthium* spp.（non-Chinese species） 苍耳（属）（非中国种）

备注1：非中国种是指中国未有发生的种；

备注 2：非中国小种是指中国未有发生的小种；

备注 3：传毒种类是指可以作为植物病毒传播介体的线虫种类。

补充增加的四种检疫性有害生物

1. 扶桑绵粉蚧 *Phenacoccus solenopsis* Tinsley（农业部质检总局联合公告第 1147 号）

2. 向日葵黑茎病 *Leptosphaeria lindquistii* Frezzi，无性态：*Phoma macdonaldii* Boerma（农业部质检总局联合公告第 1472 号）

3. 木薯绵粉蚧 *Phenacoccus manihoti* Matile – Ferrero（农业部质检总局联合公告第 1600 号）

4. 异株苋亚属 *Subgen Acnida* L．（农业部质检总局联合公告第 1600 号）

附录三

中华人民共和国禁止携带、邮寄进境的动植物及其产品名录

(2012 年 2 月 24 日,农业部、质检总局公告第 1712 号)

一、动物及动物产品类

(一)活动物(犬、猫除外),包括所有的哺乳动物、鸟类、鱼类、两栖类、爬行类、昆虫类和其他无脊椎动物,动物遗传物质。

(二)(生或熟)肉类(含脏器类)及其制品;水生动物产品。

(三)动物源性奶及奶制品,包括生奶、鲜奶、酸奶,动物源性的奶油、黄油、奶酪等奶类产品。

(四)蛋及其制品,包括鲜蛋、皮蛋、咸蛋、蛋液、蛋壳、蛋黄酱等蛋源产品。

(五)燕窝(罐头装燕窝除外)。

(六)油脂类,皮张、毛类,蹄、骨、角类及其制品。

(七)动物源性饲料(含肉粉、骨粉、鱼粉、乳清粉、血粉等单一饲料)、动物源性中药材、动物源性肥料。

二、植物及植物产品类

(八)新鲜水果、蔬菜。

(九)烟叶(不含烟丝)。

(十)种子(苗)、苗木及其他具有繁殖能力的植物材料。

(十一)有机栽培介质。

三、其他检疫物类

(十二)菌种、毒种等动植物病原体,害虫及其他有害生物,细胞、器官组织、血液及其制品等生物材料。

(十三)动物尸体、动物标本、动物源性废弃物。

(十四)土壤。

(十五)转基因生物材料。

(十六)国家禁止进境的其他动植物、动植物产品和其他检疫物。

注:1. 通过携带或邮寄方式进境的动植物及其产品和其他检疫物,经国家有关行政主管部门审批许可,并具有输出国家或地区官方机构出具的检疫证书,不受此名录的

限制。

2. 具有输出国家或地区官方机构出具的动物检疫证书和疫苗接种证书的犬、猫等宠物，每人仅限一只。

附录四

中华人民共和国植物检疫条例

（1983年1月3日国务院发布。1992年5月13日根据《国务院关于修改＜植物检疫条例＞的决定》修订发布）

第一条 为了防止为害植物的危险性病、虫、杂草传播蔓延，保护农业、林业生产安全，制定本条例。

第二条 国务院农业主管部门、林业主管部门主管全国的植物检疫工作，各省、自治区、直辖市农业主管部门、林业主管部门主管本地区的植物检疫工作。

第三条 县级以上地方各级农业主管部门、林业主管部门所属的植物检疫机构，负责执行国家的植物检疫任务。

植物检疫人员进入车站、机场、港口、仓库以及其他有关场所执行植物检疫任务，应穿着检疫制服和佩戴检疫标志。

第四条 凡局部地区发生的危险性大、能随植物及其产品传播的病、虫、杂草，应定为植物检疫对象。农业、林业植物检疫对象和应施检疫的植物、植物产品名单，由国务院农业主管部门、林业主管部门制定。各省、自治区、直辖市农业主管部门、林业主管部门可以根据本地区的需要，制定本省、自治区、直辖市的补充名单，并报国务院农业主管部门、林业主管部门备案。

第五条 局部地区发生植物检疫对象的，应划为疫区，采取封锁、消灭措施，防止植物检疫对象传出；发生地区已比较普遍的，则应将未发生地区划为保护区，防止植物检疫对象传入。

疫区应根据植物检疫对象的传播情况、当地的地理环境、交通状况以及采取封锁、消灭措施的需要来划定，其范围应严格控制。

在发生疫情的地区，植物检疫机构可以派人参加当地的道路联合检查站或者木材检查站；发生特大疫情时，经省、自治区、直辖市人民政府批准，可以设立植物检疫站，开展植物检疫工作。

第六条 疫区和保护区的划定，由省、自治区、直辖市农业主管部门、林业主管部门提出，报省、自治区、直辖市人民政府批准，并报国务院农业主管部门、林业主管部门备案。

疫区和保护区的范围涉及两省、自治区、直辖市以上的，由有关省、自治区、直辖市农业主管部门、林业主管部门共同提出，报国务院农业主管部门、林业主管部门批准后划定。

疫区、保护区的改变和撤销的程序，与划定时间。

第七条　调运植物和植物产品，属于下列情况的，必须经过检疫：

（一）列入应施检疫的植物、植物产品名单的，运出发生疫情的县级行政区域之前，必须经过检疫；

（二）凡种子、苗木和其他繁殖材料，不论是否列入应施检疫的植物、植物产品名单和运往何地，在调运之前，都必须经过检疫。

第八条　按照本条例第七条的规定必须检疫的植物和植物产品，经检疫未发现植物检疫对象的，发给植物检疫证书。发现有植物检疫对象、但未能彻底消毒处理的，托运人应按植物检疫机构的要求，在指定地点作消毒处理，经检查合格后发给植物检疫证书；无法消毒处理的，应停止调运。植物检疫证书的格式由国务院农业主管部门、林业主管部门制定。对可能被植物检疫对象污染的包装材料、运载工具、场地、仓库等，也应实施检疫。如已被污染，托运人应按植物检疫机构的要求处理。因实施检疫需要的车船停留、货物搬运、开拆、取样、储存、消毒处理等费用，由托运人负责。

第九条　按照本条例第七条的规定必须检疫的植物和植物产品，交通运输部门和邮政部门一律凭植物检疫证书承运或收寄。植物检疫证书应随货运寄。具体办法由国务院农业主管部门、林业主管部门会同铁道、交通、民航、邮政部门制定。

第十条　省、自治区、直辖市间调运本条例第七条规定必须经过检疫的植物和植物产品的，调入单位必须事先征得所在地的省、自治区、直辖市植物检疫机构同意，并向调出单位提出检疫要求；调出单位必须根据该检疫要求向所在地的省、自治区、直辖市植物检疫机构申请检疫。对调入的植物和植物产品，调入单位所在地的省、自治区、直辖市的植物检疫机构应当查验检疫证书，必要时可以复检。

省、自治区、直辖市内调运植物和植物产品的检疫办法，由省、自治区、直辖市人民政府规定。

第十一条　种子、苗木和其他繁殖材料的繁育单位，必须有计划地建立无植物检疫对象的种苗繁育基地、母树林基地。试验、推广的种子、苗木和其他繁殖材料，不得带有植物检疫对象。植物检疫机构应实施产地检疫。

第十二条　从国外引进种子、苗木，引进单位应当向所在地的省、自治区、直辖市植物检疫机构提出申请，办理检疫审批手续。但是，国务院有关部门所属的在京单位从国外引进种子、苗木，应当向国务院农业主管部门、林业主管部门所属的植物检疫机构提出申请，办理检疫审批手续。具体办法由国务院农业主管部门、林业主管部门制定。

从国外引进、可能潜伏有危险性病、虫的种子、苗木和其他繁殖材料，必须隔离试种，植物检疫机构应进行调查、观察和检疫，证明确实不带危险性病、虫的，方可分散种植。

第十三条　农林院校和试验研究单位对植物检疫对象的研究，不得在检疫对象的非疫区进行，因教学、科研确需在非疫区进行时，属于国务院农业主管部门、林业主管部门规定的植物检疫对象须经国务院农业主管部门、林业主管部门批准，属于省、自治区、直辖市规定的植物检疫对象须经省、自治区、直辖市农业主管部门、林业主管部门批准，并应采取严密措施防止扩散。

第十四条　植物检疫机构对于新发现的检疫对象和其他危险性病、虫、杂草，必须及时查清情况，立即报告省、自治区、直辖市农业主管部门、林业主管部门，采取措施，彻底消灭，并报告国务院农业主管部门、林业主管部门。

第十五条 疫情由国务院农业主管部门、林业主管部门发布。

第十六条 按照本条例第五条第一款和第十四条的规定，进行疫情调查和采取消灭措施所需的紧急防治费和补助费，由省、自治区、直辖市在每年的植物保护费、森林保护费或者国营农场生产费中安排。特大疫情的防治费，国家酌情给予补助。

第十七条 在植物检疫工作中作出显著成绩的单位和个人，由人民政府给予奖励。

第十八条 有下列行为之一的，植物检疫机构应当责令纠正，可以处以罚款；造成损失的，应当负责赔偿；构成犯罪的，由司法机关依法追究刑事责任：

（一）未依照本条例规定办理植物检疫证书或者在报检过程中弄虚作假的；

（二）伪造、涂改、买卖、转让植物检疫单证、印章、标志、封识的；

（三）未依照本条例规定调运、隔离试种或者生产应施检疫的植物、植物产品的；

（四）违反本条例规定，擅自开拆植物、植物产品包装，调换植物、植物产品，或者擅自改变植物、植物产品的规定用途的；

（五）违反本条例规定，引起疫情扩散的。

有前款第（一）、（二）、（三）、（四）项所列情形之一，尚不构成犯罪的，植物检疫机构可以没收非法所得。

对违反本条例规定调运的植物和植物产品，植物检疫机构有权予以封存、没收、销毁或者责令改变用途。销毁所需费用由责任人承担。

第十九条 植物检疫人员在植物检疫工作中，交通运输部门和邮政部门有关工作人员在植物、植物产品的运输、邮寄工作中，徇私舞弊、玩忽职守的，由其所在单位或者上级主管机关给予行政处分；构成犯罪的，由司法机关依法追究刑事责任。

第二十条 当事人对植物检疫机构的行政处罚决定不服的，可以自接到处罚决定通知书之日起十五日内，向作出行政处罚决定的植物检疫机构的上级机构申请复议；对复议决定不服的，可以自接到复议决定书之日起十五日内向人民法院提起诉讼。当事人逾期不申请复议或者不起诉又不履行行政处罚决定的，植物检疫机构可以申请人民法院强制执行或者依法强制执行。

第二十一条 植物检疫机构执行检疫任务可以收取检疫费，具体办法由国务院农业主管部门、林业主管部门制定。

第二十二条 进出口植物的检疫，按照《中华人民共和国进出境动植物检疫法》的规定执行。

第二十三条 本条例的实施细则由国务院农业主管部门、林业主管部门制定。各省、自治区、直辖市可根据本条例及其实施细则，结合当地具体情况，制定实施办法。

第二十四条 本条例自发布之日起施行。国务院批准、农业部 1957 年 12 月 4 日发布的《国内植物检疫试行办法》同时废止。

附录五

全国农业植物检疫对象名单

全国农业植物检疫对象名单共制定了 4 次。第一次，1957 年 12 月 4 日国务院授权农业部公布了《国内植物检疫对象和应施检疫的植物、植物产品名单》，自 1958 年 1 月 1 日起在全国施行，包括了 32 种检疫对象，其中植物病害 8 种，害虫 12 种，杂草 2 种。第二次，1966 年 6 月农业部公布了修改后的《国内植物检疫对象名单》，包含 29 个植物检疫对象，其中病害 15 种，害虫 13 种，杂草 1 种。第三次，1983 年公布的《农业植物检疫对象和应施检疫的植物、植物产品名单》，包括 16 种国内植物检疫对象，其中病害 8 种，害虫 7 种，杂草 1 种。第四次，农业部 1995 年 4 月 17 日公布了《全国植物检疫对象和应施检疫的植物、植物产品名单》，列出检疫对象 32 种，其中病害 12 种、害虫 17 种、杂草 3 种。见表

此外，1984 年农牧渔业部发布了《国内热带作物检疫对象名单和应施检疫植物及植物产品名单》包括 6 种有害生物：胡椒细菌性叶斑病 Xanthomonas betlieolapatel et al.、胡椒花叶病 Cucumber mosais virus（C. M. V.）、剑麻斑马纹病 Phytophthora nicotiunae Breda de Haan、芒果肉象甲 Sternochetus frigidus F、芒果果实象甲 Acryptorhynchus olivieri Faust.、咖啡旋皮天牛 Dihammus cervinus（Hope）。

农业植物检疫对象名单

编号	中文名	学名	分布
1	水稻细菌性条斑病	*Xanthomonas oryzicola* Fang et al	广东、广西、湖南、四川、云南、贵州、江苏、浙江、福建、江西、安徽、湖北、海南
2	小麦矮腥黑穗病菌	*Tilletia controversa* Kuhn	新疆
3	玉米霜霉病	*Peronospora* spp.	广西、云南
4	马铃薯癌肿病	*Synchytrium endobioticum* (Schilberszky) Percivadl	云南、四川、贵州

续表

编号	中文名	学名	分布
5	大豆疫病	*Phytophthora megasperma* (Drechs.) f. sp. *glycinea* Kuan & Erwin	黑龙江
6	棉花黄萎病	*Verticillium albo-atrum* Reinke et Berth	河南、河北、山东、新疆、湖北、山西、湖南、辽宁、北京、四川、浙江、甘肃、云南、上海、广东、陕西、安徽、天津、江苏
7	柑橘黄龙病	*Citrus huanglungbin*	广东、广西、福建、云南、浙江、江西、贵州、湖南、四川、海南
8	柑橘溃疡病	*Xanthomonas citri*（Hasse）Dowson	江西、湖南、广西、四川、云南、江苏、上海、广东、浙江、贵州、湖北、福建、陕西
9	木薯细菌性枯萎病	*Xanthomonas campestris* pv. *manihotis*（Berth & Bander）Dye	海南、广东
10	烟草环斑病毒病	Tobacco ringspot virus	福建、四川等
11	番茄溃疡病	*Clavibacter michiganensis* subsp. *mishiganensis*（Smith）Davis et al	河北、内蒙古、吉林、辽宁、北京、海南、黑龙江
12	鳞球茎茎线虫	*Ditylenchus* spp.	江苏、山东、浙江、上海等
13	稻水象甲	*Lissorhoptrus oryzophilus* Kuschel	河北、山东、浙江、天津、辽宁、吉林
14	小麦黑森瘿蚊	*Mayetiola destructor*（Say）	新疆
15	马铃薯甲虫	*Leptinotarsa decemlineata*（Say）	
16	美洲斑潜蝇	*Liriomyza sativae* Blanchard	海南、广东、广西、福建、江西、江苏、四川、浙江等
17	柑橘大实蝇	*Tetradacus citri* Chen	四川、贵州、广西、湖北、湖南、云南、陕西
18	蜜柑大实蝇	*Tetradacus tauuconis*（Miyake）	云南、湖南、贵州、广西
19	柑橘小实蝇	*Dacus dorsalis* Hend	广东、广西、云南、四川、贵州、湖南
20	苹果蠹蛾	*Cydia pomonella*（Linne）	新疆、甘肃

续表

编号	中文名	学名	分布
21	苹果绵蚜	*Eriosoma lanigerum*（Hausmann）	山东、云南、天津、辽宁、江苏
22	美国白蛾	*Hyphantria cunea*（Drury）	辽宁、陕西、山东、河北、上海
23	葡萄根瘤蚜	*Viteus vitifoliae*（Fitch）	山东
24	谷斑皮蠹	*Trogoderma granarium* Everts	云南
25	菜豆象	*Acanthoscelides obtectus*（Say）	吉林
26	四纹豆象	*Callosobruchus maculatus*（Fabricius）	云南、福建、广东、广西、上海
27	芒果果肉象甲	*Sternochetus frigidus*（Fabricius）	云南
28	芒果果实象甲	*Acryptorrhynchus olivieri*（Faust）	云南
29	咖啡旋皮天牛	*Dihammus ceruinus*（Hope）	云南
30	假高粱	*Sorghum halepense*（L.）Pers.	贵州、山东、福建、吉林、河北、广西、甘肃、安徽、江苏
31	毒麦	*Lolium temulentum* Linne	山东、河北、河南、陕西、甘肃、内蒙古、新疆、四川、云南、湖南、湖北、安徽、江西、浙江、上海、天津、广西、吉林、江苏、黑龙江
32	菟丝子属	*Cuscuta* spp.	吉林、江苏、安徽、河南、山东、贵州、甘肃、宁夏、广东、广西、新疆、内蒙古

应施检疫的植物、植物产品名单

（一）稻、麦、玉米、高粱、豆类、薯类等作物的种子、块根、块茎及其他繁殖材料和来源于上述植物运出发生疫情的县级行政区域的植物产品；

（二）棉、麻、烟、茶、桑、花生、向日葵、芝麻、油菜、甘蔗、甜菜等作物的种子、种苗及其他繁殖材料和来源于上述植物运出发生疫情的县级行政区域的植物产品；

（三）西瓜、甜瓜、哈密瓜、香瓜、葡萄、苹果、梨、桃、李、杏、沙果、梅、山楂、柿、柑、橘、橙、柚、猕猴桃、柠檬、荔枝、枇杷、龙眼、香蕉、菠萝、芒果、咖啡、可可、腰果、番实榴、胡椒等作物的种子、苗木、接穗、砧木、试管苗及其他繁殖材料和来源于上述植物运出发生疫情的县级行政区域的植物产品；

（四）花卉的种子、种苗、球茎、鳞茎等繁殖材料及切花、盆景花卉；

（五）中药材；

（六）蔬菜作物的种子、种苗和运出发生疫情的县级行政区域的蔬菜产品；

（七）牧草（含草坪草）、绿肥、食用菌的种子、细胞繁殖体等；

（八）麦麸、麦秆、稻草、芦苇等可能受疫情污染的植物产品及包装材料。

附录六

全国林业检疫性有害生物名单

2004年8月12日，国家林业局办造字［2004］59号文件发布第4号《公告》公布了19种森林植物检疫对象，自2005年3月1日生效，原林业部发布的森林植物检疫对象名单同时废止。

2005年8月29日，《农业部 国家林业局 国家质量监督检验检疫总局公告》538号补充了刺桐姬小蜂为森林植物检疫对象。

2008年2月18日，国家林业局发布2008年第3号公告，将枣实蝇增列为全国林业检疫性有害生物。

2010年5月5日，农业部、国家林业局发布2010年第1380号公告，将扶桑绵粉蚧增列为全国农业、林业检疫性有害生物。

1. 杨干象 *Cryptorrhynchus lapathi* Linnaeus

寄生与分布：杨干象是危害杨属（*Populus*）植物中黑杨派及欧美品系杂交品种、旱柳（*Salix matsudana*）、爆竹柳（*S. fragilis*）、复叶槭（*Acer negundo*）等植物的幼苗及人工林的主要枝干害虫。国内分布在河北省、内蒙古自治区、辽宁省、吉林省、黑龙江省、甘肃省、新疆维吾尔自治区。

2. 松突圆蚧 *Hemiberlesia Pitysophila* Takagi

寄主与分布：松突圆蚧是危害马尾松（*Pinus massoniana*）、黑松（*P. thunbergil*）、湿地松（*P. elliottii*）等植物的一种针叶、球果害虫。国内分布在福建省、广东省。

3. 双钩异翅长蠹 *Heterobostrychus aequalis*（Waterhouse）

寄生与分布：双钩异翅长蠹是危害热带、亚热带地区橡胶属（*Hevea*）、黄桐（*Endospermum chinense*）、木棉属（*Bombax*）、白格（*Albizzia procera*）等木材、锯材、弃皮木材及藤科等制品的一种严重性害虫。国内分布广东省、广西壮族自治区、海南省。

4. 美国白蛾 *Hyphantria cunea*（Drury）

寄主与分布：美国白蛾是危害林木、果树、灌木等植物的一种食叶害虫。具有食性杂、繁殖量大、抗逆性强、传播途径广的特点。国内分布天津市、河北省、辽宁省、山东省、陕西省。

5. 苹果蠹蛾 *Laspeyresia Pomonella*（Linnaeus）

寄主与分布：苹果蠹蛾是危害大苹果（*Malus pumila*）、塞威氏苹果（*M. sylvestris*）的野生及栽培品系、花红（*M. asiatiaca*）、香梨（*Pyrus aromatica*）、沙果梨（*P. pyrifolia*）、杏

(*Prunus armeniaca*)、野山楂（*Cratageus cuneata*）等植物的一种蛀果害虫。国内分布甘肃省、新疆维吾尔自治区。

6. 枣大球蚧 *Eulecanium gigantean*（Shinji）

寄主与分布：枣大球蚧是危害枣属（*Zizyphus*）、刺槐（*Robinia Pseudoacacia*）、巴旦杏（*Amygdalus communis*）等多种植物的一种枝梢害虫。国内分布在河北、山西、辽宁、安徽、河南、陕西、甘肃、青海、宁夏回族自治区、新疆维吾尔自治区。

7. 松材线虫病 *Bursaphelenchus xylophilus*（Steiner et Burher）Nickle

寄主与分布：松材线虫病是危害松属（*Pinus*）等植物的一种毁灭性流行病。病原线虫通过媒介昆虫松褐天牛（*Monchamus alternatus*）补充营养时从伤口进入木质部，寄生在树脂道中，大量繁殖后遍及全株，造成导管阻塞、植株失水、蒸腾作用降低、树脂分泌急剧减少和停止。针叶陆续变为黄褐色乃至红褐色萎蔫，最后整株枯死。国内分布在江苏省、浙江省、安徽省、山东省、广东省。

8. 松疱锈病 *Cronartium ribicola* J. C. Fischer ex Rabenhorst

寄主与分布：松疱锈病是危害红松（*inus koraiensis*）、华山松（*P. armandii*）等五针松的一种枝干病害。国内分布在辽宁省、吉林省、黑龙江省、四川省。

9. 冠瘿病 *Agrobacterium tumefaciens*（Smith and Townsend）Conn.

寄主与分布：冠瘿病是危害杨属（*Populus*）、柳属（*Salix*）、山楂属（*Crataegus*）等林木、果树和木本花卉的一种根部病害，寄主范围广泛，至少包括331属的640种植物。菌株侵染植物的根茎部引起过度增生而形成瘿瘤。国内分布在北京市、河北省、山西省、内蒙古自治区、辽宁省、上海市、浙江省、安徽省、江西省、山东省、河南省、四川省、云南省、陕西省、甘肃省、宁夏回族自治区。

10. 杨树花叶病毒病 Poplar Mosaic Virus（PMV）

寄主与分布：杨树花叶病毒病是危害杨属（*Populus*）植物中黑杨派、青杨派的一种叶部病毒病害。国内分布在山东省、河南省、湖南省、陕西省、甘肃省、宁夏回族自治区。

11. 落叶松枯梢病 *Guignardia laricina*（Sawada）Yamamoto et K. lto

寄主与分布：落叶松枯梢病是危害落叶松属（*Larix*）植物幼苗、幼树及30年生大树的一种枝梢病害，尤对6-15年生幼树危害最为严重。国内分布在内蒙古自治区、辽宁省、吉林省、黑龙江省、山东省、陕西省、甘肃省、青海省、宁夏回族自治区。

12. 猕猴桃溃疡病 *Pseudomonas syringae pv. actinidiae* Takikawa et al.

寄主与分布：猕猴桃溃疡病是危害猕猴桃属（*Actinidia*）植物的一种毁灭性枝梢病害。该病危害寄主的新梢、枝干及叶片，造成枝蔓枯死，发病严重时整株枯死。国内分布在福建省、湖南省、四川省、陕西省。

13. 椰心叶甲 *Brontispa longissima*（Gestro）

中文别名：红胸叶虫、椰子扁金花虫、椰子棕扁叶甲、椰子刚毛叶甲。鞘翅目（Coleoptera），叶甲总科（Chrysomeloidea），铁甲科（Hispidae），潜甲亚科（Anisoderinae），Cryptonychini族。分布：原产于印度尼西亚与巴布亚新几内亚，现广泛分布于太平洋群岛及东南亚。寄主（能危害35种之多）其中椰子为最主要的寄主。

14. 红脂大小蠹 *Dendroctonus valens* le Conte

属鞘翅目、小蠹科、大小蠹属，又称强大小蠹，为国内新纪录种。该虫1998年秋季在山西省东南部沁水、阳城等县的部分油松林内首次发现,现在山西、陕西、河北、河南等省均有分布,原产美国、加拿大、墨西哥、危地马拉和洪都拉斯等美洲地区。

15. 薇甘菊 *Mikania micrantha* H. B. K

分布:香港、澳门和广东珠江三角洲地区,原产中美洲。

16. 红棕象甲 *Rhynchophorus ferrugieus*(Olivier)

寄主与分布:红棕象甲在东南亚地区严重危害椰子和油棕。国内分布于广东、广西、海南、云南、福建、台湾等省。主要为害油棕、椰子、枣椰,在深圳和香港还发现为害酒瓶椰。以幼虫钻蛀树干内部,取食柔软组织,受害严重的植株可导致死亡。

17. 青杨脊虎天牛 *Xylotrechus rusticus* L.

寄主与分布:主要危害杨属、柳属、桦属、栎属、山毛榉属、椴属和榆属等林木。是一种危险性蛀干害虫。主要分布于黑龙江、吉林、辽宁、内蒙古、上海等省。

18. 草坪草褐斑病菌 *Rhizoctonia solani* kühn

寄主与分布:主要危害松、杉类针叶树幼苗,有些阔叶树幼苗也能受害,还可危害许多农作物。全国各省(区)都有发生。

19. 蔗扁蛾 *Opogna sacchari*(Bojer)

寄主与分布:属鳞翅目,辉蛾科。原产非洲热带、亚热带地区,巴西木是其重要寄主。1987年随进口的巴西木进入广州,现已传播到我国10余个省、直辖市。在南方发生很严重,凡有巴西木即香龙血树(*Dracewna fragrans* Ker – Gawl.)的地方几乎都有蔗扁蛾的发生。蔗扁蛾食性广泛,威胁香蕉、甘蔗、玉米、马铃薯等农作物及温室栽培的植物,特别是一些名贵花卉等。

20. 刺桐姬小蜂 *Quadrastichus erythrinae* Kim

寄主与分布:属姬小蜂科、啮小蜂亚科、胯姬小蜂属。该属有60余种,绝大多数是寄生性昆虫。刺桐姬小蜂是2004年国际上发表的新种,仅危害刺桐、杂色刺桐、金脉刺桐、珊瑚刺桐、鸡冠刺桐等刺桐属植物。该虫目前分布于毛里求斯、留尼汪、新加坡、美国夏威夷、中国台湾和广东深圳局部地区。我国台湾2003年首次在台南县发现刺桐姬小蜂,之后迅速扩散至全岛。

21. 枣实蝇 *Carpomyia vesuviana* Costa

寄主与分布:属双翅目实蝇科,是危害枣属植物的重要蛀果性害虫。该虫分布于意大利、高加索、毛里求斯、印度、巴基斯坦、泰国、阿富汗、塔吉克斯坦、土库曼斯坦、乌兹别克斯坦、伊朗、阿曼、波斯尼亚、塞浦路斯、俄罗斯、格鲁吉亚、阿塞拜疆、亚美尼亚等国家和地区。2007年9月,我国新疆维吾尔自治区吐鲁番地区鄯善县、托克逊县、吐鲁番市的部分地区发现。

22. 扶桑绵粉蚧 *Phenacoccus solenopsis* Tinsley

寄主与分布:属同翅目、粉蚧科、绵粉蚧属,对我国棉花等产业造成危害的潜在风险巨大,危害扶桑(朱槿)等多种农、林植物。该虫分布于墨西哥、美国、古巴、牙买加、危地马拉、多米尼加、厄瓜多尔、巴拿马、巴西、智利、阿根廷、尼日利亚、贝宁、喀麦隆、新喀里多尼亚、巴基斯坦、印度、泰国等国家和地区。除台湾已有分布外,2008年底我国大陆在广东省首次发现,现已在浙江、福建、江西、湖南、广东、广西、海南、四川、云南、新疆等省区发现。

附录七

中华人民共和国进出境动植物检疫法

(1991年10月30日第七届全国人民代表大会常务委员会第二十二次会议通过 1991年10月30日中华人民共和国主席令第53号公布 自1992年4月1日起施行)

第一章 总则

第一条 为防止动物传染病、寄生虫病和植物危险性病、虫、杂草以及其他有害生物（以下简称病虫害）传入、传出国境，保护农、林、牧、渔业生产和人体健康，促进对外经济贸易的发展，制定本法。

第二条 进出境的动植物、动植物产品和其他检疫物，装载动植物、动植物产品和其他检疫物的装载容器、包装物，以及来自动植物疫区的运输工具，依照本法规定实施检疫。

第三条 国务院设立动植物检疫机关（以下简称国家动植物检疫机关），统一管理全国进出境动植物检疫工作。国家动植物检疫机关在对外开放的口岸和进出境动植物检疫业务集中的地点设立的口岸动植物检疫机关，依照本法规定实施进出境动植物检疫。

贸易性动物产品出境的检疫机关，由国务院根据情况规定。

国务院农业行政主管部门主管全国进出境动植物检疫工作。

第四条 口岸动植物检疫机关在实施检疫时可以行使下列职权：

（一）依照本法规定登船、登车、登机实施检疫；

（二）进入港口、机场、车站、邮局以及检疫物的存放、加工、养殖、种植场所实施检疫，并依照规定采样；

（三）根据检疫需要，进入有关生产、仓库等场所，进行疫情监测、调查和检疫监督管理；

（四）查阅、复制、摘录与检疫物有关的运行日志、货运单、合同、发票及其他单证。

第五条 国家禁止下列各物进境：

（一）动植物病原体（包括菌种、毒种等）、害虫及其他有害生物；

（二）动植物疫情流行的国家和地区的有关动植物、动植物产品和其他检疫物；

（三）动物尸体；

（四）土壤。

口岸动植物检疫机关发现有前款规定的禁止进境物的，作退回或者销毁处理。

因科学研究等特殊需要引进本条第一款规定的禁止进境物的，必须事先提出申请，经国家动植物检疫机关批准。

本条第一款第二项规定的禁止进境物的名录，由国务院农业行政主管部门制定并公布。

第六条 国外发生重大动植物疫情并可能传入中国时，国务院应当采取紧急预防措施，必要时可以下令禁止来自动植物疫区的运输工具进境或者封锁有关口岸；受动植物疫情威胁地区的地方人民政府和有关口岸动植物检疫机关，应当立即采取紧急措施，同时向上级人民政府和国家动植物检疫机关报告。

邮电、运输部门对重大动植物疫情报告和送检材料应当优先传送。

第七条 国家动植物检疫机关和口岸动植物检疫机关对进出境动植物、动植物产品的生产、加工、存放过程，实行检疫监督制度。

第八条 口岸动植物检疫机关在港口、机场、车站、邮局执行检疫任务时，海关、交通、民航、铁路、邮电等有关部门应当配合。

第九条 动植物检疫机关检疫人员必须忠于职守，秉公执法。

动植物检疫机关检疫人员依法执行公务，任何单位和个人不得阻挠。

第二章 进境检疫

第十条 输入动物、动物产品、植物种子、种苗及其他繁殖材料的，必须事先提出申请，办理检疫审批手续。

第十一条 通过贸易、科技合作、交换、赠送、援助等方式输入动植物、动植物产品和其他检疫物的，应当在合同或者协议中订明中国法定的检疫要求，并订明必须附有输出国家或者地区政府动植物检疫机关出具的检疫证书。

第十二条 货主或者其代理人应当在动植物、动植物产品和其他检疫物进境前或者进境时持输出国家或者地区的检疫证书、贸易合同等单证，向进境口岸动植物检疫机关报检。

第十三条 装载动物的运输工具抵达口岸时，口岸动植物检疫机关应当采取现场预防措施，对上下运输工具或者接近动物的人员、装载动物的运输工具和被污染的场地作防疫消毒处理。

第十四条 输入动植物、动植物产品和其他检疫物，应当在进境口岸实施检疫。未经口岸动植物检疫机关同意，不得卸离运输工具。

输入动植物，需隔离检疫的，在口岸动植物检疫机关指定的隔离场所检疫。

因口岸条件限制等原因，可以由国家动植物检疫机关决定将动植物、动植物产品和其他检疫物运往指定地点检疫。在运输、装卸过程中，货主或者其代理人应当采取防疫措施。指定的存放、加工和隔离饲养或者隔离种植的场所，应当符合动植物检疫和防疫的规定。

第十五条 输入动植物、动植物产品和其他检疫物，经检疫合格的，准予进境；海关凭口岸动植物检疫机关签发的检疫单证或者在报关单上加盖的印章验放。

输入动植物、动植物产品和其他检疫物，需调离海关监管区检疫的，海关凭口岸动植物检疫机关签发的《检疫调离通知单》验放。

第十六条 输入动物，经检疫不合格的，由口岸动植物检疫机关签发《检疫处理通知单》，通知货主或者其代理人作如下处理：

（一）检出一类传染病、寄生虫病的动物，连同其同群动物全群退回或者全群扑杀并销毁尸体；

（二）检出二类传染病、寄生虫病的动物，退回或者扑杀，同群其他动物在隔离场或者其他指定地点隔离观察。

输入动物产品和其他检疫物经检疫不合格的,由口岸动植物检疫机关签发《检疫处理通知单》,通知货主或者其代理人作除害、退回或者销毁处理。经除害处理合格的,准予进境。

第十七条 输入植物、植物产品和其他检疫物,经检疫发现有植物危险性病、虫、杂草的,由口岸动植物检疫机关签发《检疫处理通知单》,通知货主或者其代理人作除害、退回或者销毁处理。经除害处理合格的,准予进境。

第十八条 本法第十六条第一款第一项、第二项所称一类、二类动物传染病、寄生虫病的名录和本法第十七条所称植物危险性病、虫、杂草的名录,由国务院农业行政主管部门制定并公布。

第十九条 输入动植物、动植物产品和其他检疫物,经检疫发现有本法第十八条规定的名录之外,对农、林、牧、渔业有严重危害的其他病虫害的,由口岸动植物检疫机关依照国务院农业行政主管部门的规定,通知货主或者其代理人作除害、退回或者销毁处理。经除害处理合格的,准予进境。

第三章 出境检疫

第二十条 货主或者其代理人在动植物、动植物产品和其他检疫物出境前,向口岸动植物检疫机关报检。

出境前需经隔离检疫的动物,在口岸动植物检疫机关指定的隔离场所检疫。

第二十一条 输出动植物、动植物产品和其他检疫物,由口岸动植物检疫机关实施检疫,经检疫合格或者经除害处理合格的,准予出境;海关凭口岸动植物检疫机关签发的检疫证书或者在报关单上加盖的印章验放。检疫不合格又无有效方法作除害处理的,不准出境。

第二十二条 经检疫合格的动植物、动植物产品和其他检疫物,有下列情形之一的,货主或者其代理人应当重新报检:

(一)更改输入国家或者地区,更改后的输入国家或者地区又有不同检疫要求的;

(二)改换包装或者原未拼装后来拼装的;

(三)超过检疫规定有效期限的。

第四章 过境检疫

第二十三条 要求运输动物过境的,必须事先商得中国国家动植物检疫机关同意,并按照指定的口岸和路线过境。

装载过境动物的运输工具、装载容器、饲料和铺垫材料,必须符合中国动植物检疫的规定。

第二十四条 运输动植物、动植物产品和其他检疫物过境的,由承运人或者押运人持货运单和输出国家或者地区政府动植物检疫机关出具的检疫证书,在进境时向口岸动植物检疫机关报检,出境口岸不再检疫。

第二十五条 过境的动物经检疫合格的,准予过境;发现有本法第十八条规定的名录所列的动物传染病、寄生虫病的,全群动物不准过境。

过境动物的饲料受病虫害污染的,作除害、不准过境或者销毁处理。

过境的动物的尸体、排泄物、铺垫材料及其他废弃物,必须按照动植物检疫机关的规定处理,不得擅自抛弃。

第二十六条 对过境植物、动植物产品和其他检疫物,口岸动植物检疫机关检查运输工具或者包装,经检疫合格的,准予过境;发现有本法第十八条规定的名录所列的病虫害的,作除害处理或者不准过境。

第二十七条 动植物、动植物产品和其他检疫物过境期间，未经动植物检疫机关批准，不得开拆包装或者卸离运输工具。

第五章 携带、邮寄物检疫

第二十八条 携带、邮寄植物种子、种苗及其他繁殖材料进境的，必须事先提出申请，办理检疫审批手续。

第二十九条 禁止携带、邮寄进境的动植物、动植物产品和其他检疫物的名录，由国务院农业行政主管部门制定并公布。

携带、邮寄前款规定的名录所列的动植物、动植物产品和其他检疫物进境的，作退回或者销毁处理。

第三十条 携带本法第二十九条规定的名录以外的动植物、动植物产品和其他检疫物进境的，在进境时向海关申报并接受口岸动植物检疫机关检疫。

携带动物进境的，必须持有输出国家或者地区的检疫证书等证件。

第三十一条 邮寄本法第二十九条规定的名录以外的动植物、动植物产品和其他检疫物进境的，由口岸动植物检疫机关在国际邮件互换局实施检疫，必要时可以取回口岸动植物检疫机关检疫；未经检疫不得运递。

第三十二条 邮寄进境的动植物、动植物产品和其他检疫物，经检疫或者除害处理合格后放行；经检疫不合格又无有效方法作除害处理的，作退回或者销毁处理，并签发《检疫处理通知单》。

第三十三条 携带、邮寄出境的动植物、动植物产品和其他检疫物，物主有检疫要求的，由口岸动植物检疫机关实施检疫。

第六章 运输工具检疫

第三十四条 来自动植物疫区的船舶、飞机、火车抵达口岸时，由口岸动植物检疫机关实施检疫。发现有本法第十八条规定的名录所列的病虫害的，作不准带离运输工具、除害、封存或者销毁处理。

第三十五条 进境的车辆，由口岸动植物检疫机关作防疫消毒处理。

第三十六条 进出境运输工具上的泔水、动植物性废弃物，依照口岸动植物检疫机关的规定处理，不得擅自抛弃。

第三十七条 装载出境的动植物、动植物产品和其他检疫物的运输工具，应当符合动植物检疫和防疫的规定。

第三十八条 进境供拆船用的废旧船舶，由口岸动植物检疫机关实施检疫，发现有本法第十八条规定的名录所列的病虫害的，作除害处理。

第七章 法律责任

第三十九条 违反本法规定，有下列行为之一的，由口岸动植物检疫机关处以罚款：

（一）未报检或者未依法办理检疫审批手续的；

（二）未经口岸动植物检疫机关许可擅自将进境动植物、动植物产品或者其他检疫物卸离运输工具或者运递的；

（三）擅自调离或者处理在口岸动植物检疫机关指定的隔离场所中隔离检疫的动植物的。

第四十条 报检的动植物、动植物产品或者其他检疫物与实际不符的，由口岸动植物检机关处以罚款；已取得检疫单证的，予以吊销。

第四十一条 违反本法规定，擅自开拆过境动植物、动植物产品或者其他检疫物的包装的，擅自将过境动植物、动植物产品或者其他检疫物卸离运输工具的，擅自抛弃过境动物的尸体、排泄物、铺垫材料或者其他废弃物的，由动植物检疫机关处以罚款。

第四十二条 违反本法规定，引起重大动植物疫情的，比照刑法第一百七十八条的规定追究刑事责任。

第四十三条 伪造、变造检疫单证、印章、标志、封识，依照刑法第一百六十七条的规定追究刑事责任。

第四十四条 当事人对动植物检疫机关的处罚决定不服的，可以在接到处罚通知之日起十五日内向作出处罚决定的机关的上一级机关申请复议；当事人也可以在接到处罚通知之日起十五日内直接向人民法院起诉。

复议机关应当在接到复议申请之日起六十日内作出复议决定。当事人对复议决定不服的，可以在接到复议决定之日起十五日内向人民法院起诉。复议机关逾期不作出复议决定的，当事人可以在复议期满之日起十五日内向人民法院起诉。

当事人逾期不申请复议也不向人民法院起诉、又不履行处罚决定的，作出处罚决定的机关可以申请人民法院强制执行。

第四十五条 动植物检疫机关检疫人员滥用职权，徇私舞弊，伪造检疫结果，或者玩忽职守，延误检疫出证，构成犯罪的，依法追究刑事责任；不构成犯罪的，给予行政处分。

第八章 附则

第四十六条 本法下列用语的含义是：

（一）"动物"是指饲养、野生的活动物，如畜、禽、兽、蛇、龟、鱼、虾、蟹、贝、蚕、蜂等；

（二）"动物产品"是指来源于动物未经加工或者虽经加工但仍有可能传播疫病的产品，如生皮张、毛类、肉类、脏器、油脂、动物水产品、奶制品、蛋类、血液、精液、胚胎、骨、蹄、角等；

（三）"植物"是指栽培植物、野生植物及其种子、种苗及其他繁殖材料等；

（四）"植物产品"是指来源于植物未经加工或者虽经加工但仍有可能传播病虫害的产品，如粮食、豆、棉花、油、麻、烟草、籽仁、干果、鲜果、蔬菜、生药材、木材、饲料等；

（五）"其他检疫物"是指动物疫苗、血清、诊断液、动植物性废弃物等。

第四十七条 中华人民共和国缔结或者参加的有关动植物检疫的国际条约与本法有不同规定的，适用该国际条约的规定。但是，中华人民共和国声明保留的条款除外。

第四十八条 口岸动植物检疫机关实施检疫依照规定收费。收费办法由国务院农业行政主管部门会同国务院物价等有关主管部门制定。

第四十九条 国务院根据本法制定实施条例。

第五十条 本法自一九九二年四月一日起施行。一九八二年六月四日国务院发布的《中华人民共和国进出口动植物检疫条例》同时废止。

附录八 中华人民共和国进出境动植物检疫法实施条例

（1996年12月2日中华人民共和国国务院令第206号公布 自1997年1月1日起施行）

第一章 总 则

第一条 根据《中华人民共和国进出境动植物检疫法》（以下简称进出境动植物检疫法）的规定，制定本条例。

第二条 下列各物，依照进出境动植物检疫法和本条例的规定实施检疫：

（一）进境、出境、过境的动植物、动植物产品和其他检疫物；

（二）装载动植物、动植物产品和其他检疫物的装载容器、包装物、铺垫材料；

（三）来自动植物疫区的运输工具；

（四）进境拆解的废旧船舶；

（五）有关法律、行政法规、国际条约规定或者贸易合同约定应当实施进出境动植物检疫的其他货物、物品。

第三条 国务院农业行政主管部门主管全国进出境动植物检疫工作。

中华人民共和国动植物检疫局（以下简称国家动植物检疫局）统一管理全国进出境动植物检疫工作，收集国内外重大动植物疫情，负责国际间进出境动植物检疫的合作与交流。

国家动植物检疫局在对外开放的口岸和进出境动植物检疫业务集中的地点设立的口岸动植物检疫机关，依照进出境动植物检疫法和本条例的规定，实施进出境动植物检疫。

第四条 国（境）外发生重大动植物疫情并可能传入中国时，根据情况采取下列紧急预防措施：

（一）国务院可以对相关边境区域采取控制措施，必要时下令禁止来自动植物疫区的运输工具进境或者封锁有关口岸；

（二）国务院农业行政主管部门可以公布禁止从动植物疫情流行的国家和地区进境的动植物、动植物产品和其他检疫物的名录；

（三）有关口岸动植物检疫机关可以对可能受病虫害污染的本条例第二条所列进境各物采取紧急检疫处理措施；

（四）受动植物疫情威胁地区的地方人民政府可以立即组织有关部门制定并实施应急方案，同时向上级人民政府和国家动植物检疫局报告。

邮电、运输部门对重大动植物疫情报告和送检材料应当优先传送。

第五条 享有外交、领事特权与豁免的外国机构和人员公用或者自用的动植物、动植物产品和其他检疫物进境，应当依照进出境动植物检疫法和本条例的规定实施检疫；口岸动植物检疫机关查验时，应当遵守有关法律的规定。

第六条 海关依法配合口岸动植物检疫机关，对进出境动植物、动植物产品和其他检疫物实行监管。具体办法由国务院农业行政主管部门会同海关总署制定。

第七条 进出境动植物检疫法所称动植物疫区和动植物疫情流行的国家与地区的名录，由国务院农业行政主管部门确定并公布。

第八条 对贯彻执行进出境动植物检疫法和本条例做出显著成绩的单位和个人，给予奖励。

第二章 检疫审批

第九条 输入动物、动物产品和进出境动植物检疫法第五条第一款所列禁止进境物的检疫审批，由国家动植物检疫局或者其授权的口岸动植物检疫机关负责。

输入植物种子、种苗及其他繁殖材料的检疫审批，由植物检疫条例规定的机关负责。

第十条 符合下列条件的，方可办理进境检疫审批手续：

（一）输出国家或者地区无重大动植物疫情；

（二）符合中国有关动植物检疫法律、法规、规章的规定；

（三）符合中国与输出国家或者地区签订的有关双边检疫协定（含检疫协议、备忘录等，下同）。

第十一条 检疫审批手续应当在贸易合同或者协议签订前办妥。

第十二条 携带、邮寄植物种子、种苗及其他繁殖材料进境的，必须事先提出申请，办理检疫审批手续；因特殊情况无法事先办理的，携带人或者邮寄人应当在口岸补办检疫审批手续，经审批机关同意并经检疫合格后方准进境。

第十三条 要求运输动物过境的，货主或者其代理人必须事先向国家动植物检疫局提出书面申请，提交输出国家或者地区政府动植物检疫机关出具的疫情证明、输入国家或者地区政府动植物检疫机关出具的准许该动物进境的证件，并说明拟过境的路线，国家动植物检疫局审查同意后，签发《动物过境许可证》。

第十四条 因科学研究等特殊需要，引进进出境动植物检疫法第五条第一款所列禁止进境物的，办理禁止进境物特许检疫审批手续时，货主、物主或者其代理人必须提交书面申请，说明其数量、用途、引进方式、进境后的防疫措施，并附具有关口岸动植物检疫机关签署的意见。

第十五条 办理进境检疫审批手续后，有下列情况之一的，货主、物主或者其代理人应当重新申请办理检疫审批手续：

（一）变更进境物的品种或者数量的；

（二）变更输出国家或者地区的；

（三）变更进境口岸的；

（四）超过检疫审批有效期的。

第三章 进境检疫

第十六条 进出境动植物检疫法第十一条所称中国法定的检疫要求，是指中国的法律、行政法规和国务院农业行政主管部门规定的动植物检疫要求。

第十七条 国家对向中国输出动植物产品的国外生产、加工、存放单位,实行注册登记制度。具体办法由国务院农业行政主管部门制定。

第十八条 输入动植物、动植物产品和其他检疫物的,货主或者其代理人应当在进境前或者进境时向进境口岸动植物检疫机关报检。属于调离海关监管区检疫的,运达指定地点时,货主或者其代理人应当通知有关口岸动植物检疫机关。属于转关货物的,货主或者其代理人应当在进境时向进境口岸动植物检疫机关申报;到达指运地时,应当向指运地口岸动植物检疫机关报检。

输入种畜禽及其精液、胚胎的,应当在进境前 30 日报检;输入其他动物的,应当在进境前 15 日报检;输入植物种子、种苗及其他繁殖材料的,应当在进境前 7 日报检。

动植物性包装物、铺垫材料进境时,货主或者其代理人应当及时向口岸动植物检疫机关申报;动植物检疫机关可以根据具体情况对申报物实施检疫。

前款所称动植物性包装物、铺垫材料,是指直接用作包装物、铺垫材料的动物产品和植物、植物产品。

第十九条 向口岸动植物检疫机关报检时,应当填写报检单,并提交输出国家或者地区政府动植物检疫机关出具的检疫证书、产地证书和贸易合同、信用证、发票等单证;依法应当办理检疫审批手续的,还应当提交检疫审批单。无输出国家或者地区政府动植物检疫机关出具的有效检疫证书,或者未依法办理检疫审批手续的,口岸动植物检疫机关可以根据具体情况,作退回或者销毁处理。

第二十条 输入的动植物、动植物产品和其他检疫物运达口岸时,检疫人员可以到运输工具上和货物现场实施检疫,核对货、证是否相符,并可以按照规定采取样品。承运人、货主或者其代理人应当向检疫人员提供装载清单和有关资料。

第二十一条 装载动物的运输工具抵达口岸时,上下运输工具或者接近动物的人员,应当接受口岸动植物检疫机关实施的防疫消毒,并执行其采取的其他现场预防措施。

第二十二条 检疫人员应当按照下列规定实施现场检疫:

(一)动物:检查有无疫病的临床症状。发现疑似感染传染病或者已死亡的动物时,在货主或者押运人的配合下查明情况,立即处理。动物的铺垫材料、剩余饲料和排泄物等,由货主或者其代理人在检疫人员的监督下,作除害处理。

(二)动物产品:检查有无腐败变质现象,容器、包装是否完好。符合要求的,允许卸离运输工具。发现散包、容器破裂的,由货主或者其代理人负责整理完好,方可卸离运输工具。根据情况,对运输工具的有关部位及装载动物产品的容器、外表包装、铺垫材料、被污染场地等进行消毒处理。需要实施实验室检疫的,按照规定采取样品。对易滋生植物害虫或者混藏杂草种子的动物产品,同时实施植物检疫。

(三)植物、植物产品:检查货物和包装物有无病虫害,并按照规定采取样品。发现病虫害并有扩散可能时,及时对该批货物、运输工具和装卸现场采取必要的防疫措施。对来自动物传染病疫区或者易带动物传染病和寄生虫病病原体并用作动物饲料的植物产品,同时实施动物检疫。

(四)动植物性包装物、铺垫材料:检查是否携带病虫害、混藏杂草种子、沾带土壤,并按照规定采取样品。

(五)其他检疫物:检查包装是否完好及是否被病虫害污染。发现破损或者被病虫害污染时，作除害处理。

第二十三条 对船舶、火车装运的大宗动植物产品，应当就地分层检查；限于港口、车站的存放条件，不能就地检查的，经口岸动植物检疫机关同意，也可以边卸载边疏运，将动植物产品运往指定的地点存放。在卸货过程中经检疫发现疫情时，应当立即停止卸货，由货主或者其代理人按照口岸动植物检疫机关的要求，对已卸和未卸货物作除害处理，并采取防止疫情扩散的措施；对被病虫害污染的装卸工具和场地，也应当作除害处理。

第二十四条 输入种用大中家畜的，应当在国家动植物检疫局设立的动物隔离检疫场所隔离检疫45日；输入其他动物的，应当在口岸动植物检疫机关指定的动物隔离检疫场所隔离检疫30日。动物隔离检疫场所管理办法，由国务院农业行政主管部门制定。

第二十五条 进境的同一批动植物产品分港卸货时，口岸动植物检疫机关只对本港卸下的货物进行检疫，先期卸货港的口岸动植物检疫机关应当将检疫及处理情况及时通知其他分卸港的口岸动植物检疫机关；需要对外出证的，由卸毕港的口岸动植物检疫机关汇总后统一出具检疫证书。

在分卸港实施检疫中发现疫情并必须进行船上熏蒸、消毒时，由该分卸港的口岸动植物检疫机关统一出具检疫证书，并及时通知其他分卸港的口岸动植物检疫机关。

第二十六条 对输入的动植物、动植物产品和其他检疫物，按照中国的国家标准、行业标准以及国家动植物检疫局的有关规定实施检疫。

第二十七条 输入动植物、动植物产品和其他检疫物，经检疫合格的，由口岸动植物检疫机关在报关单上加盖印章或者签发《检疫放行通知单》；需要调离进境口岸海关监管区检疫的，由进境口岸动植物检疫机关签发《检疫调离通知单》。货主或者其代理人凭口岸动植物检疫机关在报关单上加盖的印章或者签发的《检疫放行通知单》《检疫调离通知单》办理报关、运递手续。海关对输入的动植物、动植物产品和其他检疫物，凭口岸动植物检疫机关在报关单上加盖的印章或者签发的《检疫放行通知单》《检疫调离通知单》验放。运输、邮电部门凭单运递，运递期间国内其他检疫机关不再检疫。

第二十八条 输入动植物、动植物产品和其他检疫物，经检疫不合格的，由口岸动植物检疫机关签发《检疫处理通知单》，通知货主或者其代理人在口岸动植物检疫机关的监督和技术指导下，作除害处理；需要对外索赔的，由口岸动植物检疫机关出具检疫证书。

第二十九条 国家动植物检疫局根据检疫需要，并经输出动植物、动植物产品国家或者地区政府有关机关同意，可以派检疫人员进行预检、监装或者产地疫情调查。

第三十条 海关、边防等部门截获的非法进境的动植物、动植物产品和其他检疫物，应当就近交由口岸动植物检疫机关检疫。

第四章　出境检疫

第三十一条 货主或者其代理人依法办理动植物、动植物产品和其他检疫物的出境报检手续时，应当提供贸易合同或者协议。

第三十二条 对输入国要求中国对向其输出的动植物、动植物产品和其他检疫物的生产、加工、存放单位注册登记的，口岸动植物检疫机关可以实行注册登记，并报国家动植物检疫局备案。

第三十三条 输出动物，出境前需经隔离检疫的，在口岸动植物检疫机关指定的隔离场所检疫。输出植物、动植物产品和其他检疫物的，在仓库或者货场实施检疫；根据需要，也可以在生产、加工过程中实施检疫。

待检出境植物、动植物产品和其他检疫物,应当数量齐全、包装完好、堆放整齐、唛头标记明显。

第三十四条 输出动植物、动植物产品和其他检疫物的检疫依据:

(一)输入国家或者地区和中国有关动植物检疫规定;

(二)双边检疫协定;

(三)贸易合同中订明的检疫要求。

第三十五条 经启运地口岸动植物检疫机关检疫合格的动植物、动植物产品和其他检疫物,运达出境口岸时,按照下列规定办理:

(一)动物应当经出境口岸动植物检疫机关临床检疫或者复检;

(二)植物、动植物产品和其他检疫物从启运地随原运输工具出境的,由出境口岸动植物检疫机关验证放行;改换运输工具出境的,换证放行;

(三)植物、动植物产品和其他检疫物到达出境口岸后拼装的,因变更输入国家或者地区而有不同检疫要求的,或者超过规定的检疫有效期的,应当重新报检。

第三十六条 输出动植物、动植物产品和其他检疫物,经启运地口岸动植物检疫机关检疫合格的,运达出境口岸时,运输、邮电部门凭启运地口岸动植物检疫机关签发的检疫单证运递,国内其他检疫机关不再检疫。

第五章 过境检疫

第三十七条 运输动植物、动植物产品和其他检疫物过境(含转运,下同)的,承运人或者押运人应当持货运单和输出国家或者地区政府动植物检疫机关出具的证书,向进境口岸动植物检疫机关报检;运输动物过境的,还应当同时提交国家动植物检疫局签发的《动物过境许可证》。

第三十八条 过境动物运达进境口岸时,由进境口岸动植物检疫机关对运输工具、容器的外表进行消毒并对动物进行临床检疫,经检疫合格的,准予过境。进境口岸动植物检疫机关可以派检疫人员监运至出境口岸,出境口岸动植物检疫机关不再检疫。

第三十九条 装载过境植物、动植物产品和其他检疫物的运输工具和包装物、装载容器必须完好。经口岸动植物检疫机关检查,发现运输工具或者包装物、装载容器有可能造成途中散漏的,承运人或者押运人应当按照口岸动植物检疫机关的要求,采取密封措施;无法采取密封措施的,不准过境。

第六章 携带、邮寄物检疫

第四十条 携带、邮寄植物种子、种苗及其他繁殖材料进境,未依法办理检疫审批手续的,由口岸植物检疫机关作退回或者销毁处理。邮件作退回处理的,由口岸动植物检疫机关在邮件及发递单上批注退回原因;邮件作销毁处理的,由口岸动植物检疫机关签发通知单,通知寄件人。

第四十一条 携带动植物、动植物产品和其他检疫物进境的,进境时必须向海关申报并接受口岸动植物检疫机关检疫。海关应当将申报或者查获的动植物、动植物产品和其他检疫物及时交由口岸动植物检疫机关检疫。未经检疫的,不得携带进境。

第四十二条 口岸动植物检疫机关可以在港口、机场、车站的旅客通道、行李提取处等现场进行检查,对可能携带动植物、动植物产品和其他检疫物而未申报的,可以进行查询并抽检其物品，必要时可以开包（箱）检查。

旅客进出境检查现场应当设立动植物检疫台位和标志。

第四十三条 携带动物进境的，必须持有输出动物的国家或者地区政府动植物检疫机关出具的检疫证书，经检疫合格后放行；携带犬、猫等宠物进境的，还必须持有疫苗接种证书。没有检疫证书、疫苗接种证书的，由口岸动植物检疫机关作限期退回或者没收销毁处理。作限期退回处理的，携带人必须在规定的时间内持口岸动植物检疫机关签发的截留凭证，领取并携带出境；逾期不领取的，作自动放弃处理。

携带植物、动植物产品和其他检疫物进境，经现场检疫合格的，当场放行；需要作实验室检疫或者隔离检疫的，由口岸动植物检疫机关签发截留凭证。截留检疫合格的，携带人持截留凭证向口岸动植物检疫机关领回；逾期不领回的，作自动放弃处理。

禁止携带、邮寄进出境动植物检疫法第二十九条规定的名录所列动植物、动植物产品和其他检疫物进境。

第四十四条 邮寄进境的动植物、动植物产品和其他检疫物，由口岸动植物检疫机关在国际邮件互换局（含国际邮件快递公司及其他经营国际邮件的单位，以下简称邮局）实施检疫。邮局应当提供必要的工作条件。

经现场检疫合格的，由口岸动植物检疫机关加盖检疫放行章，交邮局运递。需要作实验室检疫或者隔离检疫的，口岸动植物检疫机关应当向邮局办理交接手续；检疫合格的，加盖检疫放行章，交邮局运递。

第四十五条 携带、邮寄进境的动植物、动植物产品和其他检疫物，经检疫不合格又无有效方法作除害处理的，作退回或者销毁处理，并签发《检疫处理通知单》交携带人、寄件人。

第七章 运输工具检疫

第四十六条 口岸动植物检疫机关对来自动植物疫区的船舶、飞机、火车，可以登船、登机、登车实施现场检疫。有关运输工具负责人应当接受检疫人员的询问并在询问记录上签字，提供运行日志和装载货物的情况，开启舱室接受检疫。

口岸动植物检疫机关应当对前款运输工具可能隐藏病虫害的餐车、配餐间、厨房、储藏室、食品舱等动植物产品存放、使用场所和泔水、动植物性废弃物的存放场所以及集装箱箱体等区域或者部位，实施检疫；必要时，作防疫消毒处理。

第四十七条 来自动植物疫区的船舶、飞机、火车，经检疫发现有进出境动植物检疫法第十八条规定的名录所列病虫害的，必须作熏蒸、消毒或者其他除害处理。发现有禁止进境的动植物、动植物产品和其他检疫物的，必须作封存或者销毁处理；作封存处理的，在中国境内停留或者运行期间，未经口岸动植物检疫机关许可，不得启封动用。对运输工具上的泔水、动植物性废弃物及其存放场所、容器，应当在口岸动植物检疫机关的监督下作除害处理。

第四十八条 来自动植物疫区的进境车辆，由口岸动植物检疫机关作防疫消毒处理。装载进境动植物、动植物产品和其他检疫物的车辆，经检疫发现病虫害的，连同货物一并作除害处理。装运供应香港、澳门地区的动物的回空车辆，实施整车防疫消毒。

第四十九条 进境拆解的废旧船舶，由口岸动植物检疫机关实施检疫。发现病虫害的，在口岸动植物检疫机关监督下作除害处理。发现有禁止进境的动植物、动植物产品和其他检疫物的，在口岸动植物检疫机关的监督下作销毁处理。

第五十条 来自动植物疫区的进境运输工具经检疫或者经消毒处理合格后，运输工具负责人或者其代理人要求出证的，由口岸动植物检疫机关签发《运输工具检疫证书》或者《运输工具消毒证书》。

第五十一条 进境、过境运输工具在中国境内停留期间，交通员工和其他人员不得将所装载的动植物、动植物产品和其他检疫物带离运输工具；需要带离时，应当向口岸动植物检疫机关报检。

第五十二条 装载动物出境的运输工具，装载前应当在口岸动植物检疫机关监督下进行消毒处理。

装载植物、动植物产品和其他检疫物出境的运输工具，应当符合国家有关动植物防疫和检疫的规定。发现危险性病虫害或者超过规定标准的一般性病虫害的，作除害处理后方可装运。

第八章 检疫监督

第五十三条 国家动植物检疫局和口岸动植物检疫机关对进出境动植物、动植物产品的生产、加工、存放过程，实行检疫监督制度。具体办法由国务院农业行政主管部门制定。

第五十四条 进出境动物和植物种子、种苗及其他繁殖材料，需要隔离饲养、隔离种植的，在隔离期间，应当接受口岸动植物检疫机关的检疫监督。

第五十五条 从事进出境动植物检疫熏蒸、消毒处理业务的单位和人员，必须经口岸动植物检疫机关考核合格。

口岸动植物检疫机关对熏蒸、消毒工作进行监督、指导，并负责出具熏蒸、消毒证书。

第五十六条 口岸动植物检疫机关可以根据需要，在机场、港口、车站、仓库、加工厂、农场等生产、加工、存放进出境动植物、动植物产品和其他检疫物的场所实施动植物疫情监测，有关单位应当配合。

未经口岸动植物检疫机关许可，不得移动或者损坏动植物疫情监测器具。

第五十七条 口岸动植物检疫机关根据需要，可以对运载进出境动植物、动植物产品和其他检疫物的运输工具、装载容器加施动植物检疫封识或者标志；未经口岸动植物检疫机关许可，不得开拆或者损毁检疫封识、标志。

动植物检疫封识和标志由国家动植物检疫局统一制发。

第五十八条 进境动植物、动植物产品和其他检疫物，装载动植物、动植物产品和其他检疫物的装载容器、包装物，运往保税区（含保税工厂、保税仓库等）的，在进境口岸依法实施检疫；口岸动植物检疫机关可以根据具体情况实施检疫监督；经加工复运出境的，依照进出境动植物检疫法和本条例有关出境检疫的规定办理。

第九章 法律责任

第五十九条 有下列违法行为之一的，由口岸动植物检疫机关处5000元以下的罚款：

（一）未报检或者未依法办理检疫审批手续或者未按检疫审批的规定执行的；

（二）报检的动植物、动植物产品和其他检疫物与实际不符的。

有前款第（二）项所列行为，已取得检疫单证的，予以吊销。

第六十条 有下列违法行为之一的，由口岸动植物检疫机关处3000元以上3万元以下的罚款：

（一）未经口岸动植物检疫机关许可擅自将进境、过境动植物、动植物产品和其他检疫物卸离运输工具或者运递的；

（二）擅自调离或者处理在口岸动植物检疫机关指定的隔离场所中隔离检疫的动植物的；

（三）擅自开拆过境动植物、动植物产品和其他检疫的包装，或者擅自开拆、损毁动植物检疫封识或者标志的；

（四）擅自抛弃过境动物的尸体、排泄物、铺垫材料或者其他废弃物，或者未按规定处理运输工具上的泔水、动植物性废弃物的。

第六十一条 依照本法第十七条、第三十二条的规定注册登记的生产、加工、存放动植物、动植物产品和其他检疫物的单位，进出境的上述物品经检疫不合格的，除依照本法有关规定作退回、销毁或者除害处理外，情节严重的，由口岸动植物检疫机关注销注册登记。

第六十二条 有下列违法行为之一的，依法追究刑事责任；尚不构成犯罪或者犯罪情节显著轻微依法不需要判处刑罚的，由口岸动植物检疫机关处2万元以上5万元以下的罚款：

（一）引起重大动植物疫情的；

（二）伪造、变造动植物检疫单证、印章、标志、封识的。

第六十三条 从事进出境动植物检疫熏蒸、消毒处理业务的单位和人员，不按照规定进行熏蒸和消毒处理的，口岸动植物检疫机关可以视情节取消其熏蒸、消毒资格。

第十章 附 则

第六十四条 进出境动植物检疫法和本条例下列用语的含义：

（一）"植物种子、种苗及其他繁殖材料"，是指栽培、野生的可供繁殖的植物全株或者部分，如植株、苗木（含试管苗）、果实、种子、砧木、接穗、插条、叶片、芽体、块根、块茎、鳞茎、球茎、花粉、细胞培养材料等；

（二）"装载容器"，是指可以多次使用、易受病虫害污染并用于装载进出境货物的容器，如笼、箱、桶、筐等；

（三）"其他有害生物"，是指动物传染病、寄生虫病和植物危险性病、虫、杂草以外的各种为害动植物的生物有机体、病原微生物，以及软体类、啮齿类、螨类、多足虫类动物和危险性病虫的中间寄主、媒介生物等；

（四）"检疫证书"，是指动植物检疫机关出具的关于动植物、动植物产品和其他检疫物健康或者卫生状况的具有法律效力的文件，如《动物检疫证书》《植物检疫证书》《动物健康证书》《兽医卫生证书》《熏蒸/消毒证书》等。

第六十五条 对进出境动植物、动植物产品和其他检疫物因实施检疫或者按照规定作熏蒸、消毒、退回、销毁等处理所需费用或者招致的损失，由货主、物主或者其代理人承担。

第六十六条 口岸动植物检疫机关依法实施检疫，需要采取样品时，应当出具采样凭单；验余的样品，货主、物主或者其代理人应当在规定的期限内领回；逾期不领回的，由口岸动植物检疫机关按照规定处理。

第六十七条 贸易性动物产品出境的检疫机关，由国务院根据情况规定。

第六十八条 本条例自1997年1月1日起施行。

附录九

中华人民共和国进境动物检疫疫病名录

List of Quarantine Diseases for the Animals Imported to the People's Republic of China

一类传染病、寄生虫病（15种） List A diseases

口蹄疫 Foot and mouth disease

猪水泡病 Swine vesicular disease

猪瘟 Classical swine fever

非洲猪瘟 African swine fever

尼帕病 Nipah virus encephalitis

非洲马瘟 African horse sickness

牛传染性胸膜肺炎 Contagious bovine pleuropneumonia

牛海绵状脑病 Bovine spongiform encephalopathy

牛结节性皮肤病 Lumpy skin disease

痒病 Scrapie

蓝舌病 Bluetongue

小反刍兽疫 Peste des petits ruminants

绵羊痘和山羊痘 Sheep pox and Goat pox

高致病性禽流感 Highly pathogenic avian influenza

新城疫 Newcastle disease

二类传染病、寄生虫病（147种） List B diseases

共患病（28种）Multiple species diseases

狂犬病 Rabies

布鲁氏菌病 Brucellosis

炭疽 Anthrax

伪狂犬病 Aujeszky's disease（Pseudorabies）

魏氏梭菌感染 Clostridium perfringens infections

副结核病 Paratuberculosis（Johne's disease）

弓形虫病 Toxoplasmosis

棘球蚴病 Echinococcosis
钩端螺旋体病 Leptospirosis
施马伦贝格病 Schmallenberg disease
梨形虫病 Piroplasmosis
日本脑炎 Japanese encephalitis
旋毛虫病 Trichinosis
土拉杆菌病 Tularemia
水泡性口炎 Vesicular stomatitis
西尼罗热 West Nile fever
裂谷热 Rift Valley fever
结核病 Tuberculosis
新大陆螺旋蝇蛆病（嗜人锥蝇）New world screwworm（*Cochliomyia hominivorax*）
旧大陆螺旋蝇蛆病（倍赞氏金蝇）Old world screwworm（*Chrysomya bezziana*）
Q 热 Q Fever
克里米亚刚果出血热 Crimean Congo hemorrhagic fever
伊氏锥虫感染（包括苏拉病）Trypanosoma Evansi infection（including Surra）
利什曼原虫病 Leishmaniasis
巴氏杆菌病 Pasteurellosis
鹿流行性出血病 Epizootic hemorrhagic disease of deer
心水病 Heartwater
类鼻疽 Malioidosis

牛病（8 种）Bovine diseases
牛传染性鼻气管炎/传染性脓疱性阴户阴道炎 Infectious bovine rhinotracheitis/Infectious pustular vulvovaginitis
牛恶性卡他热 Malignant catarrhal fever
牛白血病 Enzootic bovine leukosis
牛无浆体病 Bovine anaplasmosis
牛生殖道弯曲杆菌病 Bovine genital campylobacteriosis
牛病毒性腹泻/粘膜病 Bovine viral diarrhoea/Mucosal disease
赤羽病 Akabane disease
牛皮蝇蛆病 Cattle Hypodermosis

马病（10 种）Equine diseases
马传染性贫血 Equine infectious anaemia
马流行性淋巴管炎 Epizootic lymphangitis
马鼻疽 Glanders
马病毒性动脉炎 Equine viral arteritis
委内瑞拉马脑脊髓炎 Venezuelan equine encephalomyelitis

马脑脊髓炎（东部和西部）Equine encephalomyelitis（Eastern and Western）
马传染性子宫炎 Contagious equine metritis
亨德拉病 Hendra virus disease
马腺疫 Equine strangles
溃疡性淋巴管炎 Equine ulcerative lymphangitis

猪病（13 种）Swine diseases
猪繁殖与呼吸道综合征 Porcine reproductive and respiratory syndrome
猪细小病毒感染 Porcine parvovirus infection
猪丹毒 Swine erysipelas
猪链球菌病 Swine streptococosis
猪萎缩性鼻炎 Atrophic rhinitis of swine
猪支原体肺炎 Mycoplasmal hyopneumonia
猪圆环病毒感染 Porcine circovirus infection
革拉泽氏病（副猪嗜血杆菌）Glaesser's disease（Haemophilus parasuis）
猪流行性感冒 Swine influenza
猪传染性胃肠炎 Transmissible gastroenteritis of swine
猪铁士古病毒性脑脊髓炎（原称猪肠病毒脑脊髓炎、捷申或塔尔凡病）Teschovirus encephalomyelitis（previously Enterovirus encephalomyelitis or Teschen/Talfan disease）
猪密螺旋体痢疾 Swine dysentery
猪传染性胸膜肺炎 Infectious pleuropneumonia of swine

禽病（20 种）Avian diseases
鸭病毒性肠炎（鸭瘟）Duck virus enteritis
鸡传染性喉气管炎 Avian infectious laryngotracheitis
鸡传染性支气管炎 Avian infectious bronchitis
传染性法氏囊病 Infectious bursal disease
马立克氏病 Marek's disease
鸡产蛋下降综合征 Avian egg drop syndrome
禽白血病 Avian leukosis
禽痘 Fowl pox
鸭病毒性肝炎 Duck virus hepatitis
鹅细小病毒感染（小鹅瘟）Goose parvovirus infection
鸡白痢 Pullorum disease
禽伤寒 Fowl typhoid
禽支原体病（鸡败血支原体、滑液囊支原体）Avian mycoplasmosis（*Mycoplasma Gallisepticum*, *M. synoviae*）
低致病性禽流感 Low pathogenic avian influenza
禽网状内皮组织增殖症 Reticuloendotheliosis

禽衣原体病（鹦鹉热）Avian chlamydiosis
鸡病毒性关节炎 Avian viral arthritis
禽螺旋体病 Avian spirochaetosis
住白细胞原虫病（急性白冠病）Leucocytozoonosis
禽副伤寒 Avian paratyphoid

羊病（4 种）Sheep and goat diseases
山羊关节炎/脑炎 Caprine arthritis/encephalitis
梅迪-维斯纳病 Maedi-visna
边界病 Border disease
羊传染性脓疱皮炎 Contagious pustular dermertitis（Contagious Echyma）

水生动物病（44 种）Aquatic animal diseases
鲤春病毒血症 Spring viraemia of carp
流行性造血器官坏死病 Epizootic haematopoietic necrosis
传染性造血器官坏死病 Infectious haematopoietic necrosis
病毒性出血性败血症 Viral haemorrhagic septicaemia
流行性溃疡综合征 Epizootic ulcerative syndrome
鲑鱼三代虫感染 Infection with *Gyrodactylus Salaris*
真鲷虹彩病毒病 Red sea bream iridoviral disease
锦鲤疱疹病毒病 Koi herpesvirus disease
鲑传染性贫血 Infectious salmon anaemia
病毒性神经坏死病 Viral nervous necrosis
斑点叉尾鮰病毒病 Channel catfish virus disease
鲍疱疹样病毒感染 Infection with abalone herpes-like virus
牡蛎包拉米虫感染 Infection with *Bonamia Ostreae*
杀蛎包拉米虫感染 Infection with *Bonamia Exitiosa*
折光马尔太虫感染 Infection with *Marteilia Refringens*
奥尔森派琴虫感染 Infection with *Perkinsus Olseni*
海水派琴虫感染 Infection with *Perkinsus Marinus*
加州立克次体感染 Infection with *Xenohaliotis Californiensis*
白斑综合征 White spot disease
传染性皮下和造血器官坏死病 Infectious hypodermal and haematopoietic necrosis
传染性肌肉坏死病 Infectious myonecrosis
桃拉综合征 Taura syndrome
罗氏沼虾白尾病 White tail disease
黄头病 Yellow head disease
螯虾瘟 Crayfish plague（*Aphanomyces astaci*）
箭毒蛙壶菌感染 Infection with *Batrachochytrium Dendrobatidis*

蛙病毒感染 Infection with Ranavirus
异尖线虫病 Anisakiasis
坏死性肝胰腺炎 Necrotizing hepatopancreatitis
传染性脾肾坏死病 Infectious spleen and kidney necrosis
刺激隐核虫病 Cryptocaryoniasis
淡水鱼细菌性败血症 Freshwater fish bacteria septicemia
对虾杆状病毒病 Baculovirus penaei disease
鮰类肠败血症 Enteric septicaemia of catfish
迟缓爱德华氏菌病 Edwardsiellasis
小瓜虫病 Ichthyophthiriasis
黏孢子虫病 Myxosporidiosis
指环虫病 Dactylogyriasis
鱼链球菌病 Fish streptococcosis
河蟹颤抖病 Trembling disease of Chinese mitten crabs
斑节对虾杆状病毒病 Penaeus monodon baculovirus disease
鲍脓疱病 Pustule disease
鳖腮腺炎病 Abolone viral mortality
蛙脑膜炎败血金黄杆菌病 Chryseobacterium meningsepticum of frog（Rana spp）

蜂病（6种） Bee diseases
蜜蜂盾螨病 Acarapisosis of honey bees
美洲蜂幼虫腐臭病 American foulbrood of honey bees
欧洲蜂幼虫腐臭病 European foulbrood of honey bees
蜜蜂瓦螨病 Varroosis of honey bees
蜂房小甲虫病（蜂窝甲虫） Small hive beetle infestation（*Aethina tumida*）
蜜蜂亮热厉螨病 Tropilaelaps infestation of honey bees

其他动物病（14种） Diseases of other animals
鹿慢性消耗性疾病 Chronic wasting disease of deer
兔黏液瘤病 Myxomatosis
兔出血症 Rabbit haemorrhagic disease
猴痘 Monkey pox
猴疱疹病毒Ⅰ型（B病毒）感染症 Cercopithecine Herpesvirus Type I（B virus）infectious diseases
猴病毒性免疫缺陷综合征 Simian virus immunodeficiency syndrome
埃博拉出血热 Ebola haemorrhagic fever
马尔堡出血热 Marburg haemorrhagic fever
犬瘟热 Canine distemper
犬传染性肝炎 Infectious canine hepatitis
犬细小病毒感染 Canine parvovirus infection

水貂阿留申病 Mink aleutian disease
水貂病毒性肠炎 Mink viral enteritis
猫泛白细胞减少症（猫传染性肠炎）Feline panleucopenia（Feline infectious enteritis）

其他传染病、寄生虫病（44 种）
Other diseases
共患病（9 种）Multiple species diseases
大肠杆菌病 Colibacillosis
李斯特菌病 Listeriosis
放线菌病 Actinomycosis
肝片吸虫病 Fasciolasis
丝虫病 Filariasis
附红细胞体病 Eperythrozoonosis
葡萄球菌病 Staphylococcosis
血吸虫病 Schistosomiasis
疥癣 Mange

牛病（5 种）Bovine diseases
牛流行热 Bovine ephemeral fever
毛滴虫病 Trichomonosis
中山病 Chuzan disease
茨城病 Ibaraki disease
嗜皮菌病 Dermatophilosis

马病（4 种）Equine diseases
马流行性感冒 Equine influenza
马鼻腔肺炎 Equine rhinopneumonitis
马媾疫 Dourine
马副伤寒（马流产沙门氏菌）Equine paratyphoid（*Salmonella Abortus Equi.*）

猪病（3 种）Swine diseases
猪副伤寒 Swine salmonellosis
猪流行性腹泻 Porcine epizootic diarrhea
猪囊尾蚴病 Porcine cysticercosis

禽病（6 种）Avian diseases
禽传染性脑脊髓炎 Avian infectious encephalomyelitis
传染性鼻炎 Infectious coryza
禽肾炎 Avian nephritis

鸡球虫病 Avian coccidiosis
火鸡鼻气管炎 Turkey rhinotracheitis
鸭疫里默氏杆菌感染（鸭浆膜炎）Riemerella anatipestifer infection

绵羊和山羊病（7种）Sheep and goat diseases
羊肺腺瘤病 Ovine pulmonary adenocarcinoma
干酪性淋巴结炎 Caseous lymphadenitis
绵羊地方性流产（绵羊衣原体病）Enzootic abortion of ewes（Ovine chlamydiosis）
传染性无乳症 Contagious agalactia
山羊传染性胸膜肺炎 Contagious caprine pleuropneumonia
羊沙门氏菌病（流产沙门氏菌）Salmonellosis（*S. abortusovis*）
内罗毕羊病 Nairobi sheep disease

蜂病（2种）Bee diseases
蜜蜂孢子虫病 Nosemosis of honey bees
蜜蜂白垩病 Chalkbrood of honey bees

其他动物病（8种）Diseases of other animals
兔球虫病 Rabbit coccidiosis
骆驼痘 Camel pox
家蚕微粒子病 Pebrine disease of Chinese silkworm
蚕白僵病 Bombyx mori white muscardine
淋巴细胞性脉络丛脑膜炎 Lymphocytic choriomeningitis
鼠痘 Mouse pox
鼠仙台病毒感染症 Sendai virus infectious disease
小鼠肝炎 Mouse hepatitis

参考文献

[1] 黄冠胜. 中国特色动植物检验检疫 [M]. 北京：中国质量出版社，2013.

[2] 房维廉. 进出境动植物检疫法的理论与实务 [M]. 北京：中国农业出版社，1995.

[3] 赵玉平，佟景仁. 中国进出境植物检疫 [M]. 北京：中国农业出版社，1996.

[4] 徐金记. 进出境动物检疫技术手册 [M]. 北京：中国标准出版社，2010.

[5] 支树平. 中国质检工作手册动植物检验检疫管理 [M]. 北京：中国质检出版社，2012.

[6] 鞠兴荣. 动植物检验检疫学 [M]. 北京：中国轻工业出版社，2014.

[7] OIE. 陆生动物卫生法典 [M]. 北京：中国农业出版社，2012.

[8] 夏红民. 中国的进出境动植物检疫 [M]. 北京：中国农业出版社，1998.

[9] 黄冠胜. 国际植物检疫规则与中国进出境植物检疫 [M]. 北京：中国质检出版社、中国标准出版社，2014.

[10] 国家质检总局. 检验检疫手册（植物检验检疫分册）[M]. 北京：中国农业出版社，2005.

[11] 国家质检总局. 检验检疫手册（动物检验检疫分册）[M]. 北京：中国农业出版社，2005.

[12] 中华人民共和国出入境检验检疫行业标准. SN/T 2959—2011 昆虫常规检疫规范 [S]. 北京：中国标准出版社，2011.

[13] 中华人民共和国出入境检验检疫行业标准. SN/T 3176—2012 杂草常规检测规范 [S]. 北京：中国标准出版社，2012.

[14] 中华人民共和国出入境检验检疫行业标准. SN/T 2859—2010 植物病原真菌检测规范 [S]. 北京：中国标准出版社，2010.

[15] 中华人民共和国出入境检验检疫行业标准. SN/T 2965—2011 植物病原真菌分子生物学检测规范 [S]. 北京：中国标准出版社，2011.

[16] 中华人民共和国出入境检验检疫行业标准. SN/T 2601—2010 植物病原细菌常规检测规范 [S]. 北京：中国标准出版社，2010.

[17] 中华人民共和国出入境检验检疫行业标准. SN/T 3296—2012 植物病原细菌分子生物学检测规范 [S]. 北京：中国标准出版社，2012.

[18] 中华人民共和国出入境检验检疫行业标准. SN/T 2757—2011 植物线虫检测规范 [S]. 北京：中国标准出版社，2011.

[19] 进出境转基因产品检验检疫管理办法. 国家质量监督检验检疫总局令. 2004年第62号.

[20] 农业转基因生物进口安全管理办法. 2002年1月5日农业部令第9号，2004年7月1日农业部令38号修订.

[21] 中华人民共和国出入境检验检疫行业标准. SN/T 1194—2014 植物及其产品转基因成分检测抽样和制样方法 [S]. 北京：中国标准出版社，2014.

［22］中华人民共和国出入境检验检疫行业标准. SN/T 3568—2013 危险性有害生物检疫处理原则［S］. 北京：中国标准出版社，2013.

［23］中华人民共和国出入境检验检疫行业标准. SN/T 3282—2012 检疫熏蒸处理基本要求［S］. 北京：中国标准出版社，2012.

［24］中华人民共和国出入境检验检疫行业标准. SN/T 3291—2012 热处理通用要求［S］. 北京：中国标准出版社，2012.

［25］国际植物保护公约. 国际植物检疫措施标准第 20 号，2004，植物检疫进境管理系统准则，罗马，联合国粮食及农业组织，2012.

［26］国际植物保护公约. 国际植物检疫措施标准第 34 号，2010，入境后植物检疫站的设计和操作，罗马，联合国粮食及农业组织，2012.

［27］国际植物保护公约. 国际植物检疫措施标准第 6 号，1997，监测准则，罗马，联合国粮食及农业组织，2012.

［28］国际植物保护公约. 国际植物检疫措施标准第 13 号，2001，违规和紧急行动通知准则，罗马，联合国粮食及农业组织，2012.